NUMBER THEORY

정수론

지은이 조 민 형

이모션미디어

정수론

초판인쇄 2018년 4월 10 일
초판발행 2018년 4월 10일

지 은 이 조민형

발 행 처 (주)이모션티피에스 TEL : 02-2263-6414 / 홈페이지 : www.emotiontps.com
펴 낸 곳 이모션미디어
주 소 서울시 중구 퇴계로41길 39, 3층 302호(정암프라자)
등 록 2016년 10월 1일 제571-92-00230호
전 화 02)2263-6414 | **팩스** 02)2268-9481
이 메 일 emotion-books@naver.com
홈페이지 www.emotionbooks.co.kr

ISBN 979-11-88145-81-2 93410
값 17,000원

이 도서의 국립중앙도서관 출판예정도서목록(CIP)은 서지정보유통지원시스템 홈페이지(http://seoji.nl.go.kr)와 국가자료공동목록시스템(http://www.nl.go.kr/kolisnet)에서 이용하실 수 있습니다.
(CIP제어번호 : CIP2018009534)

머리말

이 교재는 수학을 전공하는 대학 2학년을 대상으로 '정수론'이라는 과목을 강의하기 위하여 만들었다. 그러면서 학부생들이 스스로 학습할 수 있는 교재가 되도록 노력하였다.
정수론은 수학과목 중 오랜 역사를 가진 분야중 하나이며 매우 흥미롭지만, 학생들은 계속되는 정리의 혹독한 증명으로 인해 흥미를 절반으로 줄여서 배우고 있으며, 많은 문제를 풀이할 시간을 갖지 못하여 나머지 흥미의 절반도 잃고 있다.
Albert H. Beiler 의 "Recreations in the Theory of Numbers (1966)"는 정수론에 대하여 광적이다시피 많은 자료를 잘 정리해 놓아서 추천하며, 대부분의 다른 정수론 교재와는 달리 쉽고 재미있으며 많은 문제를 풀이할 수 있도록 하여 본인 생각으로는 이 세상에서 제일 잘된 책으로 강력 추천하는 Underwood Dudley 의 "Elementary Number Theory (1978)"를 목차와 내용을 근거로 이 교재의 골격을 작성하고 있다.
이를 토대로 하여, 추가 자료를 더하여 기초 정수론의 핵심부분을 모두 한 학기에 다루도록 노력하였으며, 여러 가지 기본적인 방법들을 가급적 빠지지 않도록 노력하였다. 따라서 정의 - 정리 - 증명으로 이어지는 지루한 기존의 수학책보다는 복잡한 증명은 전체적인 흐름을 방해받지 않을 경우 개략적으로 하거나 생략하고 지나갔으며, 혹시 이로 인하여 부족하게 될 사항들은 연습문제를 통하여 확인하도록 하였다.
저자에게 정수론 수업을 해 주셨던 New Mexico State University 의 고 Ray Mines 교수님(1938～2013)과 Fred Richman 교수님(현재 Florida Atlantic University 명예교수)께 감사를 드린다. 그리고 2000년 가을학기에 이 내용을 가지고 수업을 하면서 실험대상이 되었던 금오공과대학교 응용수학과 2학년 학생들에게 고마움과 미안함을 전한다. 그들과 그들 이전에 저자에게 정수론을 들었던 많은 학생들에게 흥미있게 강의하기 위해 이 자료들을 준비하였기 때문이다. 지난 번 강의 자료에서 수식과 내용에 많은 오타와 잘못된 내용을 꼼꼼히 지적해준 학생 중에 특히 졸업생 김정숙 양에게 고마움을 전한다.
정수론에 나타나는 다양한 문제는 본인의 능력과 시간상 생략되었지만, 기본적인 문제풀이와 생각하여 따지는 문제들이 앞으로 첨가되어 점점 새로운 틀을 이뤄나갈 것으로 생각한다. 앞으로도 부족한 나머지를 메우기 위한 작업이 계속 이어질 것이다.
끝으로 이 교재가 출판되도록 많은 힘을 써 주신 이모션북스 김남우사장님과 편집부 직원 여러분의 노고에 감사를 드린다.

2018년 3월 경북 구미에서
조 민 형

목 차

제1장
정수

제1장 정수

정수론은 정수의 성질을 학습하는 수학의 한 분야이다. **정수**(integer, 整數)란 자연수와 0 과 음의 정수를 포함한다. 따라서 앞으로 우리는 특별한 언급이 없는 한 정수론에서 수(數)란 정수(整數)를 의미하는 것으로 한다.

정수론에서 우리가 다루는 문제들은 다양하다. 대표적인 것으로 어떤 자연수 n 에 대하여 n 이 소수(prime) 인가? n 의 약수는 몇 개 있는가? n 은 두 제곱수의 합으로 나타낼 수 있는가? 등등이다. 이미 해결이 된 문제들도 있지만, 미해결 문제들로 인하여 수학자들의 관심을 가지는 분야이기도 하다.

먼저 자연수의 정렬성에 대해서 알아보기로 한다.

자연수의 정렬성(well-ordering principle)

공집합이 아닌 양의 정수의 모든 집합은 최소 원소를 갖는다.(Every nonempty set of positive integers has a least element.)

이것과 함께 **최소정수 원리**(least-integer principle)는 아래로 유계인 공집합이 아닌 정수의 집합은 최소 원소를 갖는다.(A non-empty set of integers that is bounded below contains a smallest element.)와 **최대정수 원리**(greast-integer principle)는 위로 유계인 공집합이 아닌 정수의 집합은 최대 원소를 갖는다.(A non-empty set of integers that is bounded above contains a greatest element.)를 주목할 필요가 있다.

어떤 정수를 다른 정수로 나누면, 나누어떨어질 수도 있지만 그렇지 않을 경우도 있다.

정의 1	a **는** b **를 나눈다**.(a divides b.) (**기호로** $a \mid b$) $\Leftrightarrow$ $ad = b$ **를 만족하는 (정수)** d **가 존재한다**. ($\exists$ d such that $ad = b$)

●●● 예제 1

$2 \mid 6 \Leftrightarrow \exists\ 3$ such that $2 \cdot 3 = 6$

$12 \mid 36$

$19 \mid 19$

$-5 \mid 50 \Leftrightarrow \exists\ -10$ such that $-5 \cdot -10 = 50$.

$8 \mid -32$

그리고 a 가 b 를 나누지 않는다면 기호로는 $a \nmid b$ 로 나타낸다.

●●● 예제 2

$6 \nmid 3$, $3 \nmid 5$, $a \mid a$, $1 \mid a$, $a \mid 0$

●●● 예제 3

0 을 나눌 수 있는 정수는 무엇인가? (Which integers divide zero?)

$k \mid 0 \Leftrightarrow \exists\ 0$ such that $k \cdot 0 = 0$. 따라서 모든 정수가 된다.

여기서 $0|0 \Leftrightarrow \exists\, 0$ such that $0 \cdot 0 = 0$

주의 정의에 의하면 "a 가 b 를 나눈다."는 말은 $b = ax$ 인 정수 x 가 존재한다는 것이다. 그래서 $0 = 0x$ 이므로 "0 은 0 을 나눈다." 그렇지만 "0 은 0 에 의해 나누어지지는 않는다."

●●● 예제 4

$a|b$ & $b|c \Rightarrow a|c$ **추이율**(transitive property)

풀이 $a|b \Leftrightarrow \exists\, d$ such that $ad = b$

$b|c \Leftrightarrow \exists\, e$ such that $be = c$

$be = (ad)e = a(de) = c$

$\exists\, (de)$ such that $a \cdot (de) \Leftrightarrow a|c$

■ **보조정리 1**

$d|a$ & $d|b \Rightarrow d|(a+b)$

■ **증명**

$d|a \Leftrightarrow \exists\, k_1$ s.t. $dk_1 = a$

$d|b \Leftrightarrow \exists\, k_2$ s.t. $dk_2 = b$

$\therefore\ a + b = dk_1 + dk_2 = d(k_1 + k_2)$

$\exists\, (k_1 + k_2)$ such that $d(k_1 + k_2) = a + b \Leftrightarrow d|(a+b)$

●●● 예제 5

$d|a \Rightarrow d|ca \quad \forall\, c$

$d|a \Leftrightarrow \exists\, k$ such that $dk = a$

양면에 c 를 곱하면(multiply both sides by c)

$dck = ca$

$\exists\, ck$ such that $d(c \cdot k) = ca \Leftrightarrow d|ca$

■ **보조정리 2**

$$d \mid a_1,\ d \mid a_2,\ \cdots,\ d \mid a_n \ \Rightarrow\ d \mid (c_1 a_1 + c_2 a_2 + \cdots + c_n a_n)$$

보조정리 1에서 $d \mid a \ \&\ d \mid b \ \Rightarrow\ d\,(a+b)$

■ **증명**

$d \mid a_1 \ \Rightarrow\ \exists\ k_1$ s.t. $d\,k_1 = a_1 \ \Rightarrow\ d\,c_1\,k_1 = c_1\,a_1$

$d \mid a_2 \ \Rightarrow\ \exists\ k_2$ s.t. $d\,k_2 = a_2 \ \Rightarrow\ d\,c_2\,k_2 = c_2\,a_2$

…………

$d \mid a_n \ \Rightarrow\ \exists\ k_n$ s.t. $d\,k_n = a_n \ \Rightarrow\ d\,c_n\,k_n = c_n\,a_n$

$c_1\,d\,k_1 + c_2\,d\,k_2 + \cdots + c_n\,d\,k_n = (a_1 + a_2 + \cdots + a_n)\,c_n$

$d\,(c_1 k_1 + c_2 k_2 + \cdots + c_n k_n) = (a_1 + a_2 + \cdots + a_n)\,c_n$

$\therefore\ d \mid (c_1 a_1 + c_2 a_2 + \cdots + c_n a_n)$

예제 6

cent, dime과 quarter로 구성된 100개의 동전으로 \$5.00를 만들 수 있는가?

가치 (센트)	표시	coin 이름
1	c	penny
10	d	dime
25	q	quarter

1 cent = penny
5 cents = nickel
10 cents = dime
25 cents = quarter
50 cents = half-dollar
100 cents = 1 dollar

$$\begin{cases} c + d + q = 100 \\ 1\,c + 10\,d + 25\,q = 500 \end{cases}$$

윗식에서 아래식을 빼면

$9d + 24q = 400$ 보조정리 2에서

$3 \mid 9 \ \&\ 3 \mid 24$

$\Rightarrow\ 3 \mid (9d + 24q)$ 그러나 $3 \nmid 4$

그러면 100개의 동전으로 \$4.99를 만들 수 있는가?

$$\begin{cases} c + d + q = 100 \\ c + 10\,d + 25\,q = 499 \end{cases}$$

$9\,d + 24\,q = 399$

우변 ; $3 \mid 399$ (이 결과는 3장 연습문제에서 학습하겠지만, 5가지 해가 존재한다.)

좌변 ; $3 \mid 9\,d,\ 3 \mid 24q \ \Rightarrow\ 3 \mid (9\,d + 24\,q)$

정의 2	d가 a와 b의 **최대공약수**(greatest common divisor) **[기호로 $d = (a, b)$]** $\Leftrightarrow$ ① $d \mid a$ & $d \mid b$ ② $c \mid a$ & $c \mid b$ **이면** $c \le d$ **이다.**

주의 정수론에서 (a, b)는 a와 b의 최대공약수를 나타낸다. 이것과 실수의 개구간 (a, b)와 평면좌표에서의 순서쌍 (a, b)와 혼돈될 경우가 있으므로 경우에 따라서는 $\gcd(a, b)$로 나타내기도 한다.

예제 7

$(2, 6) = 2$
$(3, 4) = 1$
$(0, 0)$은 정의되지 않는다.
(a, b)가 정의된다면 $(a, b) \ge 1$이다.

예제 8

$(4, 14) = 2$, $(5, 15) = 5$, $(6, 16) = 2$

예제 9

$\forall n \in N$ (자연수)일 때 $(n, \mathbf{1}) = \mathbf{1}$
$(n, 0) = n$, $(-n, 0) = n$이다.
예를 들어 $(-5, 0) = 5$.

예제 10

$d \in N$ (자연수)일 때, $(d, nd) = d$.

정리 1	$(a, b) = d$ 이면, $\left(\frac{a}{d}, \frac{b}{d}\right) = 1$ 이다.

예를 들어 $(12, 18) = 6 \Rightarrow \left(\frac{12}{6}, \frac{18}{6}\right) = 1$ 이 된다.

■ **간략증명**

$\left(\frac{a}{d}, \frac{b}{d}\right) = c$ 라 하면 $c \leq 1$ 이면서 $c \geq 1$ 임을 보인다. 그러면 $c = 1$.

즉 $(\frac{a}{d}, \frac{b}{d}) = c$ 라 두면 $c \geq 1$. $\frac{a}{d} = cp$, $\frac{b}{d} = cq$ 라 하면 cd 는 a, b 의 공약수이다.

그러므로 $cd \leq d$ 이므로 $c \leq 1$.

따라서 $c = 1$ 이다.

정의 3	**서로 소(relatively prime)** a 와 b 가 서로 소(relatively prime)이다. $\Leftrightarrow (a, b) = 1$.

●●● 예제 11

$(2, 3) = 1$ 이므로 2 와 3 은 서로 소이다.

정리 2	**나눗셈 알고리즘(The Division Algorithm)** 주어진 정수 a 와 b $(b \neq 0)$일 때, $a = bq + r$, $0 \leq r < b$ 을 만족하는 유일한 정수 q 와 r 이 존재한다. 이때 a 를 **피제수**(dividend), b 를 **제수**(divisor), q 를 **몫**(quotient), r 을 **나머지**(remainder)라고 한다.

■ **증명**

① 존재성(existence)증명

a 로 부터 계속해서 b 를 빼 내려가면 언젠가는 음수가 되는 경우가 나타난다.

$a-(q+1)b < 0 < a-qb < \cdots < a-3b < a-2b < a-b < a$

그럼 $a-(q+1)b < 0$ 인 $a-qb > 0$ 가 존재한다.

그런데 $a-(q+1)b = a-qb-b < 0$ 에서 $a-bq < b$ 를 얻는다.

따라서 $0 \le a-bq < b$

② 유일성(uniqueness)증명

그런 q 와 r 이 두 개가 있다고 가정하면, $0 \le r < b$, $0 \le r_1 < b$

즉, $a = bq + r = bq_1 + r_1 \Rightarrow 0 = b(q-q_1) + (r-r_1)$

$b|0 \;\; \& \;\; b|b(q-q_1) \Rightarrow b|(r-r_1) \;\; \& \;\; -b < r-r_1 < b$

왜냐하면 $0 \le r < b \rightarrow 0 \le r < b$

$0 \le r_1 < b \rightarrow -b < -r_1 \le 0$ 이므로 $-b < r-r_1 < b$ 이기 때문이다.

그러므로 $r-r_1 = 0 \cdot b = 0$ 에서 $r = r_1$ $0 = b(q-q_1)$, $b \ne 0$.

그러므로 $q = q_1$ 인데 이는 가정에 모순이 된다.

예제 12

$a = 75$, $b = 24$ 이면

$75 = 24(3) + 3$

■ **보조정리 3**

$a = bq + r$ 이면 $(a, b) = (b, r)$ 이다.

■ **증명**

$(a, b) = d$ 이고 $a = bq + r$ 라 하자. 그러면

$d|a \;\&\; d|b \Rightarrow d|r$

d 는 b 와 r 의 공약수(common divisor)이다.

c 를 b 와 r 의 공약수라고 하자. 그러면 $c \le d$ 를 보이면 된다.

$c|b \;\&\; c|r$ 이고 $a = bq + r$ 에서 $c|a$ 이다.

이로부터 c 는 a 와 b 의 공약수이다.

따라서 $c \leq d$.

그러므로 $(b, r) = d$.

●●● 예제 13

$a = 16$, $b = 6$, $16 = 6(2) + (4)$

$(16, 6) = (6, 4) = 2$

정리 3	**유클리드 호제법(Euclidean Algorithm)** 위 division algorithm을 반복 사용하면 $a, b \in N$, $b \neq 0$ & $a = bq + r \quad 0 \leq r < b$ $b = rq_1 + r_1 \quad 0 \leq r_1 < r$ $r = r_1 q_2 + r_2 \quad 0 \leq r_2 < r_1$ .... $r_k = r_{k+1} q_{k+2} + r_{k+2} \quad 0 \leq r_{k+2} < r_{k+1}$ .... $r_{t-1} = r_t q_{t+1} + 0$ 그러면 $(a, b) = (b, r) = (r, r_1) = \cdots = r_t$

■ **증명**

$0 = r_t < \cdots < r_2 < r_1 < r < b$

$(a, b) = (b, r) = (r, r_1) = \cdots = (r_{t-1}, r_t) = r_t$

주의 최대 공약수는 두 수의 부호와는 상관이 없다. 즉, $a, b \in Z$ 일 때

$(a, b) = (-a, b) = (a, -b) = (-a, -b)$.

참고 이 방법을 유클리드 호제법이라고 하는데, 유클리드의 '원론(Elements)'의 제7권 에 실려 있다.

예제 14

$(12,\ 18) = (-12,\ 18) = (12,\ -18) = (-12,\ -18) = 6 \geq 1$

예제 15

(1) $(343,\ 280) = d$ 일 때, $d = 343 \cdot \square + 280 \cdot \triangle$ 일 때 □와 △를 구하여라.

풀이

280	343			
1	280			
	63	280		
	4	252		
		28	63	
		2	56	
			7	28
			4	28

$$343 = 280 \cdot 1 + 63$$
$$280 = 63 \cdot 4 + 28$$
$$63 = 28 \cdot 2 + 7$$
$$28 = 7 \cdot 4 + 0$$

$$\begin{aligned}(343,\ 280) &= (280,\ 63)\\ &= (63,\ 28)\\ &= (28,\ 7)\\ &= 7\end{aligned}$$

그러므로 $(343,280) = 7$이다. 그리고

$$\begin{aligned}7 &= 63 - 28 \cdot 2\\ &= 63 - (280 - 63 \cdot 4) \cdot 2\\ &= 63 - 280 \cdot 2 + 63 \cdot 8\\ &= 63 \cdot 9 - 280 \cdot 2\\ &= (343 - 280 \cdot 1) \cdot 9 - 280 \cdot 2\\ &= 343 \cdot 9 - 280 \cdot 9 - 280 \cdot 2\\ &= 343 \cdot 9 + 280 \cdot -11\end{aligned}$$
$$\therefore\ 343 \times 9 + 280 \times (-11) = 7$$

(2) $(578,\ 442) = 34$ 일 때, $34 = 578 \cdot \square + 442 \cdot \triangle$ 에서 □와 △를 구하여라.

$$578 = 442 \cdot 1 + 136$$
$$442 = 136 \cdot 3 + 34$$
$$136 = 34 \cdot 4$$

□는 -3 이고 △는 4 를 얻는다.

$$\begin{aligned}34 &= 442 - 136 \cdot 3\\ &= 442 - (578 - 442 \cdot 1) \cdot 3\\ &= 442 - 578 \cdot 3 + 442 \cdot 3\\ &= 578 \cdot (-3) + 442 \cdot (4)\end{aligned}$$

정리 4	$(a, b) = d \Rightarrow \exists\ x, y \in Z$ such that $ax + by = d$.

■ **증명**

Euclidean algorithm을 거꾸로 적용하면 얻을 수 있다.

■ **따름정리 1**

$d \mid ab$ 이고 $(d, a) = 1$ 이면 $d \mid b$ 이다.

■ **증명**

$(d, a) = 1 \Rightarrow \exists\ x, y$ such that $dx + ay = 1$.
양변에 b 를 곱하면 $bdx + bay = b$.
$d \mid bdx$ 이고 $d \mid aby$ 이므로 $d \mid b$ 이다.

●●● 예제 16

$2 \mid (3 \cdot 4)$ 이고 $(2, 3) = 1$ 이면 $2 \mid 4$ 이다.

■ **반례**

$d \mid ab \Rightarrow d \nmid b$ $6 \mid (8 \cdot 9)$ 이다. 그렇지만 $6 \nmid 8$, $6 \nmid 9$ 이다.

■ **따름정리 2**

$(a, b) = d$, $c \mid a$ 이고 $c \mid b$ 이면 $c \mid d$ 이다.
[즉, 두 수의 공약수는 최대공약수의 약수이다.]

■ **증명**

$(a, b) = d \Rightarrow \exists\ x, y$ such $ax + by = d$
$c \mid a\ \&\ c \mid b \Rightarrow c \mid d$

●●● 예제 17

$(18,\ 24) = 6\ 3\,|\,18\ \&\ 3\,|\,24 \Rightarrow 3\,|\,6$.

■ 따름정리 3

$a\,|\,m$, $b\,|\,m$ 이고 $(a,\ b) = 1 \Rightarrow ab\,|\,m$.

■ 증명

$(a,\ b) = 1 \Rightarrow \exists\ x,\ y$ such that $ax + by = 1$

양변에 m 을 곱하면

$amx + bmy = m$

$b\,|\,m \Rightarrow ab\,|\,amx$

$a\,|\,m \Rightarrow ba\,|\,bmy \Rightarrow ab\,|\,m$

●●● 예제 18

$2\,|\,12$, $3\,|\,12$ 이고 $(2,\ 3) = 1 \Rightarrow (2 \cdot 3)\,|\,12$

■ 반례

위 따름정리에서 $(a,\ b) \neq 1$ 이면 $6\,|\,18$, $9\,|\,18$, $(6,\ 9) = 3 \neq 1 \Rightarrow 6 \cdot 9 \nmid 18$.

연습문제 1

#1. $(314,\ 159)$ 를 구하여라. 그리고 $314x + 159y = (314,\ 159)$ 를 구하여라.

풀이

$$\begin{aligned} 314 &= 159 \cdot (1) + 155 \\ 159 &= 155 \cdot (1) + 4 \\ 155 &= 4 \cdot (38) + 3 \\ 4 &= 3 \cdot (1) + 1 \\ 3 &= 1 \cdot (3) \end{aligned}$$

$$\begin{aligned} 1 &= 4 - 3 \cdot 1 \\ &= 4 - (155 - 4 \cdot 38) \cdot 1 \\ &= 4 \cdot 39 - 155 \\ &= (159 - 155) \cdot 39 - 155 \\ &= 159 \cdot 39 - 155 \cdot 40 \\ &= 159 \cdot 39 - (314 - 159) \cdot 40 \\ &= 159 \cdot (79) - 314 \cdot (40) \end{aligned}$$

#2. (1) $(1281,\ 243)$ 을 구하여라.

(2) $(75185353,\ 72829807)$ 을 구하여라.

답 (1) 3 (2) 8353

#3. $n = abc + 1$ 이면 $(n,\ a) = (n,\ b) = (n,\ c) = 1$ 임을 보여라.

힌트 $n = a(bc) + 1$

$a = 1 \cdot (a)$

#4. $(n,\ n + 20) = 7$ 이 가능한가?

풀이 $(n + 20,\ n) = (n,\ 20) \neq 7$

#5. 0 의 배수를 모두 구하여라.

풀이 0 의 배수는 없다.

주의 $(0,\ 0) = 0$ 이다. a가 자연수이면 $(0,\ a) = a$ 이다.

#6. 세 정수 30, 72, 140의 최대공약수 d 를 구하고 d 를 $30x + 72y + 140z$ 의 꼴로 나타내어라.

풀이 먼저 30과 72의 최대공약수 6 을 유클리드 호제법을 이용하여 구한다.

$6 = 5 \times 30 + (-2) \times 72$ 이다. 그 다음 6과 140의 최대공약수를 유클리드 호제법을

이용하여 구하면, $2 = (-23)\times 6 + 1\times 140$ 이다. 그러므로

$$\begin{aligned} 2 &= (-23)\times 6 + 1\times 140 \\ &= (-23)\times [5\times 30 + (-2)\times 72] + 1\times 140 \\ &= (-115)\times 30 + (46)\times 72 + 1\times 140 \end{aligned}$$

이 된다.

#7. $95x + 432y = 1$ 을 만족하는 한 쌍의 정수 x 와 y 를 구하여라.

#8. $35x + 55y + 77z = 1$ 을 만족하는 한 쌍의 정수 x , y , z 를 구하여라.

#9. $22x + 17y = 1$ 을 구하여라.

답 $x = 7$, $y = -9$

#10. $a\,|\,b$ 이고 $b\,|\,a$ $(b \neq 0)$이면 $a = \pm b$ 임을 보여라.

#11. $a\,|\,(b+c)$ 이라 하더라도 동시에 $a \nmid b$ 와 $a \nmid c$ 일 수 있다. 예를 들어라.

#12. n 이 정수일 때, $\dfrac{n(n^2+2)}{3}$ 는 정수인가?

힌트 $n = 3k$, $n = 3k + 1$, $n = 3k + 2$ 로 나누어 생각하여라.

#13. a , b , c 가 정수일 때, $(a, b, c) = 1 \Leftrightarrow ar + bs + ct = 1$ 을 만족하는 정수 r , s , t 가 존재함을 보여라.

#14. $(a, b, c) = d$ 이면 $\left(\dfrac{a}{d}, \dfrac{b}{d}, \dfrac{c}{d}\right) = 1$ 임을 보여라.

세 정수 a , b , c 의 최대공약수를 구하려면 먼저 임의의 두 수의 최대공약수를 구한 다음, 그 값과 나머지 수의 최대공약수를 구하여 얻을 수도 있다. 즉, $(a, b, c) = ((a, b), c) = (a, (b, c)) = ((a, c), b)$ 가 성립한다. 같은 사실이 최소공배수에 대해서도 성립한다. 즉, 여기서 두 수 a 와 b 의 최소공배수(least common multiple, lcm)는 $a \mid m$ 과 $b \mid m$ 을 만족하는 최소의 정수 m 을 말하며 $[a, b]$ 로 나타낸다. 그러면 $[a, b, c] = [[a, b], c] = [a, [b, c]] = [[a, c], b]$ 이다.

$(a, b, c) = 1$ 이면 a, b, c 는 **서로 소**(relatively prime 또는 coprime)라고 한다. 이때 $(a, b) = 1$, $(b, c) = 1$, $(c, a) = 1$ 을 동시에 만족하면 **쌍마다 서로 소**(relatively prime in pair 또는 mutually coprime)라고 한다.

#15. $f_1 = 1$, $f_2 = 1$, $f_n = f_{n-1} + f_{n-2}$ $(n \geq 3)$을 만족하는 Fibonacci 수열에서 연속된 두 수는 서로 소임을 보여라.

풀이 $(f_{n+1}, f_n) = (f_n, f_{n-1}) = \cdots = (2, 1) = 1$

참고 정수론에 대해 가우스(Carl Friedrich Gauss, 1777-1855)는 “Mathematics is the queen of the sciences and arithmetic [number theory] the queen of mathematics.”이라는 말을 남겼으며, 크로네커(L. Kronecker, 1823-1891)는 “God made the integers; all else [the rest] is the work of man.”이라 하였다. 그리고 피타고라스 학파에서는 “만물은 수이다.(All is number.)”라고 하였다.

#16. $((a, b), c) = (a, (b, c))$, $(na, nb) = n(a, b)$ 임을 보여라.

#17. a, b, c 가 자연수일 때, $(a, b) = 1$ 이고 $(b, c) = 1$ 이면, $(a, c) = 1$ 임을 보여라.

#18. $m, n > 0$ 이고 $(m, n) = d$ 이면 $(2^m - 1, 2^n - 1) = 2^d - 1$ 임을 보여라. 이때 밑수 2 대신 2 보다 큰 정수로 바꿔도 성립함을 보여라.

#19. (Lamé 정리) 두 자연수의 최대공약수를 구하는데 필요로 하는 나눗셈의 횟수는 두 수 중 작은 수의 자릿수를 5배한 것보다 작거나 같음을 보여라.

참고 자연수 a 와 b 에 대해 (a, b) 를 유클리드 호제법으로 구하면 많아야 $\log_2(ab)$ 단계에서 끝난다. 예를 들어 2개의 100 자리수의 경우에는
$\log_2(10^{100} \cdot 10^{100}) \approx \log_2(10^{200}) \approx 664$ 단계가 된다.

#20. 최대공약수문제

(1) $(1722,\ 462)$ 를 구하여라.

(2) $(6n+5,\ 4n+2)=1$ 임을 보여라. 단, n 은 임의의 자연수이다.

(3) $(a,\ b)=1$ 이면 $(a^2,\ b^2)=1$ 임을 보여라.

(4) $(a,\ b)=(a,\ a+b)$ 임을 보여라.

(5) $(a,\ b)=1$ 이고 $(a,\ c)=1$ 이면, $(a,\ bc)=1$ 임을 보여라.

#21. 임의의 자연수 n 에 대하여 $\dfrac{21n+5}{14n+3}$ 이 기약분수임을 보여라.

풀이 $2(21n+5)-3(14n+3)=1$ 이므로 $21n+5$ 와 $14n+3$ 은 서로 소이다.

즉 $\dfrac{21n+5}{14n+3}$ 은 기약분수이다.

#22. 임의의 정수 n 에 대하여 $\dfrac{16n^2+7}{12n^2+5}$ 가 기약분수임을 보여라.

풀이 $16n^2+7=(12n^2+5)(1)+(4n^2+2)$ $\cdots$ ①

$12n^2+5=(4n^2+2)(3)-1$ $\cdots$ ②

$4n^2+2=(-1)(-4n^2-2)$ $\cdots$ ③

②에서 $1=3(4n^2+2)-(12n^2+5)$

①에서 $=3[(16n^2+7)-(12n^2+5)]-(12n^2+5)$

$=3(16n^2+7)-4(12n^2+5)$

$3(16n^2+7)-4(12n^2+5)=1$ 이므로 정리에 의하여 $16n^2+7$ 와 $12n^2+5$ 는 서로 소이다. 즉 $\dfrac{16n^2+7}{12n^2+5}$ 은 기약분수이다.

#23. $\dfrac{n-12}{4n+5}$ 가 기약분수가 아닌 최소의 자연수 n 을 구하여라.

풀이 $\dfrac{n-12}{4n+5}$ 가 기약분수가 아니므로 역수 $\dfrac{4n+5}{n-12}$ 도 기약분수가 아니다.

$\dfrac{4n+5}{n-12}=4+\dfrac{53}{n-12}$ 이므로 $\dfrac{53}{n-12}$ 가 기약분수가 아니어야 한다.

그러므로 $53\mid(n-12)$ 이어야 한다. 따라서 최소의 자연수는 65가 된다.

#24. a 가 정수일 때, $0|a$ 이면 $a = 0$ 임을 증명하여라.

풀이 $0|a$ 이므로 어떤 정수 k 에 대하여 $a = 0 \cdot k = 0$ 이다.

#25. $(a_i, a_j) = 1$ 일 때, $(a_1 a_2 \cdots a_k, b) = (a_1, b)(a_2, b) \cdots (a_k, b)$ 임을 보여라.

제2장
소수와 소인수분해

제2장 소수와 소인수분해

자연수(positive integer 또는 natural number)는 다음과 같이 구분할 수 있다.

$$\text{자연수(positive integer)}\begin{cases}1 \\ \text{prime (소수)} \rightarrow \{2,\ 3,\ 5,\ 7,\ \cdots\} \\ \text{composite (합성수)} \rightarrow \{4,\ 6,\ 8,\ 9,\ \cdots\}\end{cases}$$

소수(prime, 素數)란 1 보다 큰 정수로서 1 과 그 자신이외에는 양의 약수를 갖지 않는 수이다. **합성수**(composite)란 소수(prime)가 아닌 1 보다 큰 자연수를 말한다.

참고 (1) prime 은 그리스어 protos arithmos 를 축약하여 옮긴 것이다. 라틴어로 primus 는 '가장 중요한'이란 의미이다.

(2) 1 은 prime이 아니다. 1 이 prime 이라면 나머지 수 들은 1 의 배수이므로 1 이외의 자연수는 모두 합성수가 된다.

(3) 13장에서 주로 나타나는 소수(小數, decimal)는 절댓값이 1 보다 작은 실수를 말하며 '소:수'로 발음한다. 여기서 나오는 소수(素數, prime)는 '소쑤'로 발음하는 것 이외는 문장 속에서 전후관계로 이 둘을 구별하여야 할 것이다.

예제 1

소수(prime) 중에 짝수는? (2 하나뿐이다.)
마지막 자리수가 5 인 prime은? (5 하나뿐이다.)
$84 = 2 \cdot 2 \cdot 3 \cdot 7 = 2^2 \cdot 3 \cdot 7$

■ 보조정리 1

1 보다 큰 정수는 어떤 소수(prime)에 의해 나누어진다.

■ 증명

그 정수를 n 이라 하고 1 보다 크고 n 보다 작은 정수 중 n 을 나눌 수 있는 소수를 생각하자.
이 집합이 공집합이면 n 이 소수이고 n 자신이 n 을 나눌 수 있다.
이 집합이 공집합이 아니면 집합의 원소에 의해 n 이 나누어진다.
이 중 가장 작은 원소에 의해서도 나누어진다. 이 원소가 소수이다.

■ 보조정리 2

n $(n > 1)$ 인 모든 정수는 소수(prime)의 곱으로 나타낼 수 있다.

■ 증명

(강한 수학적 귀납법) 보조정리 1에서 나온 가장 작은 원소로 n 을 나눌 수 있다.
즉 $n = p_1 n_1$ 이다.
이 때 $n_1 = 1$ 이면 stop
$n_1 \neq 1$ 이면 보조정리 1에 의해 반복
$n_1 = p_2 n_2$
$n_2 = 1$ 이면 stop
$n_2 \neq 1$ 이면 보조정리 1에 의해
....
$n = p_1 p_2 \cdots p_k n_k = p_1 p_2 \cdots p_k \ \ n_k = 1$ 에서 stop.

●●● 예제 2

보조정리 2를 이용하면 소인수분해(prime decomposition)를 할 수 있다. 예를 들어

$$72 = 2 \cdot 2 \cdot 2 \cdot 3 \cdot 3$$
$$= 2^3 \cdot 3^2$$

다음 정리는 Euclid 원론(Elements) 9권에 나타난다.

정리 1	**(Euclid) 소수는 무한이 많이 있다.**(There are infinitely many primes.)

■ **증명**

소수가 유한 개 있다고 하면, 즉 $p_1, p_2, \cdots, p_r$ 이라면 $n = p_1 p_2 p_3 \cdots p_r + 1$ 은 $p_1, p_2, p_3, \cdots, p_r$ 의 어느 것으로도 나누어지지 않는다. 이는 모순이다.

참고 $2 + 1 = 3$ 소수(prime)

$2 \cdot 3 + 1 = 7$ 소수((prime)

$2 \cdot 3 \cdot 5 + 1 = 31$ 소수((prime)

$2 \cdot 3 \cdot 5 \cdot 7 + 1 = 211$ 소수((prime)

....

$2 \cdot 3 \cdot 5 \cdot 7 \cdot 11 \cdot 13 + 1 = 30031 = 59 \cdot 509$ (이는 소수가 아니다.)

주의 30031 은 2, 3, 5, 7, 11, 13 의 어느 것으로도 나누어떨어지지 않는다. 그렇지만 앞의 유한개의 소수(prime)가 아닌 59 , 509 도 필요하다.
예를 들어 $2 \cdot 3 \cdot 29 + 1 = 5^2 \cdot 7$.

참고 소수(prime) 들 사이에는 커다란 공백이 있을 수 있다. 어떤 수 사이에는 상당히 많은 합성수로 연속하여 나타나기 때문에 소수(prime)가 나타나지 않는 경우가 있다. 예를 들어 $10000! + n$, $n = 2, 3, \cdots, 9999, 10000$ 인 경우 $10000! + n$ 은 n 으로 나눠지므로 연속된 9999 개의 합성수가 존재한다.

참고 (1) 396733 부터 396833 사이의 99개는 모두 합성수이다.
(2) 6백만 번째 소수는 9자리의 수이다.

■ **보조정리 3**

n 이 합성수(composite)이면, n 은 $1 < d \leq \sqrt{n}$ 를 만족하는 약수 d 를 가지고 있다.

■ **증명**

$n = d_1 \cdot d_2$ 이면 $1 < d_1 < n$ 이거나 $1 < d_2 < n$ 가 된다. 이것이 거짓이라 하자.
d_1 과 d_2 가 모두 $\sqrt{n}$ 보가 크다고 가정하면 $n = d_1 \cdot d_2 > \sqrt{n} \cdot \sqrt{n} = n$ 이 되므로 모순(contradiction)이 된다.

위 보조정리는 "1 보다 큰 임의의 정수 n 에 대해, 만약 n 이 $\sqrt{n}$ 보다 작은 적당한 소수에 의해 나누어지지 않으면 n 은 소수이다."를 말하고 있다. 예를 들어 269 가 소수인가를 확인하려면 1 부터 269 까지 다 나누어떨어지는가를 조사하지 않아도 된다. 같은 방법으로 289 에 대해서도 알 수 있다.
$\sqrt{269} = 16.\times\times$ 이므로 2, 3, ⋯ , 16 중 prime 인 2, 3, 5, 7, 11, 13
로 나눠보면 된다. 같은 방법으로
$\sqrt{289} = 17$ 이므로 2, 3, 5, 7, 11, 13, 17 로 나누어떨어지는가 조사하면 된다.

●●● 예제 3

91 이 소수인가 확인하려면 1 부터 $\sqrt{91} \approx 9.5394$ 까지의 소수인 2, 3, 5, 7 로 나눠 보면 된다. 7 로 나눠지므로 91 은 소수가 아니다.

■ **보조정리 4**

만약 n 이 합성수(composite)이면 n 은 $\sqrt{n}$ 보다 작거나 같은 소인수 하나를 가진다.

에라토스테네스의 체(Sieve of Eratosthenes)

본래 체라는 것은 알곡을 쭉정이로 부터 걸러내는 역할을 하는 데, 에라토스테네스의 체는 1 보다 큰 자연수에서 소수는 체 안에 남게 되고, 합성수는 체를 통과하게 된다.

$\not{1}$, 2, 3, $\not{4}$, 5, $\not{6}$, 7, $\cdots$ 2 를 제외한 2 의 배수를 제외한다.

3 을 제외한 3 의 배수를 제외한다.

5 를 제외한 5 의 배수를 제외한다.

…

(p 를 소수라고 할 때) p 까지 하면 1 부터 p^2 까지의 모든 소수(prime number)가 체 안에 남게 된다.

에라토스테네스 체의 단점은 판정하기를 원하는 n 의 자리수가 몹시 큰 경우, 이러한 방법이 유용하지 못하다는 것이다.

참고 오스트리아 천문학자 J.P.Kulik(1773-1863)가 20 년 동안 1 부터 1 억까지의 소수를 구했는데 도서관에 보관됐던 그의 자료 중에 12,642,600 부터 22,852,800 까지가 분실되었다.

■ **보조정리 5**

p가 소수(prime)일 때 $p \mid ab \Rightarrow p \mid a$ 또는 $p \mid b$

■ **증명**

(i) $(p, a) = 1$, p 는 소수이거나 (ii) $(p, a) = p$ 이다.

(ii) 이면 $(p, a) = p \Rightarrow p \mid a$

(i) 이면 $(p, a) = 1 \Rightarrow$ 1장의 따름정리 1에 의해, [$d \mid ab$ & $(d, a) = 1 \Rightarrow d \mid b$]

$\Rightarrow p \mid b$

위 보조정리에 의해서

$7 \mid 28 \Rightarrow 7 \mid 2$ 또는 $7 \mid 14$

$7 \mid 98 \Rightarrow 7 \mid 14$ 또는 $7 \mid 7$

■ **보조정리 6**

$p \mid (a_1 \cdot a_2 \cdot \cdots \cdot a_k) \Rightarrow p \mid a_i$ 어떤 i , $i = 1, 2, \cdots, k$.

■ **증명**

귀납법(induction)을 이용.

■ **보조정리 7**

q_1, q_2, $\cdots$, q_n 이 모두 소수(prime)이고 $p \mid (q_1 q_2 \cdots q_n)$ (p, q : 소수)이면 어떤 정수 k 에 대해 $p = q_k$ 이다.

정리 2	**소인수 분해의 유일성 (unique factorization)** **소인수분해는 유일하다.**

■ **증명**

만일 유일하지 않다면 $s \neq t$ 라고 가정할 때

$n = p_1 \cdot p_2 \cdot p_3 \cdot \cdots \cdot p_s$ 와 $n = q_1 \cdot q_2 \cdot \cdots \cdot q_t$ (p_i, q_i : 소수)로 나타낸다.

$p_1 \mid (p_1 \cdot p_2 \cdot \cdots \cdot p_s) \Rightarrow p_1 \mid (q_1 \cdot q_2 \cdot \cdots \cdot q_t)$

$\Rightarrow p_1 = q_i$

그러면 $p_1 \cdot p_2 \cdot \cdots \cdot p_s = n = q_1 \cdot q_2 \cdot \cdots \cdot q_{i-1} \cdot q_i \cdot q_{i+1} \cdot \cdots \cdot q_t$

$\Rightarrow p_2 \cdot \cdots \cdot p_s = q_1 \cdot q_2 \cdot \cdots \cdot q_{i-1} \cdot q_{i+1} \cdot \cdots \cdot q_t$

같은 방법으로 $p_2 = q_j$ 양변을 $p_2 = q_j$ 로 나누면

$p_3 \cdot \cdots \cdot p_s = q_1 \cdot q_2 \cdot \cdots \cdot q_{j-1} \cdot q_{j+1} \cdot \cdots \cdot q_{i-1} \cdot q_{i+1} \cdot \cdots \cdot q_t$

이 과정을 반복하면 $1 = q_k \cdot q_l \cdot \cdots \cdot q_t$ 가 되는 데 이것은 1 이 소수의 곱이 되므로 모순이 된다. 이 경우 남아있는 모든 $q_r = 1$ 이 되어야 한다.

따라서 $p_1 \cdot p_2 \cdot \cdots \cdot p_m$ 는 $q_1 \cdot q_2 \cdot \cdots \cdot q_m$ 을 재배열한 것이다.

●●● **예제 4**

예를들어 $n = 2 \cdot 3 \cdot 7 \cdot 13$ 은 순서를 바꾸면 $n = 7 \cdot 2 \cdot 13 \cdot 3$ 이다.
그러므로 소인수분해는 순서를 무시하면 유일하다.

다음과 같은 집합을 생각하자.

$A = \{1, 5, 9, 13, 17, \cdots\} = \{4n + 1 \mid n = 0, 1, 2, \cdots\}$

즉 A 는 $4n + 1$ ($n = 0, 1, 2, \cdots$) 형태의 모든 자연수이다.

여기서 집합 A 안에 있는 수 만으로는 1 과 그 자신이외에는 약수가 없는 원소(수)를 prome 이라고 약속하자. 여기서 prome 은 공식적인 수학용어는 아니며, 소수인 prime 과 유사한 성질을 생각해서 철자 하나를 바꾼 것이다.

●●● 예제 5

21 은 prome 이다.

25 는 prome 이 아니다. 왜냐하면 $25 = 5 \cdot 5$.

●●● 예제 6

100 보다 작은 자연수 중에서 prome 이 아닌 것을 구하여라.

풀이 다음에서 × 로 표시한 수는 prome 이 아니다.

$1 = 1 \cdot 1$	$5 = 1 \cdot 5$
$9 = 1 \cdot 9$	$13 = 1 \cdot 13$
$17 = 1 \cdot 17$	$21 = 1 \cdot 21$
$25 = 1 \cdot 25 = 5 \cdot 5$ ×	$29 = 1 \cdot 29$
$33 = 1 \cdot 33$	$37 = 1 \cdot 37$
$41 = 1 \cdot 41$	$45 = 1 \cdot 45 = 5 \cdot 9$ ×
$49 = 1 \cdot 49$	$53 = 1 \cdot 53$
$57 = 1 \cdot 57$	$61 = 1 \cdot 61$
$65 = 1 \cdot 65 = 5 \cdot 13$ ×	$69 = 1 \cdot 69$
$73 = 1 \cdot 73$	$77 = 1 \cdot 77$
$81 = 1 \cdot 81 = 9 \cdot 9$ ×	$85 = 1 \cdot 85 = 5 \cdot 17$ ×
$89 = 1 \cdot 89$	$93 = 1 \cdot 93$
$97 = 1 \cdot 97$	

주의 이 경우 prome decomposition 방법은 유일하지 않음을 알 수 있다.

$$693 = 4 \cdot 173 + 1 = 21 \cdot 33 = 9 \cdot 77$$

그러면 위와 같이 서로 다른 2가지 이상의 prome 의 곱으로 나타날 수 있는 가장 작은 자연수는 무엇인가?

참고 $4n+1$ 의 정수는 $4n+1$ 의 곱의 형태이거나 $4n-1$ 의 곱의 형태이다.

$$4n+1=(4m_1+1)(4m_2+1)=16m_1m_2+4m_1+4m_2+1$$

$$4n+1=(4m_1-1)(4m_2-1)=16m_1m_2-4m_1-4m_2+1$$

소인수분해(prime-power decomposition)

자연수 n 은 $n=p_1^{e_1}\cdot p_2^{e_2}\cdot\ \cdots\ \cdot p_k^{e_k}$ 와 같이 소인수 분해할 수 있다.

앞으로 이 책에서는 소인수 분해의 표시는 밑은 서로 다른 소수 p_1, p_2, $\cdots$, p_k 와 지수는 자연수 e_1, e_2, $\cdots$, e_k 로 이루어진다고 생각하기로 한다.

예제 7

8001 와 7950 을 소인수 분해하여라.

풀이 $8001=3^2\cdot 7\cdot 127$

$7950=2\cdot 5^2\cdot 3\cdot 53=2\cdot 3\cdot 5^2\cdot 53$

정리 3	$\begin{cases} m=p_1^{e_1}\cdot p_2^{e_2}\cdot\ \cdots\ \cdot p_k^{e_k} \\ n=p_1^{f_1}\cdot p_2^{f_2}\cdot\ \cdots\ \cdot p_k^{f_k}\end{cases}$ **이면** $(m,\ n)=p_1^{g_1}\cdot p_2^{g_2}\cdot\ \cdots\ \cdot p_k^{g_k}$. **이 때** $g_i=\min(e_i,\ f_i)$.

예제 8

$(120,\ 252)$ 을 구하여라.

풀이 $(120,\ 252)=\begin{cases}120=2^3\cdot 3^1\cdot 5^1\cdot 7^0 \\ 252=2^2\cdot 3^2\cdot 5^0\cdot 7^1\end{cases}$ 이므로 $(120,\ 252)=2^2\cdot 3=12$ 이다.

연습문제 2

#1. 1234 , 34560 , 11111111 (1 이 8개), $2^{21}+1$ 을 소인수 분해하여라.

풀이 $1234 = 2 \cdot 617$

$34560 = 2^8 \cdot 3^3 \cdot 5$

$11111111 = 11 \cdot 73 \cdot 101 \cdot 137$

$2^{21} + 1 = 3^2 \cdot 43 \cdot 5419$

#2. 1,000,027을 소인수 분해하여라.

풀이
$$\begin{aligned} 1{,}000{,}027 &= (100)^3 + (3)^3 = (100+3)(10{,}000 - 300 + 9) \\ &= (103)(9709) \\ &= (103)(7)(1387) = (103)(7)(19)(73) \end{aligned}$$

#3. 타르탈리아(Tartaglia)(1499~1557)는 1 , 1 + 2 , 1 + 2 + 4 , ⋯ 는 번갈아 가면서 소수와 합성수로 나타난다고 추측하였다. 이것이 사실인가?

풀이 $1 + 2 + 4 = 7$ (소수)

$1 + 2 + 4 + 8 = 15$ (합성수)

$1 + 2 + 4 + 8 + 16 = 31$ (소수)

$1 + 2 + \cdots + 32 = 63$ (합성수)

$1 + 2 + \cdots + 64 = 127$ (소수)

$1 + 2 + \cdots + 128 = 255$ (합성수)

$1 + 2 + \cdots + 256 = 511 = 7 \cdot 73$ (합성수)

따라서 사실이 아님을 알 수 있다.

#4. 연속된 두 자연수의 곱은 제곱수가 될 수 없음을 보여라.

풀이 $n(n+1) = n^2 + n$ 이므로

$n^2 < n(n+1) < (n+1)^2$ 이다. 왜냐하면

(i) $n(n+1) - n^2 > 0$, $n > 0$

(ii) $(n+1)^2 - n(n+1) > 0$

#5. a 와 b 의 **최소공배수**(least common multiple)를 $[a, b]$ 로 표시하며, 이것은 $a \mid m$ 이고 $b \mid m$ 인 가장 작은 정수 m 이다. 다음 사실을 확인하여라.

(a) $[12, 30] = 60$ 이다. 왜냐하면

$12 = 2^2 \cdot 3^1 \cdot 5^0$, $30 = 2 \cdot 3^1 \cdot 5^1$ 이므로

2^2, 3, 5 의 곱이 두 수의 최소공배수가 되기 때문이다.

(b) $\begin{cases} a = p_1^{e_1} \cdot p_2^{e_2} \cdot \cdots \cdot p_k^{e_k} \\ b = p_1^{f_1} \cdot p_2^{f_2} \cdot \cdots \cdot p_k^{f_k} \end{cases}$ 일 때 $[a, b] = p_1^{g_1} \cdot p_2^{g_2} \cdot \cdots \cdot p_k^{g_k}$ 이다. 이때

$g_i = \max[e_i, f_i] \quad i = 1, 2, \cdots, k$

(c) $ab = [a, b](a, b)$, 여기서 $a > 0$, $b > 0$, 이 성립한다.

참고로 $(-12, 18) = 6$ 이다. 그러나 두 자연수에 대해서는 그 곱은 그들의 최대공약수와 최소공배수의 곱이 된다.

$(12, 18) = 6$

$[12, 18] = 36$

$12 \times 18 = 36 \times 6$

#6. $ab = (a, b)[a, b]$ 임을 보여라.

풀이 $a = da'$, $b = db'$, $(a', b') = 1$ 이라 하면,

$(a, b) = d$ 이고, $[a, b] = da'b'$ 이다.

그러므로 $ab = d \cdot da'b' = (a, b)[a, b]$.

#7. 3, 5, 7 이외는 3개의 연속된 홀수로 이루어진 소수(prime)가 나타나지 않음을 보여라.

#8. 2 와 3 을 제외하고, 소수(prime)에 1 을 더하거나 또는 1 을 빼면 반드시 6 으로 나누어짐을 보여라.

#9. 1737년 Euler는 n 번째 prime 을 p_n 이라고 할 때, $\sum \frac{1}{p_n}$ 이 발산함을 증명하였다. 이 방법과 Clarkson 의 증명방법을 조사하여라. (간단한 증명 참조)

"On the Series of Prime Reciprocals", by James A. Clarkson, Proceedings of AMS 17 (1966) p.541 참조.

#10. 7, 37, 337, 3337, 33337, 333337 은 모두 prime 이다. 그러나 3333337은 소수가 아니다. 이를 보여라.

답 $3333337 = 7 \times 31 \times 15361$ 이다.

#11. **회문의 수**(palindrome)란 숫자를 거꾸로 읽어도 앞으로 읽는 것과 같은 수를 말한다. 회문의 수 중 소수(prime)인 것이 무수히 많음을 보여라.

풀이 101, 131, 151, 181, 313, 353, 727, 757, 787, 797, 919, 929, ⋯ , 79997, 91019, 93139, 93739, 94049, ⋯ , 98389, 98689, ⋯ , 1818181, 7878787, 7272727, 3535353, ⋯

쌍둥이 소수(twin prime)

수학에서 쌍둥이 소수(twin prime)는 두 수의 차가 2인 소수의 쌍을 말한다. 일반적으로 '쌍둥이 소수'와 '쌍둥이소수의 쌍'과는 구별되지 않게 사용한다.
두 쌍의 쌍둥이 소수에 반복해 등장하는 유일한 수는 5이며 3은 $6n \pm 1$ 형태가 아닌 유일한 수이다. '쌍둥이 소수'라는 단어는 1916년에 스태켈(Stäckel)에 의해 처음 만들어졌다고 한다.

#12. 3과 5, 5와 7, 11과 13, 17과 19, 22271과 22273, 1000000000061과 1000000000063, ⋯ 등과 같이 소수인 두 개의 연속한 홀수를 쌍둥이소수(twin prime)라고 한다. 다음은 $a-1$, $a+1$ 이 쌍둥이소수이고 a^2+3 도 소수가 되는 자연수 a 의 값은 4뿐임을 증명하여라.

풀이 자연수 n 에 대하여

(i) $a-1=3n$ 일 때, $n \geq 2$ 이면 $a-1$ 이 소수가 아니므로 $n=1$ 이다.

따라서 $a-1=3$, $a+1=5$, $a^2+3=19$ 이므로 주어진 조건을 만족한다.

(ii) $a-1=3n-1$ 일 때, a^2+3 이 소수가 아니다.

(iii) $a-1=3n-2$ 일 때, $n \geq 2$ 이면 $a+1$ 이 소수가 아니고, $n=1$ 이면 $a-1=1$ 이다.

이상에서 주어진 조건을 만족시키는 자연수 a 는 4 밖에 없다.

#13. 쌍둥이소수가 얼마나 많이 존재하는지는 알려지지 않고 있지만, 2016년 1월까지 알려진 가장 커다란 쌍둥이소수는 $3756801695685 \cdot 2^{666669} \pm 1$ 인데 200700 자릿수라고 한다. 표를 이용하여 1 부터 10000 까지의 쌍둥이 소수의 개수를 구하여라.

답 205 개

참고 (1) 쌍둥이소수가 무한이 많이 존재하는 가는 미해결문제이다.

(2) $10 \cdot 3^{102} \pm 1$, $68 \cdot 3^{30} \pm 1$, $76 \cdot 3^{139} \pm 1$ 은 쌍둥이소수이다.

(3) 700과 800 사이와 900과 1000 사이에는 쌍둥이소수가 없다.

사촌 소수(cousin prime)

p 와 $p+4$ 가 모두 소수(prime)이면 사촌 소수(cousin prime)라고 한다.
예를 들어 (3, 7), (7, 11), (13, 17), (19, 23), … 는 사촌 소수(의 쌍)이다.

참고 n 과 $n+4$ 가 모두 소수가 될 때 두 소수를 사촌 소수라고 한다. 만약에 하디-리틀우드 추측 가운데 첫 번째 추측이 옳다면 무한대로 갈 때 쌍둥이 소수와 사촌 소수는 같은 밀도를 갖는다.

섹시 소수(sexy primes)

p 와 $p+6$ 이 모두 소수(prime)이면 두 소수를 모두 섹시 소수라고 한다. 예를 들어 두 수 차가 6인 섹시소수 쌍은 (5,11), (11.17), (13,19) 등이 있다. 세 수의 차가 6인 섹시소수 쌍은 (7, 13, 19), (17, 23, 29), (31, 37, 43) 등이 있다. 네 수의 차가 6인 경우는 (5, 11, 17, 23), (11, 17, 23, 29), (41, 47, 53, 59) 등이 있다. 재미있는 사실은 마지막의 경우 두 번째 이후는 마지막 자릿수가 1,7,3,9이다. (5, 11, 17, 23, 29)는 5개의 수가 모두 소수이며 6을 등차로 하는 유일한 것이다.

소수와 쌍둥이소수의 개수

	소수의 개수	쌍둥이 소수의 개수
1~100	25	15
101~200	21	14
201~300	16	8
301~400	16	4
401~500	17	6
501~600	14	5
601~700	16	7
701~800	14	0
801~900	15	8
901~1000	14	0
계	168	67

참고 2016년 1월까지 알려진 가장 큰 소수는 $2^{74,207,281}-1$ 이며 이것을 십진수로 나타내면 22,338,618 자릿수가 된다.

#14. 1을 소수라고 가정할 때 소인수분해의 유일성에 어떤 모순이 생기는가?

참고 소수는 무수히 많다. 따라서 합성수도 무수히 많이 있다. 왜냐하면 무수히 많은 소수를 곱하면 무수히 많은 합성수를 만들 수 있기 때문이다.
p_i 를 소수라 할 때 $p_1 p_2 \cdots p_n + 1$ 의 형태의 소수가 얼마나 많이 존재하는지, 아니면 합성수인지 알려지지 않았다. 소수들의 곱에 1을 더한 것이 항상 소수가 되는 것은 아니다.

#15. $a = 11111111$, $b = 111111111111$ 의 최대공약수를 구하여라.

풀이 $a = 1111\,(10^4 + 1)$
$b = 1111\,(10^8 + 10^4 + 1)$
그러므로 $(a,\ b) = 1111$ 이다.

소수가 무수히 많다는 Euclid 의 정리로 현재까지 알려진 것 보다 더 큰 소수를 찾는다든지 하는 기록적인 소수의 발견은 수학적으로 그다지 큰 의미가 없지만 컴퓨터의 hardware 와 software 를 점검할 수 있고 컴퓨터의 정확도와 효율성을 시험하기 위해, 컴퓨터에 대한 광고효과가 크기 때문에 계속 이루어지고 있는 것이다.

#16. 9271 이 소수인지 확인하여라.

풀이 9271 이 소수인지 확인하려면 $\sqrt{9271} \approx 96.3$ 이므로 소수
2,3,5,7,11,13,17,19,23,29,31,37,41,43,47,53,59,61,67,71,73,79,83,89
로 나누어 보면 된다. 실제로 $9271 = 73 \times 127$ 이다.

#17. $4k+3$ 꼴의 소수가 무수히 많음을 증명하여라.

풀이 $4k+3$ 꼴의 소수가 유한 개 있다고 가정하면, 이것들을 $3,\ 7,\ 11,\ 19,\ \cdots,\ p$ 로 나타내자.

$n = 4(7 \cdot 11 \cdot 19 \cdot \cdots \cdot p) + 3$ 이라 하면, n 은 $3, 7, 11, 19, \cdots, p$ 로 (나누어떨어지지 않는다).

n 의 모든 소인수는 $4k+1$ 또는 $4k+3$ 꼴의 정수이고, $4k+1$ 꼴의 두 정수를 곱하면 역시 $4k+1$ 꼴의 정수이다. 그러므로 n 의 모든 소인수가 $4k+1$ 꼴이면, n 도 $4k+1$ 꼴이다. 이것은 모순이다. 따라서 n 은 $4k+3$ 꼴의 소인수 q 를 갖는다.

n 은 q 로 나누어떨어지므로, q 는 $3, 7, 11, 19, \cdots, p$ 가 아닌 소수이다.

즉, $3, 7, 11, 19, \cdots, p$ 가 아닌 $4k+3$ 꼴의 소수가 존재한다. 이것은 가정에 모순이다. 따라서 $4k+3$ 꼴의 소수는 무수히 많다.

#18. $4n - 1$ 꼴의 소수가 무수히 많음을 보여라.

힌트 $n = 4(3 \cdot 5 \cdot 7 \cdot \cdots \cdot p) - 1$

#19. (1) $6n - 1$ 꼴의 소수가 무수히 많음을 보여라.

(2) $2^{2^n} + 5$ 꼴의 수는 모두 합성수임을 보여라.

#20. $3n + 1$ 의 자연수에는 무수히 많은 소수가 존재함을 증명하여라.

#21. $3n + 2$ 의 자연수에는 무수히 많은 소수가 존재함을 증명하여라.

#22. 3보다 큰 두 개의 쌍둥이소수의 합은 항상 12로 나누어떨어짐을 보여라.

#23. 수학에는 많은 기본정리 들이 있다. 이 장에서 언급한 **산술의 기본정리**(Fundamental Theorem of Arithmetic)는 '$a > 1$ 인 모든 양의 정수는 인수의 순서에 상관없이 양수의 소수(prime)의 곱으로 유일하게 나타낼 수 있다.'는 것이다. 미분적분학의 기본정리(Fundamental Theorem of Calculus), 대수학의 기본정리(Fundamental Theorem of Algebra), 선형대수학의 기본정리(Fundamental Theorem of Linear Algebra)에 대하여 알아보자.

#24. $a \geq 2$ 인 정수일 때 $a^4 + 4$ 는 모두 합성수임을 보여라.

풀이 $a^4 + 4 = a^4 + 4a^2 + 4 - 4a^2 = (a^2+2)^2 - 4a^2$

$= (a^2 + 2 + 2a)(a^2 + 2 - 2a)$.

제3장
디오판타인 방정식

제3장 디오판타인 방정식

이 장은 다음과 같은 문제로 부터 시작하자.

어느 집 마당에 (2마리 이상) 짝수의 암탉(hen)과 개(dog)가 홀수 마리가 있다. 다리 수의 합이 20이라고 할 때, 개의 다리 수를 구하여라.

이것을 풀이하려면 d 를 개의 수(홀수)라 하고, h 를 암탉의 수라고 하자. 그러면

$$4d + 2h = 20$$

이다. 이때 해는 여러 개일 수 있다.

디오판토스(Diophantus)는 기원후 250년경 알렉산드리아에서 살았는데 그의 저서 Arithmetica 는 대수학의 최초의 책으로 여겨지는 데, 여기서 대수적 방정식에서의 정수해를 구하는 방법을 보여주고 있다. Diophantus 의 형용사형이 diophantine 이다.

●●● 예제 1

$x^2 + y^2 = z^2$ 를 만족하는 정수해를 구하는 문제는 $3:4:5$, $5:12:13$, $7:24:25$, $8:15:17$, $9:40:41$, $\cdots$ 등등 무수히 많은 해(infinitely many solutions)가 존재한다.

● ● ● 예제 2

$x^2 - 2y^2 = 1$ 을 만족하는 해가 있다. 그 예로 $(3, 2)$, $(1, 0)$, $\cdots$ 이 있다.

● ● ● 예제 3

페르마의 마지막 정리로 알려진 $x^n + y^n = z^n$, $n \geq 3$ 인 정수해는 자명해(trivial solution)이외는 없다. 예를 들어 $x^4 + y^4 = z^4$ 는 자명해인 $x = y = z = 0$이 유일한 정수해가 된다.

$ax + by = c$ (여기서 a, b, c 는 정수)를 **선형 디오판타인 방정식**(linear diophantine equation)이라고 한다. 여기서 정수해 x 와 y 를 구하는 것을 이 방정식을 푼다고 한다.

● ● ● 예제 4

$2x + 4y = 5$ 는 정수해가 없다. 왜냐하면 좌변(LHS, left-hand side)은 짝수(even)인데, 우변(RHS, right-hand side)은 홀수(odd)이기 때문이다.

● ● ● 예제 5

위 닭과 개 문제의 풀이를 구하여라.

풀이 $4d + 2h = 20$ 에서 간단히 하면 $2d + h = 10$ 이고

$$d = \frac{10 - h}{2}, \quad h = h$$

$h = \cancel{1}, 2, \cancel{3}, 4, \cdots, 10$ 는 짝수가 된다.

$h = 2 \ : \ d = 4$

$h = 4 \ : \ d = 3 \ \rightarrow \ 3 \times 4 = 12$ 개

$h = 6 \ : \ d = 2$

$h = 8 \ : \ d = 1 \ \rightarrow \ 1 \times 4 = 4$ 개

$h = 10 \quad : \quad d = 0$

그러므로 개는 3 마리 또는 1 마리가 있고 다리 수는 12 개 또는 4개가 된다.

■ **보조정리 1**

x_0 , y_0 가 $ax + by = c$ 의 해가 되면, 임의의 정수 t 에 대해서 $x_0 + bt$, $y_0 - at$ 역시 해가 된다.

■ **간략증명**

$x = x_0 + bt,\ y = y_0 - at$를 대입하면 $a(x_0 + bt) + b(y_0 - at)$

$= ax_0 + abt + by_0 - abt = ax + by = c$

■ **증명(보조정리 1)**

$ax_0 + by_0 = c$

「$a(x_0 + bt) + b(y_0 - at) = ax_0 + abt + by_0 - abt$

$= ax_0 + by_0 = c$ 」

$ax_0 + by_0 = c \leftarrow (x_0,\ y_0)$ 가 해

$ax + by = c \leftarrow$ 임의의 해가 $(x,\ y)$

$a(x_0 - x) + b(y_0 - y) = 0 \ \cdots$ ①

$a \mid a(x_0 - x)$ 이고 $a \mid 0 \Rightarrow a \mid b(y_0 - y)$

a 와 b 가 서로 소이면, 즉 $(a,\ b) = 1$ 이면 $\Rightarrow a \mid (y_0 - y)$

$\exists\ t$ s.t. $at = y_0 - y$

따라서 $y = y_0 - at$ 이다. 이를 ①에 대입하면

$a(x_0 - x) + bat = 0$

$x_0 - x + bt = 0$

그러므로 $x = x_0 + bt$.

●●● 예제 6

제 1장의 방법을 이용하면 $(343,\ 280) = 7$ 에서

$343x + 280y = 7$ 을 풀이하면

$x_0 = 9$, $y_0 = -11$ 이므로, 임의의 정수 t 에 대해

$x = 9 + 280t$

$y = -11 - 343t$

$343(9) + 280(-11) = 7$ 이므로 우리가 얻은 x 와 y 를 대입하면

$343(9 + 280t) + 280(-11 - 343t) = 7$.

●●● 예제 7

$5x + 6y = 17$ 을 풀이하여라.

풀이 $x_0 = 1$, $y_0 = 2$ 이므로, 임의의 정수 t 에 대해

$x = x_0 + 6t = 1 + 6t$

$y = y_0 - 5t = 2 - 5t$

$\therefore$ $(7,\ -3)$, $(-5,\ 7)$, $\cdots$ 도 역시 해가 된다.

●●● 예제 8

$x + 5y = 10$ 일 때 모든 해는

$x_0 = 0$, $y_0 = 2$ 이므로

$x = 0 + 5t$, $y = 2 - t$, t 는 모든 정수이다.

■ 보조정리 2

$(a,\ b) \nmid c$ 이면 $ax + by = c$ 는 해가 없다(no solutions).

$(a,\ b) \mid c$ 이면 $ax + by = c$ 는 해를 가지고 있다(has a solution).

●●● 예제 9

(a) $14x + 34y = 90 \rightarrow (14, 34) \mid 90$ 이므로 해가 있다.
(b) $14x + 35y = 91 \rightarrow (14, 35) \mid 91$ 이므로 해가 있다.
(c) $14x + 36y = 93 \rightarrow (14, 36) \nmid 93$ 이므로 해가 없다.

$ax + by = c$ 에서 a, b, c 의 최대공약수가 $d \neq 1$ 이면, 즉 $(a, b) = d \neq 1$ 이면 a, b, c 를 d 로 나누어 $\frac{a}{d}, \frac{b}{d}, \frac{c}{d}$ 를 각각 a', b', c' 라 하면 $\left(\frac{a}{d}, \frac{b}{d}\right) = 1$ 이므로 준 식은 $\frac{a}{d}x + \frac{b}{d}y = \frac{c}{d}$ 즉, $a'x + b'y = c'$ 가 된다.

참고 예제 9에서 (a)는 $7x + 17y = 45$, $(7, 17) \mid 45$ 이므로 해가 있다.

(b)는 $2x + 5y = 13$, $(2, 5) \mid 13$ 이므로 해가 있다.

■ **보조정리 3**

$(a, b) = 1$ 이고 x_0, y_0 가 $ax + by = c$ 의 해가 되면, $ax + by = c$ 의 모든 해는 $t \in Z$ 일 때 $x = x_0 + bt$, $y = y_0 - at$ 로 주어진다.

●●● 예제 10

$19x + 80y = 1980$ 는 $x_0 = 100$, $y_0 = 1$ 이 한 해가 된다. 따라서
$19x + 80y = 1980$ 의 모든 해는
$x = 100 + 80t$, $y = 1 - 19t$.
$19x + 80y = 1980$ 의 양(의 정)수해를 구하려면

$$\begin{cases} 100 + 80t > 0, & t = \mathbf{-1}, \mathbf{0}, 1, 2, \cdots \\ 1 - 19t > 0, & t = \mathbf{0}, \mathbf{-1}, -2, \cdots \end{cases}$$

$t = 0$ 일 때 $(100, 1)$, $t = -1$ 일 때 $(20, 20)$.
특히 선형 디오판타인 방정식 $ax + by = c$ 에서

(1) $a = 0$ & $b \neq 0$ 이면 $by = c$ 이므로 $y = \frac{c}{b} \in Z$

(2) $a \neq 0$ & $b = 0$ 이면 $ax = c$ 이므로 $x = \frac{c}{a} \in Z$

의 정수해를 구하는 방법을 이용하여 풀이할 수 있다.

정리 1 $(a, b) \nmid c$ 이면 $ax + by = c$ 는 해가 없다.

$(a, b) | c$ 이면 $x_0 = r + \frac{b}{(a, b)} t$, $y = y_0 - \frac{a}{(a, b)} t$ 와 같은 (무수히) 많은 해를 가지고 있다. 여기서 x_0, y_0 는 임의의 하나의 해이고 t 는 정수이다.

●●● 예제 11

$2x + 6y = 18$ 는 양변을 2로 나누어 $x + 3y = 9$ 로 풀이할 경우 두 개를 비교하자. 양변을 2로 나누었을 때와 나누지 않았을 때 비교하여 위 정리 1을 확인할 수 있다.

(1) $2x + 6y = 18$ 는 하나의 해 $x_0 = 0$, $y_0 = 3$ 을 가지고 있으므로

$x = 0 + 6t$, $y = 3 - 2t$ 이다. t 의 값에 따라서

………

$t = -1$ 이면 $(-6, 5)$

$t = 0$ 이면 $(0, 3)$

$t = 1$ 이면 $(6, 1)$

$t = 2$ 이면 $(12, -1)$

$t = 3$ 이면 $(18, -3)$

………

이때 양의 정수해는 $x = 0 + 6t > 0$, $y = 3 - 2t > 0$ 을 만족하는 $t = 1$ 에서 $(6, 1)$ 을 얻을 수 있다. 음이 아닌 정수해는 $x = 0 + 6t \geq 0$, $y = 3 - 2t \geq 0$ 을 만족하는 $t = 1$ 에서 $(6, 1)$, $t = 0$ 에서 $(0, 3)$ 을 얻을 수 있다.

(2) $x + 3y = 9$ 는 하나의 해 $x_0 = 0$, $y_0 = 3$ 을 가지고 있으므로

$x = 0 + 3t$, $y = 3 - t$ 이다. t 의 값에 따라서

………

$t = -2$ 이면 $(-6, 5)$

$t = -1$ 이면 $(-3, 4)$

$t = 0$ 이면 $(0, 3)$

$t = 1$ 이면 $(3, 2)$

$t = 2$ 이면 $(6, 1)$

$t = 3$ 이면 $(9, 0)$

$t = 4$ 이면 $(12, -1)$

$t = 5$ 이면 $(15,\ -2)$

$t = 6$ 이면 $(18,\ -3)$

....

이 경우 양의 정수해는 $(3,\ 2)$, $(6,\ 1)$ 이고 음이 아닌 정수해는 $(0,\ 3)$, $(3,\ 2)$, $(6,\ 1)$ 과 $(9,\ 0)$ 이다.

연습문제 3

#1. 100 개의 동전으로 $4.99를 만드는 방법을 구하여라.

풀이 penny 를 p, dime 을 d, quarter 를 q 로 나타내고 합이 $\$4.99$ 이므로

$\begin{cases} p + d + q = 100 \\ p + 10d + 25q = 499 \end{cases}$ 를 연립하면

$9d + 24q = 399$ 즉

$3d + 8q = 133$ 는 $(3,\ 8) \mid 133$ 이므로 해를 가진다.

$d_0 = 7$, $q_0 = 14$

$\begin{cases} d = 7 + 8t, & t = 0,\ 1,\ 2,\ \cdots \\ q = 14 - 3t, & t = 4,\ 3,\ 2,\ 1,\ 0,\ \cdots \end{cases}$

$t = 0$ 일 때 $(79,\ 7,\ 14)$

$t = 1$ 일 때 $(74,\ 15,\ 11)$

$t = 2$ 일 때 $(69,\ 23,\ 8)$

$t = 3$ 일 때 $(64,\ 31,\ 5)$

$t = 4$ 일 때 $(59,\ 39,\ 2)$

#2. 수학의 많은 문제는 일상생활과 관련된 문장제 문제에서 시작한다. 먼저 이런 이야기 문제를 수식화(formulating)시키고 다음에 수학적인 풀이를 하여야 한다. 선형 디오판타인 방정식으로 나타나는 문제의 예를 몇 개 들어라.

#3. 다음 두 부정방정식을 동시에 만족하는 정수해를 구하여라.

$7x + 23y = 1$, $5x + 2y + 7z = 46$

풀이 7과 23을 유클리드 호제법을 이용하여 일반해를 구한다.

$x = 10 + 23t$, $y = -3 - 7t$ $(t \in Z)$

이것을 오른쪽 식에 대입하면 $101t + 7z = 2$ 이다. 이것을 또 유클리드 호제법을 이용하여 일반해를 구하면

$t = -4 + 7s$, $z = 58 - 101s$ $(s \in Z)$

t 의 값을 x, y 에 대입하여 s 에 대한 일반해를 구한다.

#4. $2x + 6y = 20$ 의 (1) 모든 정수해를 구하여라. (2) 양의 정수해를 구하여라. (3) 음이 아닌 정수해를 구하여라.

#5. 디오판토스(Diophantus)에 대해 알려진 것은 거의 없다. 다만 그의 묘비에 다음과 같이 적혀 있다고 한다.

"디오판토스는 그의 생애의 $\frac{1}{6}$ 을 소년으로 보냈으며 그 후 $\frac{1}{12}$ 을 청년으로 보냈다. 그 뒤 $\frac{1}{7}$ 이 지나서 결혼했다. 결혼한 지 5 년 뒤에 아들을 낳았는데 그 아들은 아버지 나이의 꼭 반을 살다 죽었고, 아들이 죽은 지 4 년이 지나 아버지가 죽었다."

그럼 디오판토스는 몇 살까지 살았는가?

풀이 디오판토스의 나이를 x 살이라 하면 다음의 식이 성립한다.

$$\frac{1}{6}x + \frac{1}{12}x + \frac{1}{7}x + 5 + \frac{1}{2}x + 4 = x$$

양변에 84를 곱하여 정리하면

$$14x + 7x + 12x + 420 + 42x + 336 = 84x$$

$9x = 756$ 이므로 $x = 84$.

즉, 디오판토스는 84살까지 살았다.

#6. $364x - 227y = 1$ 의 하나의 정수해를 구하여라.

답 $x = 58$, $y = 93$

#7. 어느 우체국에는 8원짜리 우표와 5원짜리 우표 두 가지만 판매한다. 이 경우 이 두 가지의 우표로만 사용하여 부칠 수 없는 금액이 있다. 그 경우를 모두 구하여라.

힌트 $8a + 5b = n$ 을 만족하는 음이 아닌 정수해를 생각하여라.

답 1, 2, 3, 4, 6, 7, 9, 11, 12, 14, 17, 19, 22, 27원

참고 위 문제의 경우 그 이외의 어떤 금액이라도 부칠 수가 있다. 그것을 확인하려면 5원과 8원의 최소공배수인 40원 이하의 경우에서만 확인하면 된다. 40원 이상은 얼마라도 가능함을 보이면 된다.

#8. **모래시계문제** (1) a 분과 b 분을 잴 수 있는 모래시계가 있을 때, 이 두 시계를 이용하여 c 분을 측정하려고 한다. 모래시계를 뒤집는 시간은 전혀 걸리지 않는다고 가정한다. 그러면 $ax + by = c$ 를 만족하는 음이 아닌 정수해 (x, y) 가 존재할 조건을 구하여라.

(2) $a = 7$, $b = 11$, $c = 15$ 일 때 풀이 방법을 보여라.

제4장
합동식
(Congruences)

제4장 합동식(Congruences)

어느 항공사에서 사정상 국제선 여객기를 앞으로 계속해서 매일 24시간씩 늦게 출발하여 운행하기로 했다고 한다. 어떤 일이 발생하겠는가? 이와 같은 mod 개념은 일상생활에서 되풀이 되는 것에서 많이 볼 수 있다. 사계절, 하루 24시간, 일주일 등등. 정수론에서 말하는 합동(congruence)은 기하학에서 말하는 합동(congruence)과는 관련이 없다.

합동식을 처음 사용한 사람은 가우스(C. Gauss)였다. 기호를 잘 사용할 수 있다는 것은 수학에서는 상당히 중요한 일이다. 적합한 기호를 사용하면 전달이 명확해지고, 함축성이 있으며, 기억하기 편할 뿐만 아니라 기호만 보고도 뜻하는 것을 인지할 수 있기 때문이다.

"$8n + 7$ 이 세 정수의 제곱의 합으로 나타낼 수 있는가?"라는 문제를 생각하자. 이 문제는 "$8n + 7 = a^2 + b^2 + c^2$ 을 만족하는 정수 a, b, c 가 존재하는가?"라는 문제가 된다. 이 장을 학습하고 나면 이 문제를 해결할 수 있을 것이다.

정의 1	'a **는** mod m **에 대해서** b **와 합동이다**.(a is congruent to b modulo m .') **(기호로** $a \equiv b \pmod{m}$ **로 나타낸다)** **라는 것은** $m > 0$ **일 때** m **은** $(a - b)$ **를 나눈다는 것이다.** 즉, $a \equiv b \pmod{m} \Leftrightarrow m \mid (a - b)$, $m > 0$.

참고 modulus 와 modulo

라틴어로 modulus 는 주격(主格, nominative case)이며, modulo 는 탈격(奪格, ablative case)이다. 따라서 "Two numbers are congruent modulo n." 은 "Two numbers are congruent by means of the modulus n." 이다.

예제 1

(1) $1 \equiv 5 \pmod 4$ 왜냐하면 $4 \mid (1 - 5)$ 이므로

(2) $-2 \equiv 9 \pmod{11}$ 왜냐하면 $11 \mid (-2 - 9)$ 이므로

(3) $6 \equiv 20 \pmod 7$ 왜냐하면 $7 \mid (6 - 20)$ 이므로

(4) $720 \equiv 0 \pmod{10}$ 왜냐하면 $10 \mid (720 - 0)$ 이므로

(5) $1 \equiv 4 \equiv 7 \equiv 10 \equiv 13 \equiv \cdots \equiv \pmod 3$

(6) $2 \equiv 5 \equiv 8 \equiv 11 \equiv 14 \equiv \cdots \equiv \pmod 3$

(7) $0 \equiv 3 \equiv 6 \equiv 9 \equiv 12 \equiv 15 \equiv \cdots \equiv \pmod 3$

예제 2

다음은 참인가? 거짓인가?

(1) $91 \equiv 0 \pmod 7$

(2) $3 + 5 + 7 \equiv 5 \pmod{10}$

(3) $-2 \equiv 2 \pmod 8$

(4) $11^2 \equiv 1 \pmod 3$

풀이 (1) 참 (2) 참 (3) 거짓 (4) 참

정리 1	$a \equiv b \pmod m \Leftrightarrow \exists k$ such that $a = b + km$

■ **증명**

$(\Leftrightarrow)$ $a \equiv b \pmod m \Leftrightarrow m \mid (a - b)$

$\Leftrightarrow \exists k$ such that $mk = a - b$

$\Leftrightarrow \exists k$ such that $a = b + km$

정리 2	모든 정수는 mod m 에 대해 $0,\ 1,\ \cdots,\ m-1$ 중의 오직 하나와 합동이다.

■ **증명**

1장의 정리 2에서

$a \equiv qm + r,\ 0 \le r < m$

$r = 0,\ 1,\ 2,\ \cdots,\ m-1$

이 때 r 을 a 의 **최소잉여**(least residue)라 한다.(5장, 예제 1)

●●● 예제 3

$7 \equiv 4 \equiv 1 \pmod 3$

●●● 예제 4

71 에 대해서 다음의 □에는 해당하는 최소잉여를 구하였다.

$71 \equiv \boxed{1} \pmod 2$

$71 \equiv \boxed{2} \pmod 3$

$71 \equiv \boxed{1} \pmod 5$

●●● 예제 5

다음의 □에는 해당하는 최소잉여를 구하였다.

$23 \equiv \boxed{1} \pmod{11}$

$29 \equiv \boxed{7} \pmod{11}$

$31 \equiv \boxed{9} \pmod{11}$

정리 3	$a \equiv b \pmod{m} \Leftrightarrow$ **a 와 b 는 m 으로 나누었을 때 나머지가 같다.**

■ **증명**

$(\Leftarrow)$ $a = q_1 m + r$, $b = q_2 m + r$

$a - b = (q_1 m + r) - (q_2 m + r) = m(q_1 - q_2)$

그러므로 $m \mid (a-b) \Rightarrow a \equiv b \pmod{m}$

$(\Rightarrow)$ $a \equiv b \equiv r \pmod{m} \rightarrow \begin{cases} a \equiv r \pmod{m} \rightarrow a = q_1 m + r \\ b \equiv r \pmod{m} \rightarrow b = q_2 m + r \end{cases}$

$0 \leq r < m$ 이다.

따라서 이 정리가 성립한다.

참고 $n \equiv 7 \pmod{8} \Leftrightarrow n = 7 + 8k$, k 는 정수

$\Leftrightarrow$ n 은 8로 나누면 나머지가 7이다.

●●● 예제 6

"n 이 홀수 (n is odd)"라는 것은 다음과 동치이다.

① $n \equiv 1 \pmod{2}$

② $n = 1 + 2k$, k 는 정수

③ n 은 2로 나누었을 때 1이 남는다.

●●● 예제 7

$p \mid a \Leftrightarrow a \equiv 0 \pmod{p}$

■ **증명**

$p \mid (a - b) \Leftrightarrow \exists\, k$ such that $pk = a - b$

$\exists\, k$ such that $a = b + pk$

$b = 0$ 이라 놓으면

$a \equiv 0 \pmod{p} \Leftrightarrow p \mid (a - 0)$

■ **보조정리 1**

a, b, c, d 를 정수라 하자. 그러면 다음이 성립한다.

(a) $a \equiv a \pmod{m}$

(b) $a \equiv b \pmod{m} \Rightarrow b \equiv a \pmod{m}$

(c) $a \equiv b \pmod{m}$ and $b \equiv c \pmod{m} \Rightarrow a \equiv c \pmod{m}$

(d) $a \equiv b \pmod{m}$ and $c \equiv d \pmod{m} \Rightarrow a + c \equiv b + d \pmod{m}$

(e) $a \equiv b \pmod{m}$ and $c \equiv d \pmod{m} \Rightarrow ac \equiv bd \pmod{m}$

■ **증명**

(a) $a = a + 0 \cdot m$

(b) $a \equiv b \pmod{m} \Rightarrow \exists\, q$ s.t. $a = qm + b$

$\Rightarrow \exists\, q$ s.t. $b = -qm + a$

$\Rightarrow b \equiv a \pmod{m}$

(c) $\begin{cases} a \equiv b \pmod{m} \Rightarrow a = q_1 m + b \\ b \equiv c \pmod{m} \Rightarrow b = q_2 m + c \end{cases} \Rightarrow a = q_1 m + q_2 m + c$

$= (q_1 + q_2)m + c$

$\Rightarrow a \equiv c \pmod{m}$

(d) $a \equiv b \pmod{m} \Rightarrow a - b = q_1 m$

$c \equiv d \pmod{m} \Rightarrow c - d = q_2 m$

$a + c = m(q_1 + q_2) + (b + d)$

$a + c = b + d \pmod{m}$

(e) $a \equiv b \pmod{m} \Rightarrow a - b = q_1 m$ 이고

$c \equiv d \pmod{m} \Rightarrow c - d = q_2 m$ 이므로

$ac - bd = ac - bc + bc - bd$

$= (a - b)c + b(c - d)$

$= q_1 mc + bq_2 m$

$= m(q_1 c + q_2 b)$

그러므로 $m \mid (ac - bd) \Rightarrow ac = bd \pmod{m}$

참고 위 보조정리에서 (a)를 **반사**(reflexivity) (b)를 **대칭**(symmetry) (c)를 **추이**(transitivity) 라 한다. $\equiv$(mod m)은 정수의 집합 Z에서 위 3가지 관계를 만족시키므로 **동치관계**(eguivalence relation)이다.

●●● 예제 8

$x \equiv 2 \pmod 5$이면,

$$x^2 \equiv 4 \pmod 5$$

$$2x^2 \equiv 8 \equiv 3 \pmod 5$$

그러므로 $2x^2 - x + 3 \equiv 3 - 2 + 3 \equiv 4 \pmod 5$

주의 $ab \equiv ac \pmod m$ and $a \not\equiv 0 \pmod m \not\Rightarrow b \equiv c \pmod m$

$ab \equiv 0 \pmod m \not\Rightarrow a \equiv 0 \pmod m$ & $b \equiv 0 \pmod m$

●●● 예제 9

$3 \cdot 4 \equiv 3 \cdot 8 \pmod{12}$ 이고 $3 \not\equiv 0 \pmod{12}$

$$\Rightarrow 4 \not\equiv 8 \pmod{12}$$

●●● 예제 10

mod 10인 경우 ; $5 \cdot 2 \equiv 5 \cdot 4 \pmod{10}$

$$\Rightarrow 2 \not\equiv 4 \pmod{10}$$

mod 14인 경우 ; $7 \cdot 3 \equiv 7 \cdot 7 \pmod{14}$

$$\Rightarrow 3 \not\equiv 7 \pmod{14}$$

정리 4	$ac \equiv bc \pmod m$ **이고** $(c, m) = 1$ **이면** $a \equiv b \pmod m$**이다.**

■ **증명**

$$ac \equiv bc \pmod m \Rightarrow ac - bc \equiv 0 \pmod m$$

$$\Rightarrow m \mid (ac - bc)$$

$$\Rightarrow m \mid (a - b)c$$

1장의 따름정리 1, $\{p \mid qr$ 이고 $(p, r) = 1 \Rightarrow p \mid q\}$에 의해

$(c, m) = 1 \Rightarrow m \mid (a-b)$

$\Rightarrow a - b \equiv 0 \pmod{m}$

예제 11

(a) $2x \equiv 4 \pmod{7}$을 구하려면

양변을 2로 나누면 $x \equiv 2 \pmod{7}$ (왜냐하면 $(2, 7) = 1$ 이므로)

(b) $2x \equiv 1 \pmod{7}$을 구하려면

$2x \equiv 1 \equiv 8 \pmod{7}$

$x \equiv 4 \pmod{7}$ (왜냐하면 $(2, 7) = 1$)

정리 5	$ac \equiv bc \pmod{m}$ **이고** $(c, m) = d \Rightarrow (a \equiv b) \pmod{\frac{m}{d}}$

■ **증명**

$ac \equiv bc \pmod{m} \Rightarrow m \mid c(a-b)$ and $\frac{m}{d} \,\Big|\, \frac{c}{d}(a-b)$

$\left(\frac{m}{d}, \frac{c}{d}\right) = 1$ 이므로 1장의 따름정리 1에 의해

$\frac{m}{d} \mid (a-b)$

그러므로 $a \equiv b \pmod{\frac{m}{d}}$

예제 12

$5 \cdot 2 \equiv 5 \cdot 4 \pmod{10}$ 이고 $(5,10) = 5 \Rightarrow 2 \equiv 4 \pmod{\frac{10}{5}}$이다.

예제 13

$2x \equiv 4 \pmod 6$를 구하여라.

풀이 $x \equiv 2 \pmod 3$

이제 이 장의 처음에서 언급했던 문제로 돌아가 살펴보자.

$8n + 7 = \square^2 + \square^2 + \square^2$ 이라면 8 이상은 다시 반복되므로 0부터 7까지 제곱에 대해서 조사하면 된다.

$0^2 \equiv 0 \pmod 8$ $\quad 4^2 \equiv 16 \equiv 0 \pmod 8$

$1^2 \equiv 1 \pmod 8$ $\quad 5^2 \equiv 25 \equiv 1 \pmod 8$

$2^2 \equiv 4 \pmod 8$ $\quad 6^2 \equiv 36 \equiv 4 \pmod 8$

$3^2 \equiv 9 \equiv 1 \pmod 8$ $\quad 7^2 \equiv 49 \equiv 1 \pmod 8$

$8n + 7 = 0 + 0 + 0 = 0 \pmod 8$ $\quad 0 + 4 + 4 = 0 \pmod 8$

$0 + 0 + 1 = 1$ $\quad 1 + 1 + 1 = 3$

$0 + 0 + 4 = 4$ $\quad 1 + 1 + 4 = 6$

$0 + 1 + 1 = 2$ $\quad 1 + 4 + 4 = 1$

$0 + 1 + 4 = 5$ $\quad 4 + 4 + 4 = 4$

그러므로 $8n + 7$ 을 세 정수의 제곱의 합으로 나타낼 수 없다.

정리 6	**모든 정수는 각 자리수의 합과 9 에 대해 합동이다.** $abc = 100a + 10b + c$ $100a + 10b + c \equiv a + b + c \pmod 9$ $99a + 9b \equiv 0 \pmod 9$ **9 의 배수** $135 \equiv 1 + 3 + 5 \pmod 9$ $100 + 30 + 5 - 1 - 3 - 5 \Rightarrow 99 - 27 \equiv 0 \pmod 9$ $10 \equiv 1 \pmod 9$ $10^n \equiv 1^n \equiv 1 \pmod 9$

구거법(Casting out nines, preuve par neuf)

'각 자리수의 합이 9 의 배수이면 그 수는 9 의 배수가 된다.'는 사실로부터 얻을 수 있다. 즉,

$$10 \equiv 1 \pmod{9} \text{ 에서 } 10^k \equiv 1 \pmod{9} \quad (k \geq 0)$$

이므로 이 성질을 이용하여 덧셈과 곱셈의 오류를 검정할 수 있다. 이것이 구거법(casting out nines)이다. 그리고 구거법에서 각 자리의 수를 반복적으로 합하여 얻은 결과는 $9 \equiv 0 \pmod{9}$ 를 이용하면 편리하다.

예제 14

$314 \times 159 = 49926$ 을 계산한 후에 검산을 하려면

$$314 \equiv 3 + 1 + 4 \equiv 8 \pmod{9}$$

$$159 \equiv 1 + 5 + 9 \equiv 15 \equiv 1 + 5 \equiv 6 \pmod{9}$$

따라서 $314 \times 159 \equiv 8 \times 6 \equiv 48 \equiv 4 + 8 \equiv 12 \equiv 1 + 2 \equiv 3 \pmod{9}$.

그리고 $49926 \equiv 4 + 9 + 9 + 2 + 6 \equiv 30 \equiv 3 + 0 \equiv 3$.

$314 \times 159 \equiv 3 \equiv 49926 \pmod{9}$이므로 이 결과는 정답일 가능성이 상당히 높다.

여기서 $9 \equiv 0 \pmod{9}$가 이용되었음을 알 수 있다.

참고 구거법을 이용할 경우, 곱셈의 결과에 대하여 mod 9의 곱셈의 결과와 일치하면 90 % 이상 정답이라고 할 수 있으며, 결과가 일치하지 않으면 100 % 오답이라고 할 수 있다. 덧셈에 대해서 교환법칙이 성립하므로 더하는 순서에 따른 계산 실수가 발생할 수 있기 때문이다. 이 방법은 덧셈에 대해서도 성립한다.

연습문제 3

#1. 두 수의 곱을 구했는데, □가 있는 자리의 숫자가 하나가 지워져 안 보일 때, 전체 다시 계산하지 말고 □의 값을 구하여라.

$(31415) \times (92653) = 2910\square 93995$

답 6, 참고로 이 경우 만약에 0 이 답인 경우에는 9 도 답이 될 수 있다.

#2. $1066 \equiv 1776 \pmod{m}$인 m 을 구하여라.

답 $m \geq 1$ 인 710 의 모든 양의 약수 ; $m = 1$ 도 (자명)해가 된다.

#3. 구거법을 이용하여 다음 문제의 결과가 옳은 가를 판별하여라.

(1) $156 \times 513 = 80028$

(2) $458 \times 563 = 257854$

#4. 오른손 손가락 5개를 왼쪽부터 세어서 오른쪽 끝에 오면 반대로 오른쪽에서 왼쪽으로 세어나간다 하자. 이때 양쪽 끝의 손가락은 한번만 센다고 한다. 이때 1000번째가 되는 손가락은 어느 것인가?

풀이 $1000 \equiv 0 \pmod 8$이므로 두 번째 손가락이다. 이유는

1	2	3	4	5
9	8	7	6	
	10	11	12	13
17	16	15	14	
	18	19	20	21
25	24	23	22	
…	…	…	…	…

$x \equiv 1 \pmod 8$ 이면 첫 번째 손가락

$x \equiv 2,\ 0 \pmod 8$ 이면 두 번째 손가락

$x \equiv 3,\ 7 \pmod 8$ 이면 세 번째 손가락

$x \equiv 4,\ 6 \pmod 8$ 이면 네 번째 손가락

$x \equiv 5 \pmod 8$ 이면 다섯 번째 손가락이 된다.

#5. 23,316,275,342 는 어떤 수의 제곱수가 되는가?

힌트 23,316,275,342 $\equiv$ 2 (mod 9)이다.

풀이 구거법을 이용한다. 같은 두 수를 곱하는 것은 그 수의 mod 9를 제곱하는 것과 같으므로 이 수는 어떤 수의 제곱이 되지 못한다. 반복되므로 0부터 8까지의 제곱만 구하여 조사하면 된다.

$0^2 \equiv 9^2 \equiv 0$ $\quad$ $5^2 \equiv 25 \equiv 7$

$1^2 \equiv 10^2 \equiv 1$ $\quad$ $6^2 \equiv 36 \equiv 0$

$2^2 \equiv 11^2 \equiv 4$ $\quad$ $7^2 \equiv 49 \equiv 4$

$3^2 \equiv 12^2 \equiv 9 \equiv 0$ $\quad$ $8^2 \equiv 64 \equiv 1$

$4^2 \equiv 16 \equiv 7$

#6. 314,159,267,144 는 어떤 수의 제곱수가 되는가?

힌트 314,159,267,144 $\equiv$ 2 (mod 9)이다.

#7. $n = 1! + 2! + 3! + 4! + 5! + \cdots + 2017!$ 일 때, n 을 15 로 나눈 나머지를 구하여라.

#8. $f(n)$ 을 n 의 자리수의 합이라고 할 때, 수열 $f(n)$, $f(f(n))$, $f(f(f(n)))$, $\cdots$ 은 결국 상수가 됨을 보여라. 이와 같은 한 자리의 상수를 n 의 **digital sum** 이라고 한다.

#9. 3 과 5 를 제외한 두 쌍둥이 소수의 곱에 대한 digital sum 은 8 이 됨을 보여라.

#10. 2016^{2016} 의 digital sum 을 구하여라. 이것은 $2016^{2016} \pmod 9$ 를 구하는 것과 같다.

#11. 다음을 구하여라.

(1) $3^{1137} \pmod{17}$

(2) $2^{20} \cdot 41^{65} \pmod 7$

주의 $3^{1137} \pmod{17} \equiv 3^{17\times 66+15} \pmod{17} \not\equiv 3^{15} \pmod{17} \equiv 6 \pmod{17}$ 이다.

$3^{1137} \pmod{17} \equiv 3^{16\times 71+1} \pmod{17} \equiv (1)^{71}\cdot 3 \equiv 3 \pmod{17}$

왜냐하면 $3^{16} \equiv 1 \pmod{17}$ 이므로

답 (1) 3 (2) 3

#12. 다음을 보여라.

(1) $2^{15}14^{40} + 1 \equiv 0 \pmod{11}$

(2) $2^{20} \equiv 4 \pmod{7}$

(3) $2^{2^5} + 1 \equiv 0 \pmod{641}$

#13. $2^n \equiv 1 \pmod{17}$ 을 만족하는 최소의 자연수 n 을 구하여라.

#14. 홀수의 제곱수는 $1 \pmod{8}$ 임을 보여라.

#15. (1) $63! \equiv 61! \pmod{71}$임을 보여라.

(2) $63! \equiv 61! \pmod{m}$을 만족하는 가장 큰 소수(prime number)m 을 구하여라.

풀이 $63! - 61! \equiv 61!(63 \cdot 62 - 1) \equiv 61!(3905) \equiv 61!(71 \cdot 11 \cdot 5) \equiv 0$

따라서 (1)이 성립하고 (2) 가장 큰 소수 $m = 71$ 이다.

#16. $3^{2015} + 5 \pmod{7}$ 을 구하여라.

#17. $a \equiv b \pmod{m}$이고 $ac \equiv d \pmod{m}$이면, $bc \equiv d \pmod{m}$임을 증명하여라.

풀이 $a \equiv b$ 에서 $a = b + km$ 이다. 이제 $ac \equiv d$ 에 대입하면 $(b+km)c \equiv d$ 즉 $bc + kmc \equiv d$ 가 된다. 따라서 $bc - d \equiv -kmc \equiv 0$ 가 되므로 $bc \equiv d \pmod{m}$가 된다.

곱셈을 쉽게 할 수 있는 방법

(1) 일의 자리수의 합이 10 이고 십의 자리수가 같은 두 자리 수의 곱셈은

$$\begin{aligned}(10a+b)(10a+c) &= 100a^2 + 10 \cdot (ab+ac) + bc \\ &= 100a^2 + 10a \cdot (b+c) + bc \\ &= 100a^2 + 10a \cdot (10) + bc \\ &= 100a^2 + 10a \cdot (10) + bc \\ &= 100a^2 + 100a + bc \\ &= 100a(a+1) + bc\end{aligned}$$

(2) 19 단을 외우지 않고 손가락을 이용한 19 이하의 두수의 곱할 수 있는가?

$(10+a)(10+b) = 100 + 10(a+b) + ab$

예를 들어 13×14 를 손가락을 이용하여 계산해보자.

왼쪽 손에서는 3 개의 손가락을, 오른쪽 손에서는 4 개의 손가락을 접는다. 그런 다음 접힌 손가락의 합 7 에 10 을 곱하고, 접힌 손가락 수끼리의 곱 12 를 더한 합 82 에 다시 100 을 더하면 구하는 답 $13 \times 14 = 182$ 가 된다.

#18. 다음 곱셈을 구하여라.

$$34 \times 36\ ,\ 91 \times 99\ ,\ 45 \times 45\ ,\ 12 \times 17\ ,\ 15 \times 18\ ,\ 16 \times 16$$

#19. 러시아 농부의 계산 방법에 대하여 조사하여라.

#20. 달력에서 4월 4일, 6월 6일, 8월 8일, 10월 10일, 12월 12일이 같은 요일임을 보여라.

#21. 임의의 자연수 n 은 다음 여섯 개의 합동식 중 적어도 하나를 만족함을 보여라.

$n \equiv 0 \pmod 2$, $n \equiv 0 \pmod 3$, $n \equiv 1 \pmod 4$, $n \equiv 3 \pmod 8$,

$n \equiv 7 \pmod{12}$, $n \equiv 23 \pmod{24}$.

#22. 다음 ( )을 구하여라.

(1) $9^{8^{7^6}} \equiv (\quad) \pmod{10}$

(2) $9^{7^{5^3}} \equiv (\quad) \pmod{10}$

#23. $(x+y)^p \equiv x^p + y^p \pmod p$ 임을 보여라.

힌트 $(x+y)^p$ 을 이항전개 하여라.

#24. $11^{10} - 1$ 은 100 의 배수가 됨을 보여라.

힌트 $(10+1)^{10} - 1$ 에서 이항정리를 사용하여라.

#25. $9^{10} \equiv 1 \pmod{100}$ 이 성립함을 이용하여, 정수 9^9 의 10의 자리수와 1의 자리수를 구하여라.

풀이 $9^{10} \equiv -99 \pmod{100}$, $9^9 \equiv -11 \pmod{100}$ 이므로 $9^9 \equiv 89 \pmod{100}$.
그러므로 10의 자릿수는 8이고, 1의 자릿수는 9이다.

#26. 70^{30} 을 69 와 69^2 으로 나눌 때 나머지를 각각 구하여라.

풀이 이항정리에서 $70^{30} = (69+1)^{30} = \sum_{r=0}^{30} \binom{30}{r} (69)^r (1)^{30-r}$ 을 얻을 수 있다. 이 식의 우변에서

(1) $r \geq 1$ 인 경우는 모두 69 의 배수가 되므로 $r = 0$ 인 경우의 나머지만 구하면 된다. 따라서 70^{30} 을 69 로 나눌 때의 나머지는 1 이 된다.

(2) $r \geq 2$ 인 경우는 모두 69^2 의 배수가 되므로 $r = 0$ 인 경우와 $r = 1$ 인 경우의 나머지만 구하면 된다. 따라서 70^{30} 을 69^2 으로 나눌 때의 나머지는

$1 + 69 \times 30 = 2071$ 을 $69^2 = 4761$ 로 나눌 때의 나머지이므로 2071 이다.

#27. p 가 소수(prime)일 때 다음을 보여라.

(1) $(a+b)^p \equiv a^p + b^p \pmod{p}$

(2) $(a-b)^p \equiv a^p - b^p \pmod{p}$

(3) $(ab)^p \equiv a^p b^p \pmod{p}$

(4) $a^p \equiv b^p \pmod{p}$이면 $a \equiv b \pmod{p}$.

#28. 구거법을 이용하여 다음이 옳은가 판별하여라.

1254962 를 5683 으로 나누었더니 몫이 221 이고 나머지가 4512를 얻었다.

풀이 $5683 \equiv 5+6+8+3 \equiv 4 \pmod{9}$

$221 \equiv 2+2+1 \equiv 5 \pmod{9}$

$4512 \equiv 4+5+1+2 \equiv 3 \pmod{9}$

$1254962 = 1+2+5+4+9+6+2 \equiv 2 \pmod{9}$ 이므로

$5683 \times 221 + 4512 \equiv 4 \times 5 + 3 \equiv 23 \equiv 5 \pmod{9}$

그런데 $1254962 \equiv 2 \pmod{9}$ 이므로 이 계산은 틀린 것이다.

#29. (1) ISBN (국제 표준 도서 번호 : International Standard Book Number)에서 사용되는 mod 에 대해서 조사하여라.

(2) 바코드(Bar Code)에서 사용되는 mod 에 대해서 조사하여라.

#30. $a \equiv b \pmod{m}$ 이면 $(a, m) = (b, m)$ 임을 보여라.

#31. 모든 제곱수의 마지막 자릿수는 0, 1, 4, 5, 6, 9 이며 2, 3, 7, 8 로는 끝날 수 없음을 보여라.

#32. 모든 제곱수의 마지막 두 자릿수가 될 수 있는 것은 22개 이다. 그것은 00, 01, 04, 09, 16, 21, 24, 25, 29, 36, 41, 44, 49, 56, 61, 64, 69, 76, 81, 84, 89, 96 임을 보여라.

제5장
일차합동식

제5장 일차합동식

먼저 이 장에서는 다음과 같은 합동식 문제를 학습하기로 한다.

(1) $3x \equiv 4 \pmod{5}$일 때 $x \equiv \square \pmod{5}$?

(2) $x^{17} + 3x - 3 \equiv 0 \pmod{31}$일 때 $x \equiv \square \pmod{31}$?

(3) 일차합동식 $ax \equiv b \pmod{m}$에 해가 존재할 조건은?

$ax \equiv b \pmod{m}$ 는 해가 존재한다.

$\Leftrightarrow$ $ax = b + km$ 을 만족하는 x 와 k 가 존재한다.

(4) $ax \equiv b \pmod{m}$의 하나의 해를 r 이라 하면 다른 해는 $r + km$, 여기서 $k = \pm 1, \pm 2, \pm 3, \cdots$ 이다. 이유는

$a(r + km) \equiv ar + akm \equiv ar \equiv b \pmod{m}$

●●● 예제 1

$3x \equiv 4 \pmod{5}$를 풀어라.

풀이 $3x \equiv 9 \pmod{5} \Rightarrow x \equiv 3 \pmod{5}$ 이를 만족하는 x 는 $3, 8, 13, 18, \cdots$ 이다. 이 이외에도 x 는 $-2, -7, -12, \cdots$ 도 성립한다.

정의 1	**일차합동식** $x \equiv r \pmod{m}$**을 만족하는 해는 여러 가지가 있을 수 있지만 이 가운데** $r = 0, 1, 2, \cdots, m-1$ **에 해당하는 해가 있다.** **이와 같은** r **을 최소잉여**(least residue)**라 한다.** (4장, 정리 2 참조)

참고 일차방정식(linear equation)과 일차합동식(linear congruence)은 다음과 같이 비교된다.

일차방정식(linear equation)

$ax = b$

$\begin{cases} \text{유일한 해} \\ \text{해가 없는 경우 : } 0x = 5 \\ \text{무수히 많은 해 : } 0x = 0 \end{cases}$

일차합동식(linear congruence)

$ax \equiv b \pmod{m},\ 0 \leq r < m$

$\begin{cases} \text{유일한 해} \\ \text{해가 없음} \\ \text{많은 해} \end{cases}$

●●● 예제 2

일차합동식을 풀어라.

(1) $2x \equiv 1 \pmod 3 \Rightarrow 2x \equiv 4 \pmod 3$

$x \equiv 2 \pmod 3$ $\quad\therefore$ 유일한 해를 가지고 있다.

(2) $2x \equiv 1 \pmod 4 \Rightarrow 2x \equiv 1 \equiv 5 \equiv 9 \equiv 13 \pmod 4$

$\therefore$ 해가 없다.

(3) $2x \equiv 4 \pmod 6 \Rightarrow x \equiv 2 \pmod 3$

$x \equiv 2, 5 \pmod 6$ $\quad\therefore$ 두 개의 해가 있다.

●●● 예제 3

mod 12 인 일차합동식에서 해가 없는 경우, 하나의 해를 갖는 경우, 2개 이상의 해를 갖는 경우를 구하여라.

풀이 $4x \equiv 3 \pmod{12}$; 해가 없다.

$5x \equiv 4 \pmod{12}$

$\equiv 16 \equiv 28 \equiv 40$

$x \equiv 8 \pmod{12}$; 1개의 해가 있다.

$6x \equiv 6 \pmod{12} \Rightarrow x \equiv 1 \pmod{2}$

$x = 1, 3, 5, 7, 9, 11 \pmod{12}$; 6개의 해가 있다.

예제 4

(a) $3x \equiv 1 \pmod{10}$ $(3, 10) \mid 1$

$3x \equiv 1 \equiv 11 \equiv 21 \pmod{10}$

$x \equiv 7 \pmod{10}$ ∴ 1개의 해가 있다.

(b) $4x \equiv 1 \pmod{10}$ $(4, 10) \nmid 1$

$\equiv 1 \equiv 11 \equiv 21 \equiv 31$ ∴ 해가 없다.

(c) $5x \equiv 1 \pmod{10}$ $(5, 10) \nmid 1$

∴ 해가 없다.

(d) $6x \equiv 1 \pmod{10}$ $(6, 10) \nmid 1$

∴ 해가 없다.

(e) $7x \equiv 1 \pmod{10}$ $(7, 10) \mid 1$

$x \equiv 3 \pmod{10}$ ∴ 1개의 해가 있다.

예제 5

$ax \equiv b \pmod{m}$의 해를 추측하여라.

정리 1	(1) $ax \equiv b \pmod{m}$ **가 해를 가지고 있지 않다.** $\Leftrightarrow$ $(a, m) \nmid b$. (2) **이때** $(a, m) \mid b$ **이면** (a, m) **개의 해를 가지고 있다.**

■ **보조정리 1**

$(a, m) \nmid b$ 이면 $ax \equiv b \pmod{m}$ 는 해가 없다.

■ **증명**

(대우법) $ax \equiv b \pmod{m}$ 이 해를 가지고 있으면 $(a, m) \mid b$ 이다.

●●● 예제 6

$6x \equiv 7 \pmod 8$ 는 해가 없음을 보여라.

풀이 $(6, 8) \nmid 7$

■ **보조정리 2**

$(a, m) = 1 \Rightarrow ax \equiv b \pmod m$는 하나의 해를 가지고 있다.

●●● 예제 7

$4x \equiv 1 \pmod{15}$의 해를 구하여라.

풀이 $(4, 15) | 1$ and $(4, 15) = 1$

$4x \equiv 1 \equiv 16 \pmod{15}$

$x \equiv 4 \pmod{15}$

●●● 예제 8

$14x \equiv 27 \pmod{31}$를 풀어라.

풀이 $14x \equiv 58 \pmod{31}$

$7x \equiv 29 \equiv 60 \equiv 91 \pmod{31}$

$x \equiv 13 \pmod{31}$

방정식 $ax + by = c$는 $ax \equiv c \pmod b$와 $by \equiv c \pmod a$의 두개의 합동식으로 생각할 수 있다.

예제 9

$9x + 16y = 35$ 를 풀어라.

풀이

(방법 1)

$16y \equiv 35 \pmod 9$

$7y \equiv 35 \pmod 9$

$y = 5 \pmod 9$

$y = 5 + 9k$, k는 정수

$9x + 16(5 + 9k) = 35$

$9x = 35 - 80 - 144k$

$= -45 - 144k$

$x = -5 - 16k$, k는 정수

(방법 2)

$9x \equiv 35 \pmod{16}$

$9x \equiv 35 \equiv 51 \equiv 67 \equiv 83$

$\equiv 99 \pmod{16}$

$x \equiv 11 \pmod{16}$

$x = 11 + 16t$, t : 정수

$9(11 + 6t) + 16y = 35$

$16y = 35 - 99 - 144t$

$y = -4 - 9t$, t : 정수

k	0	1	−1	…	−2
x	−5	−21	11	…	27
y	5	14	−4	…	−13

같다 =

t	0	1	−1	…	−2
x	11	27	−5	…	−21
y	−4	−13	5	…	14

위 두 가지 경우, 같은 해임을 알 수 있다.

예제 10

(a) $8x \equiv 1 \pmod{15}$의 해를 구하려면

$8x \equiv 16 \pmod{15}$에서

$x \equiv 2 \pmod{15}$

(b) $9x + 10y = 11$ 의 해를 구하려면

$9x \equiv 11 \pmod{10}$

$9x \equiv 11 \equiv 21 \equiv 31 \equiv 41 \equiv 51 \equiv 61 \equiv 71 \equiv 81 \equiv 91 \equiv 101 \equiv 111$

(mod 9)

$x \equiv 9 \pmod{10}$

$x \equiv 9 + 10t$

$9(9 + 10t) + 10y = 11 \Rightarrow y = -7 - 9t$

$(a, m) \mid b$ 이고 $(a, m) \neq 1$ 인 경우

●●● 예제 11

$6x \equiv 15 \pmod{33}$를 풀어라.

풀이 $(6, 33) = 3$

$2x \equiv 5 \pmod{11}$ $\qquad 3 \mid 15$

$x \equiv 8 \pmod{11}$

따라서 $x \equiv 8,\ 8 + 11,\ 8 + 2(11) \pmod{33}$

$\therefore\ x \equiv 8,\ 19,\ 30 \pmod{33}$

■ **보조정리 3**

$d = (a, m)$ 이라 하자. $d \mid b$ 이면

$ax \equiv b \pmod{m}$ 는 정확하게 d 개의 해를 가진다.

●●● 예제 12

(1) $3x \equiv 6 \pmod{15}$ 는 3 개의 해를 가진다.

$(3, 5) \mid 6$ 이고 $(3, 15) = 3$ 이다.

(2) $4x \equiv 8 \pmod{15}$ 은 1개의 해를 가진다.

$(4, 15) \mid 8$ 이고 $(4, 15) = 1$ 이다.

(3) $6x \equiv 11 \pmod{15}$ 는 해가 없다.

$(6, 15) \nmid 11$

●●● 예제 13

$5x \equiv 10 \pmod{15}$를 풀어라.

풀이 $(5, 15) \mid 10$ 이고 $(5, 15) = 5$ 이다.

$x \equiv 2 \pmod{3}$

그러므로 5개의 해를 가진다. 그것은

$x \equiv 2, 5, 8, 11, 14 \pmod{15}$

정리 2	(1) $ax \equiv b \pmod{m}$ 는 $(a, m) \nmid b$ **이면 해가 없다.** (2) **이때** $(a, m) \mid b$ **이면, 정확하게** (a, m) **개의 해를 가진다.**

중국인 나머지 정리(Chinese Remainder Theorem : CRT)

일차 연립합동식 $x \equiv a_i \pmod{m_i}$, $i = 1, 2, \cdots, k$

여기서 $i \neq j$ 이면 $(m_i, m_j) = 1$ 즉 쌍마다 서로 소(pairwise relatively prime)

이면 $(\bmod\ m_1 \cdot m_2 \cdot \cdots \cdot m_k)$에서 유일한 해를 갖는다.

예제 14

오래된 중국문헌인 孙子算经에서 나타난 문제로 "3으로 나누면 1이 남고, 5로 나누면 2가 남고, 7로 나누면 3이 남는 수를 구하여라."가 있다. 이 문제를 풀이하여라.

풀이 $\begin{cases} x \equiv 1 \pmod{3} & \cdots ① \\ x \equiv 2 \pmod{5} & \cdots ② \\ x \equiv 3 \pmod{7} & \cdots ③ \end{cases}$; 연립합동식

①에서 ; $x = 1 + 3k_1$ for some k_1

②에서 ; $1 + 3k_1 \equiv 2 \pmod{5}$

$3k_1 \equiv 1 \equiv 6 \pmod{5}$

$k_1 \equiv 2 \pmod{5}$

$k_1 \equiv 2 + 5k_2$ for some k_2

$x = 1 + 3(2 + 5k_2) = 1 + 6 + 15k_2 = 7 + 15k_2$

③에서 ; $7 + 15k_2 \equiv 3 \pmod{7}$

$15k_2 \equiv -4 \pmod{7}$

$15k_2 \equiv -4 \equiv 3 \pmod{7}$

$5k_2 \equiv 1 \equiv 8 \equiv 15 \pmod{7}$

$k_2 \equiv 3 \pmod 7$

$k_2 = 3 + 7k_3$ for some k_3

$x = 7 + 15(3 + 7k_3) = 7 + 45 + 105k_3 = 52 + 105k_3$

그러므로 $x \equiv 52 \pmod{105}$ ← 이것은 유일한 해이다.

주의 $x \equiv 52 \pmod{3 \cdot 5 \cdot 7}$ 을 이용하여 3개로 이루어지는 연립합동식을 만들 수 있다.

$$x \equiv 52 \pmod{3 \cdot 5 \cdot 7} \Leftrightarrow \begin{cases} x \equiv 1 \pmod 3 \\ x \equiv 2 \pmod 5 \\ x \equiv 3 \pmod 7 \end{cases}$$

연습문제 5

#1. $\begin{cases} x \equiv 2 \pmod{5} \\ 2x \equiv 3 \pmod{7} \\ 3x \equiv 4 \pmod{11} \end{cases}$ 을 풀이하여라.

풀이 $\begin{cases} x \equiv 2 \pmod{5} \\ 2x \equiv 3 \pmod{7} \\ 3x \equiv 4 \pmod{11} \end{cases} \underset{\text{변환}}{\Rightarrow} \begin{cases} x \equiv 2 \pmod{5} \\ x \equiv 5 \pmod{7} \\ x \equiv 5 \pmod{11} \end{cases}$

$2x \equiv 3 \equiv 10 \pmod{7}$

$x \equiv 5 \pmod{7}$

$3x \equiv 4 \equiv 15 \pmod{11}$

$x \equiv 5 \pmod{11}$

$x \equiv 2 \pmod{5} \Rightarrow x = 2 + 5k_1$ for some k_1

$x \equiv 5 \pmod{7} \Rightarrow 2 + 5k_1 \equiv 5 \pmod{7}$

$5k_1 \equiv 3 \equiv 10 \pmod{7}$

$k_1 \equiv 2 \pmod{7}$

그러므로 $k_1 = 2 + 7k_2$ for some k_2

$x = 2 + 5(2 + 7k_2) = 12 + 35k_2$

$x \equiv 5 \pmod{11} \Rightarrow 12 + 35k_2 \equiv 5 \pmod{11}$

$35k_2 \equiv -7 \equiv 4 \equiv 15 \pmod{11}$

$7k_2 \equiv 3 \equiv 14 \pmod{11}$

$k_2 \equiv 2 \pmod{11}$

그러므로 $k_2 = 2 + 11k_3$ for some k_3

$x = 12 + 35(2 + 11k_3)$

$\quad = 82 + 385k_3$

그러므로 $x \equiv 82 \pmod{385}$.

#2. $\begin{cases} x \equiv 3 \pmod{17} \\ x \equiv 1 \pmod{12} \\ x \equiv 4 \pmod{5} \end{cases}$ 를 풀이하여라.

#3. (1) $9x \equiv 4 \pmod{1453}$을 풀이하여라.

(2) $4x \equiv 9 \pmod{1453}$을 풀이하여라.

풀이 (1) $9x \equiv 1457 \equiv 2910 \pmod{1453}$

$$3x \equiv 970 \pmod{1453}$$

$$\equiv 3876 \pmod{1453}$$

$$x \equiv 1292 \pmod{1453}$$

(2) $x \equiv 1092 \pmod{1453}$.

#4. mod 20 인 일차합동식에서 해가 없는 경우, 오직 하나의 해를 갖는 경우, 두 개 이상의 해를 갖는 경우와 20개의 해를 갖는 경우를 각각 구하여라.

답 차례대로 $2x \equiv 3 \pmod{20}$, $19x \equiv 1 \pmod{20}$, $2x \equiv 4 \pmod{20}$, $20x \equiv 20 \pmod{20}$

정리 연립합동식 $\begin{cases} x \equiv a \pmod{p_1} \\ x \equiv b \pmod{p_2} \\ x \equiv c \pmod{p_3} \end{cases}$ 의 해는

$$x \equiv p_2p_3\,(p_2p_3y \equiv 1 \pmod{p_1} \text{ 의 해 } y)\cdot a$$
$$+\ p_1p_3\,(p_1p_3y \equiv 1 \pmod{p_2} \text{ 의 해 } y)\cdot b$$
$$+\ p_1p_2\,(p_1p_2y \equiv 1 \pmod{p_3} \text{ 의 해 } y)\cdot c \pmod{\boldsymbol{p_1p_2p_3}}$$

여기서 p_1, p_2, p_3 는 서로 소(relatively prime)이다.

#5. 위 정리를 증명하여라.

#6. $\begin{cases} x \equiv 1 \pmod{3} \\ x \equiv 2 \pmod{5} \\ x \equiv 3 \pmod{7} \end{cases}$ 의 경우는 위 정리를 이용하여 구하여라.

풀이 $x = (5)(7)(35y \equiv 1 \pmod{3} \text{인 } y)\cdot 1 + (3)(7)(21y \equiv 1 \pmod{5} \text{인 } y)\cdot 2$

$+\ (3)(5)(15y \equiv 1 \pmod{7} \text{인 } y)\cdot 3$

$$\equiv 70 + 42 + 45 \pmod{3\cdot5\cdot7}$$

여기서 i) $35y \equiv 1 \equiv 4 \equiv 7 \equiv 10 \pmod{3}$

$$7y \equiv 2 \pmod{3}$$

$$7y \equiv 2 \equiv 5 \equiv 8 \equiv 11 \equiv 14 \pmod{3}$$

$y \equiv 2 \pmod 3$

ii) $21y \equiv 1 \equiv 6 \equiv 11 \equiv 16 \equiv 21 \pmod 5$

$y \equiv 1 \pmod 5$

iii) $15y \equiv 1 \equiv 8 \equiv 15 \pmod 7$

$y \equiv 1 \pmod 7$

따라서 $x \equiv 157 \pmod{105} \equiv 52 \pmod{105}$.

#7. $\begin{cases} x \equiv 2 \pmod 3 \\ x \equiv 3 \pmod 5 \\ x \equiv 2 \pmod 7 \end{cases}$ 를 풀이하여라.

풀이 $x = (5)(7)(35y \equiv 1 \pmod 3$인 $y) \cdot 2 + (3)(7)(21y \equiv 1 \pmod 5$인 $y) \cdot 3$

$+ (3)(5)(15y \equiv 1 \pmod 7$인 $y) \cdot 2$

$\equiv 35 \cdot 2 \cdot 2 + 21 \cdot 1 \cdot 3 + 15 \cdot 1 \cdot 3$

$\equiv 38 \pmod{105}$

#8. $\begin{cases} 2x \equiv 1 \pmod 3 \\ x \equiv 1 \pmod 4 \\ 3x \equiv 4 \pmod 7 \end{cases}$ 과 $\begin{cases} x \equiv 2 \pmod 3 \\ x \equiv 1 \pmod 4 \\ x \equiv 6 \pmod 7 \end{cases}$ 는 같은 식임을 보이고 그 해를 구하여라.

답 $x \equiv 41 \pmod{84}$

#9. 3 으로 나누면 2 가 남고, 5 로 나누면 4 가 남고, 7 로 나누면 6 이 남는 수는?

풀이 $\begin{cases} x \equiv 2 \pmod 3 \\ x \equiv 4 \pmod 5 \\ x \equiv 6 \pmod 7 \end{cases}$

$x \equiv 2 \pmod 3 \rightarrow x = 2 + 3k_1$ for some k_1

$x \equiv 4 \pmod 5 \rightarrow 2 + 3k_1 \equiv 4 \pmod 5$

$3k_1 \equiv 2 \pmod 5$

$k_1 \equiv 4 \pmod 5 \rightarrow k_1 = 4 + 5k_2$ for some k_2

$x = 2 + 3k_1 = 2 + 3(4 + 5k_2)$

$= 14 + 15k_2$

$x \equiv 6 \pmod 7 \rightarrow 14 + 15k_2 \equiv 6 \pmod 7$

$15k_2 \equiv 6 \pmod 7$

$$k_2 \equiv 6 \pmod 7 \rightarrow k_2 = 6 + 7k_3 \text{ for some } k_3$$

$$x = 14 + 15k_2 = 14 + 15(6 + 7k_3)$$

$$= 104 + 105k_3$$

$$\therefore\ x \equiv 104 \pmod{105}$$

■ **증명**

$$\begin{cases} x \equiv 2 \pmod 3 \\ x \equiv 4 \pmod 5 \\ x \equiv 6 \pmod 7 \end{cases} \Rightarrow \begin{cases} x \equiv -1 \pmod 3 \\ x \equiv -1 \pmod 5 \\ x \equiv -1 \pmod 7 \end{cases}$$

$$\Rightarrow x \equiv -1 \pmod{3 \cdot 5 \cdot 7}$$

$$\Rightarrow x \equiv -1 \pmod{105}$$

$$\Rightarrow x \equiv 104 \pmod{105}$$

가우스의 묘기(Gaussian Trick)

$(b, m) = 1$ 일 때, 유명한 수학자 가우스(C. Gauss)는 합동식 $bx \equiv c \pmod m$ 을 $x \equiv \frac{c}{b} \pmod m$ 로 나타낼 수 있도록 제안하여 m 의 배수를 c 와 b 에 더하거나 빼어서 $\frac{c}{b}$ 가 분수인 경우도 약분이 가능하도록 하였다.

예를 들어 가우스의 묘기를 사용하면

① $1 \equiv 8$ 에서 $\frac{1}{2} \equiv 4 \pmod 7$

② $1 \equiv 15 \pmod 7$에서 $\frac{1}{3} \equiv 5 \pmod 7$이고 ①과 ②에서

$\frac{1}{2} + \frac{1}{3} = \frac{5}{6} \equiv 4 + 5 = 2 \pmod 7$. 즉, $\frac{5}{6} \equiv 2 \pmod 7$임을 알 수 있다.

양변을 6배하면 $5 \equiv 12 \pmod 7$가 된다.

#10. $3x \equiv 1 \pmod{19}$ 를 풀어라.

풀이 $x \equiv \frac{1}{3} \equiv \frac{1-19}{3} \equiv \frac{-18}{3} \equiv -6 \pmod{19} \equiv 13 \pmod{19}$.

#11. $27x \equiv 1 \pmod{100}$ 를 풀어라.

풀이 $x \equiv \dfrac{1}{27} \equiv \dfrac{-99}{27} \equiv \dfrac{-11}{3} \equiv \dfrac{-111}{37} \equiv -37 \equiv 63 \pmod{100}$.

#12. $4x \equiv 7 \pmod{11}$ 를 풀어라.

풀이 $x \equiv 4^{-1} \cdot 7 \equiv 3 \cdot 7 \equiv 21 \equiv 10 \pmod{11}$.

#13. 4자리의 임의의 수를 $< a, b, c, d > = 1000a + 100b + 10c + d$ 라고 하자. 그러면 $< a, b, c, d > - < d, c, b, a > = 999(a-d) + 90(b-c)$ 는 9의 배수가 된다. 이때 이 9의 배수로 나오는 4개의 숫자 중 2, 3, 4, 9 로는 나타날 수 없음을 모든 경우(24가지)를 조사하여 확인하여라. 그러나 1, 3, 5, 9 로는 나타날 수 있음을 보여라.

#14. 연립 일차합동식을 구하여라.

(1) $\begin{cases} x \equiv 1 \pmod 4 \\ x \equiv 3 \pmod 5 \\ x \equiv 2 \pmod 7 \end{cases}$

(2) $\begin{cases} x \equiv 3 \pmod{17} \\ x \equiv 1 \pmod{12} \\ x \equiv 4 \pmod 5 \end{cases}$

(3) $\begin{cases} 2x \equiv 3 \pmod 5 \\ 5x \equiv 4 \pmod 6 \\ 3x \equiv 1 \pmod 7 \end{cases}$

답 (1) $x \equiv 93 \pmod{140}$ (2) $x \equiv 649 \pmod{1020}$ (3) $x \equiv 194 \pmod{210}$

#15. 다음 합동식은 오른쪽과 같은 합동식으로 나타낼 수 있음을 보여라.

(1) $x \equiv 3 \pmod{10} \Leftrightarrow \begin{cases} x \equiv 1 \pmod 2 \\ x = 3 \pmod 5 \end{cases}$

(2) $x \equiv 5 \pmod{84} \Leftrightarrow \begin{cases} x \equiv 2 \pmod 3 \\ x = 1 \pmod 4 \\ x \equiv 5 \pmod 7 \end{cases}$

(3) $\begin{cases} 8x \equiv 4 \pmod{14} \\ 5x = 3 \pmod{11} \end{cases} \Leftrightarrow \begin{cases} x \equiv 4 \pmod 7 \\ x = 5 \pmod{11} \end{cases} \Leftrightarrow x \equiv 60 \pmod{77}$

#16. 일차합동식 $31x + 11 \equiv 0 \pmod{89}$ 의 해를 구하여라.

답 $x \equiv 14 \pmod{89}$

#17. 1차연립합동식

$$\begin{cases} ax + by \equiv r \pmod{m} \\ cx + dy \equiv s \pmod{m} \end{cases}$$

을 생각하자. Cramer 법칙에 의해

$$\begin{vmatrix} a & b \\ c & d \end{vmatrix} x = \begin{vmatrix} r & b \\ s & d \end{vmatrix} \pmod{m}$$

$$\begin{vmatrix} a & b \\ c & d \end{vmatrix} y = \begin{vmatrix} a & r \\ c & s \end{vmatrix} \pmod{m}$$

이 성립한다. $(ad - bc, m) = 1$ 인 경우에는 $t(ad - bc) \equiv 1 \pmod{m}$ 인 정수 t 가 존재한다. 그러므로 연립합동식의 해는

$$x \equiv t \begin{vmatrix} r & b \\ s & d \end{vmatrix} \pmod{m}$$

$y \equiv t \begin{vmatrix} a & r \\ c & s \end{vmatrix} \pmod{m}$ 가 됨을 보여라.

#18. 다음 연립합동식에서 x 와 y 를 구하여라.

(a) $x + 2y \equiv 3 \pmod 9$, $3x + y \equiv 2 \pmod 9$

(b) $x + 2y \equiv 3 \pmod{10}$, $3x + y \equiv 2 \pmod{10}$

답 (a) $x = 2 + 9k$, $y = -4 - 27k$, k는 정수

(b) 없음

#19. $\begin{cases} 3x - y \equiv 11 \pmod 5 \\ 2x + 7y \equiv 2 \pmod 5 \end{cases}$ 을 풀이하여라.

#20. $2x \equiv 1 \pmod{123456789}$는 해가 없음을 보여라.

#21. (1) $3^{4798} \pmod{10}$ 을 구하여라.

(2) $3^{4798} \pmod{100}$ 을 구하여라.

(3) $2222^{5555} + 5555^{2222} \pmod 7$ 을 구하여라.

풀이 (1) 9

(3) $2222 \equiv 3 \pmod 7$, $5555 \equiv 4 \pmod 7$, $5555 \equiv 5 \pmod 6$, $2222 \equiv 2 \pmod 6$ 이므로

$$2222^{5555} + 5555^{2222} \equiv 3^5 + 4^2 \equiv 12 + 2 \equiv 0 \pmod 7.$$

#22. 인간의 Biorhythm에는 23일의 주기를 갖는 신체리듬(Physical Rhythm)과 28일의 주기를 갖는 감성리듬(Emotional Rhythm)과 33일의 주기를 갖는 지성리듬(Intellectual Rhythm)이 있다고 한다. 어떤 사람의 살아온 날 수를 각 리듬으로 나누었을 때의 나머지가 신체리듬에서는 16일, 감성리듬에서는 17일, 지성리듬에서는 15일이라면 이 사람은 현재까지 산 날 수를 구하여라. 단, 태어난 첫날은 날짜에서 제외한다고 하고, 태어난 날부터 sine 곡선이 시작된다고 한다.

힌트 $\begin{cases} x \equiv 16 \pmod{23} \\ x \equiv 17 \pmod{28} \\ x \equiv 15 \pmod{33} \end{cases}$

#23. $\begin{cases} x \equiv 3 \pmod{32} \\ x \equiv 5 \pmod{36} \end{cases}$의 해를 구하여라.

풀이 $5 + 40k = 3 + 32l$ 이므로 $2 = 8(4l - 5k)$ 이므로 $8 \mid 2$ 가 되어 해가 존재하지 않는다.

제6장
Fermat 소정리

제6장 Fermat 소정리

이 장에서는 페르마 소정리와 윌슨 정리에 대해서 알아보기로 한다.

정리 1	**페르마 소정리**(Fermat's (Little) Theorem, 1640**년**) a **가 자연수이고** p **가 소수**(prime)**이고** $(a,\ p) = 1$ **이면** $a^{p-1} \equiv 1 \pmod{p}$**이다.**

■ **증명**

$(a,\ p) = 1$ 라고 하자. $\{1, 2, 3, \cdots, p-1\} = \{a, 2a, 3a, \cdots, (p-1)a\} \pmod{p}$ 이므로 원소들을 모두 곱하면 $(p-1)! \equiv a^{p-1}(p-1)! \pmod{p}$ 이 된다.
양변을 바꿔 줄 수 있으므로 $a^{p-1}(p-1)! \equiv (p-1)! \pmod{p}$ 양변을 $(p-1)!$ 로 나누면 $a^{p-1} \equiv 1 \pmod{p}$ 이 된다.
따라서 성립 (단, a, p 가 서로 소일 때만 성립)한다.

참고 위 정리에서 $(a,\ p) = 1$ 이라는 것은 $a \not\equiv 0 \pmod{p}$ 를 말한다.
위 소정리에 의하면 $(5,\ 8) = 1$ 이므로 $5 \mid (8^4 - 1)$ 이 성립한다.
소수가 아니면서 소수가 만족하는 특이한 성질을 만족하는 수를 **유사소수**(pseudoprime)라고 한다. 예를 들면 341은 가장 작은 유사소수이다.
$341 = 11 \cdot 31$ 인데, $2^{341} \equiv 2 \pmod{341}$ 를 만족한다.

정리 2	**윌슨 정리**(Wilson's Theorem : 1770**년** Waring **이 발표함**) p **가 소수**(prime) $\Leftrightarrow$ $(p-1)! \equiv -1 \pmod{p}$

●●● 예제 1

$p = 2$ 이면 $(2-1)! \equiv 1 \equiv -1 \pmod{2}$: 소수(prime)
$p = 3$ 이면 $(3-1)! \equiv 2 \equiv -1 \pmod{3}$: 소수(prime)
$p = 4$ 이면 $(4-1)! \equiv 6 \equiv -2 \pmod{4}$: 소수가 아님(not prime)
$p = 5$ 이면 $(5-1)! \equiv 24 \equiv -1 \pmod{5}$: 소수(prime)

…………

주의 이 정리의 장점은 필요충분조건인 것이다. 그러나 단점은 $n!$ 을 계산해야 한다. n 이 클 경우 계산이 복잡해진다.

$p = 7$ 인 경우, a^n (mod 7)의 계산

a	a^2	a^3	a^4	a^5	a^6
1, 8, 14, …	1	1	1	1	1
2, 9, 15, …	4	$8 \equiv 1$	2	4	$8 \equiv 1$
3, 10, 16, …	$9 \equiv 2$	6	$18 \equiv 4$	$12 \equiv 5$	$15 \equiv 1$
4, 11, 17, …	$16 \equiv 2$	$8 \equiv 1$	4	$16 \equiv 2$	$8 \equiv 1$
5, 12, 18, …	$25 \equiv 4$	$20 \equiv 6$	$30 \equiv 2$	$10 \equiv 3$	$15 \equiv 1$
6, 13, 19, …	$36 \equiv 1$	6	$36 \equiv 1$	6	$36 \equiv 1$

그러므로 $(a, 7) = 1$ 인 모든 a 에 대해 $a^{7-1} \equiv 1 \pmod{7}$이다.

● ● ● 예제 2

월슨 정리(Wilson's 정리)

n	$(n-1)!$	$(n-1)!$ (mod n)
2	1	1 (mod 2)
3	2	2 (mod 3)
4	6	2 (mod 4)
5	24	4 (mod 5)
6	120	0 (mod 6)
7	720	6 (mod 7)
8	5040	0 (mod 8)
9	40320	0 (mod 9)
10	362880	0 (mod 10)
11	3628800	10 (mod 11)

참고 p 는 주로 소수(prime number)를 대신하여 사용하지만, 2는 소수(prime)이지만 짝수라서 다른 소수(prime)와는 성질이 약간 다르다. 따라서 앞으로 p 는 홀수인 소수(odd prime, 2가 아닌 소수)일 때 사용하기로 한다.

■ **보조정리 1**

$(a,\ m) = 1$ 이면, $a,\ 2a,\ 3a,\ \cdots,\ (m-1)a \pmod{m}$의 최소잉여는 $1,\ 2,\ 3,\ \cdots,\ m-1$ 을 재배열한 것이 된다.

● ● ● 예제 3

$m = 8$, $a = 3$, $(3,\ 8) = 1$ 이면

a , $2a$, $3a$, $4a$, $5a$, $6a$, $7a \pmod{8}$

3 , 6 , $9 \equiv 1$, $12 \equiv 4$, $15 \equiv 7$, $18 \equiv 2$, $21 \equiv 5 \pmod{8}$

둘째 줄은 첫째 줄의 최소잉여를 1부터 7까지의 수를 재배열한 것으로 나타난다.

● ● ● 예제 4

$a = 2$, $p = 5$ 일 때 $a^{p-1} \equiv 1 \pmod{p}$인가? 즉
$2^{5-1} \equiv 1 \pmod{5}$인가?

풀이 $2^{5-1} \equiv 2^4 \equiv 16 \equiv 1 \pmod{5}$

■ **따름정리 1**

p 가 소수(prime)이면, 모든 a 에 대해 $a^p \equiv a \pmod{p}$이다. 즉,
$a^{p-1} \equiv 1 \pmod{p}$.

■ **증명**

$(a, p) = 1 \Rightarrow$ 페르마 소정리
$(a, p) = p \Rightarrow 0 \equiv 0 \pmod{p}$
$a = kp$ 이므로 $(kp)^p \equiv kp \pmod{p}$

참고 방정식과 합동식의 제곱근을 구하는 차이를 알아보자.
방정식에서 $x^2 = 1$ 이면, $x = 1$ 또는 $x = -1$ 이다.
합동식에서는 $x^2 \equiv 1 \pmod{p}$이면 $x \equiv 1 \pmod{p}$ 또는 $x \equiv -1 \equiv p-1 \pmod{p}$이다.
자세한 것은 아래 보조정리를 통하여 학습하기로 한다.

● ● ● 예제 5

$3^{16} \equiv 1 \pmod{17}$임을 보이기로 한다.
$(3, 17) = 1$ 이고 소수 $p = 17$ 이다. 먼저
$3 \equiv 3$
$3^2 \equiv 9$
$3^3 = 27 \equiv 10 \pmod{17}$
$3^6 \equiv 100 \equiv 15 \equiv -2 \pmod{17}$
$3^{12} \equiv 4 \pmod{17}$
$3^{12} \cdot 3^2 \cdot 3^2 \equiv 4 \cdot 9 \cdot 9$ or $3^{12} \cdot 3^3 \cdot 3 \equiv 4 \cdot 10 \cdot 3 \equiv 120 \equiv 1 \pmod{17}$

●●● 예제 6

$2^{10} \equiv \square$ (mod 11)을 구하여라.

풀이 $2 \equiv 2$

$2^2 \equiv 4$

$2^4 \equiv 16 \equiv 5$

$2^5 \equiv 10 \equiv -1 \pmod{11}$

$2^{10} \equiv \boxed{1} \pmod{11}$

$20 \equiv 20$

$20^2 \equiv 400 \equiv 4 \pmod{11}$

$20^4 \equiv 16 \equiv 5 \pmod{11}$

$20^8 \equiv 25 \equiv 3 \pmod{11}$

$20^{10} \equiv 12 \equiv 1 \pmod{11}$

■ 보조정리 2

$x^2 \equiv 1 \pmod{p}$, p 가 소수(prime), 는 단지 두 개의 해 1 과 $-1 \equiv p-1 \pmod{p}$를 갖는다.

■ 증명

r 을 $x^2 \equiv 1 \pmod{p}$의 해라고 하자. 그러면

$r^2 \equiv 1 \pmod{p}$

$r^2 - 1 \equiv 0 \pmod{p}$

$p \mid (r^2-1) \Rightarrow p \mid (r+1)(r-1)$

$\Rightarrow p \mid (r+1)$ or $p \mid (r-1)$

$\Rightarrow r+1 \equiv 0 \pmod{p}$ 또는 $r-1 \equiv 0 \pmod{p}$

$\Rightarrow r \equiv -1 \equiv p-1 \pmod{p}$ 또는 $r \equiv 1 \pmod{p}$.

정의 1	$(a, p) \equiv 1$ 이라 하면 $ax \equiv 1 \pmod{p}$는 하나의 해를 갖는다. 그 해를 a' 라 하면 $aa' \equiv 1 \pmod{p}$이 되는데, 이때 a' 를 a 의 **역**(reciprocal)이라고 한다.

●●● 예제 7

$p = 13$ 일 때를 알아보기로 하자.

a	1	2	3	4	5	6	7	8	9	10	11	12
a'	1	7	9	10	8	11	2	5	3	4	6	12
aa' (mod 13)	1	$14 \equiv 1$	$27 \equiv 1$	$40 \equiv 1$	$40 \equiv 1$	$66 \equiv 1$	$14 \equiv 1$	$40 \equiv 1$	$27 \equiv 1$	$40 \equiv 1$	$66 \equiv 1$	$144 \equiv 1$

두 번째 행(a' 행)에는 1 부터 12 까지의 수가 중복되지 않도록 나타남에 주목하여라.

$3(9) \equiv 1 \pmod{13}$ 이므로 9는 mod 13에서 3의 역이다.

$4(10) \equiv 1 \pmod{13}$ 이므로 10은 mod 13에서 4의 역이다.

●●● 예제 8

$p \equiv 11$ 일 때를 알아보기로 하자.

a	1	2	3	4	5	6	7	8	9	10
a'	1	6	4	3	9	2	8	7	5	10
aa' (mod 11)	1	$12 \equiv 1$	$12 \equiv 1$	$12 \equiv 1$	$45 \equiv 1$	$12 \equiv 1$	$56 \equiv 1$	$56 \equiv 1$	$45 \equiv 1$	$10 \equiv 1$

연습문제 6

#1. 7^{355} 의 마지막 자리(일의 자리, last digit)를 구하여라.

풀이 $7 \equiv 7$

$7^2 \equiv 49 \equiv 9 \equiv -1 \pmod{10}$

$7^4 \equiv 1$

$7^{355} \equiv (7^4)^{88} \cdot 7^3 \equiv 1 \cdot (-7) \equiv 3 \pmod{10}$

$7^{355} \equiv \boxed{3} \pmod{10}$

#2. 7^{355} 의 마지막 두 자리(십의 자리와 일의 자리, last two digits)는 무엇인가?

풀이 $7^3 \equiv 343$

$7^4 \equiv 2401 \equiv 1 \pmod{100}$

$(7^{88})^4 \cdot 7^3 \equiv 343 \equiv 43 \pmod{100}$

$7^{355} \equiv 43 \pmod{100}$

#3. $1945^8 \equiv \square \pmod{7}$ 일 때 $\square$ 는?

풀이 $1945 \equiv 6$ **(mod 7)**

$1945^8 \equiv (\square \times 7 + 6)^8 \equiv 6^8$ 이다. 그런데

$6 \equiv -1 \pmod{7}$, $6^2 \equiv 1 \pmod{7}$, $6^8 \equiv (6^2)^4 \equiv 1 \pmod{7}$이므로

$1945^8 \equiv 6^8 \equiv 1 \pmod{7}$

#4. 2001^{2001} 을 26 으로 나누면 나머지는 얼마인가?

풀이 $2001 \equiv 25$ **(mod 26)**

$\equiv -1 \pmod{26}$이므로

$2001^{2001} \equiv (-1)^{2001} \equiv -1 \equiv 25 \pmod{26}$.

여기서 주의할 것은 같은 답이 나오지만, $2001^{2001} \not\equiv 25^{25} \pmod{26}$ 이다.

#5. 다음의 최소잉여(least residue)를 구하여라.

(1) 5^{10} (mod 11) (2) 5^{12} (mod 11) (3) 1945^{12} (mod11)

답 (1) 1, (2) 3, (3) 4

#6. $3n+2$ 는 어떤 수의 제곱수가 되지 않음을 보여라.

풀이 페르마 소정리를 이용한다.

p 가 소수(prime)이고 $p \nmid a$ 이면 $p \mid (a^{p-1}-1)$ 이다.

$p=3$ 이면 $3 \nmid a$ 인 a 에 대해 $3 \mid (a^2-1)$ 이다. 즉, $a^2-1=3k$ 또는 $a^2=3k+1$ 이 된다. 따라서 양의 정수 a 가 3의 배수가 아니면, $k>0$ 에 대해 $a^2=3k+1$ 이 된다. 그러므로 $3k+2$ 는 제곱수가 될 수 없다.

#7. 다음을 13 으로 나눈 나머지는 얼마인가?

$1^{96}+2^{96}+3^{96}+4^{96}+5^{96}+6^{96}+7^{96}+8^{96}+9^{96}+10^{96}+11^{96}+12^{96}$

풀이 페르마 소정리를 이용한다.

a , p 가 정수이고 p 가 소수일 때 $a^{p-1} \equiv 1 \pmod{p}$ 를 이용하면 답은 간단해진다.

2^{96} 은 $2^{12} \equiv 1 \pmod{13}$. 그러므로 $(2^{12})^8 \equiv 1$. 따라서 2^{96} 의 나머지는 1이다.

같은 방법으로 나머지는 12 가 된다.

#8. $1!+2!+3!+4!+5!+6!+7!+8!+9!+10! \pmod{7}$ 을 구하여라.

풀이 $7!+8!+9!+10!$ 은 7 의 배수이므로 $1!+2!+3!+4!+5!+6!$ 이 7 로 나누어떨어지는가를 조사한다. $1!+2!+3!+4!+5!+6!=873 \equiv 5 \pmod{7}$

#9. $1^5+2^5+3^5+4^5+5^5+6^5+7^5+8^5+9^5+10^5 \pmod{4}$ 을 구하여라.

#10. (perfect shuffle) 52장의 트럼프 한 벌을 카드섞음(shuffle)을 이용하여 카드를 섞는다고 한다. 그런데 매번 카드를

1,2,3,4,5,6,⋯ ⋯ ,49,50,51,52

27,1,28,2,29,3,⋯ ⋯ ,51,25,52,26

와 같이 섞는다면, 몇 번 후에 그 카드는 본래의 순서대로 배열되겠는가?

힌트 이것은 $2^x \equiv 1 \pmod{53}$을 만족하는 최소의 자연수를 구하는 것과 동치이다.

답 52

#11. 9^{9^9} 의 마지막 두 자리를 구하여라. 참고로 9^{9^9} 는 369,693,100자리의 수이다.

참고 9^{9^9} 을 전부 풀어서 기입하려고 한다. 일반적으로 우리가 문서로 작성하는 A4용지 흔글 한 쪽에는 86 개씩 41 개 줄에 숫자를 기입할 수 있다.
따라서 $86 \times 41 = 3526$ 개의 숫자를 실을 수 있으므로 마지막 숫자를 다 기입하기 위해서는 이와 같은 쪽수로 104,847 이 필요하다. 이것은 1000 쪽을 가진 책으로 약 100권이 필요하다.

제7장
약수

제7장 약수

어떤 정수나 정식을 나누어떨어지게 할 수 있는 정수나 정식을 **약수**라고 한다. 약수와 배수는 자연수, 정수와 다항식에서만 생각할 수 있다. 따라서 유리수에서는 약수와 배수의 개념이 없다. 유리수(rational number)란 자연수의 비(ratio)로 나타낼 수 있는 수를 말한다.

n 을 자연수할 때, n 의 양의 약수의 개수 (1 과 n 을 포함)를 $d(n)$ 으로 나타내고, n 의 양의 약수의 합을 $\sigma(n)$ 으로 나타낸다.

예제 1

$d(n) = \sum_{d|n} 1$,　　　$d(6) = \sum_{d|6} 1 = 1 + 1 + 1 + 1 = 4$

$\sigma(n) = \sum_{d|n} d$,　　　$\sigma(6) = \sum_{d|6} d = 1 + 2 + 3 + 6 = 12$

예제 2

$$\sum_{d|12} h(d) = h(1) + h(2) + h(3) + h(4) + h(6) + h(12)$$

$$\sum_{d|10} d^2 = 1^2 + 2^2 + 5^2 + 10^2$$

예제 3

아래에 1 부터 16 까지 $d(n)$ 과 $\sigma(n)$ 을 나타내었다.

n	1	2	3	4	5	6	7	8	9	10	11	12	13	14	15	16
$d(n)$	1	2	2	3	2	4	2	4	3	4	2	6	2	4	4	5
$\sigma(n)$	1	3	4	7	6	12	8	15	13	18	12	28	14	24	24	31

p 가 소수(prime)이면 $d(p) = 2 \leftarrow$ (1과 p 이므로)

$d(p^2) = 3 \leftarrow$ ($1, p, p^2$ 이므로)

$d(p^3) = 4 \leftarrow$ ($1, p, p^2, p^3$ 이므로)

예제 4

$d(p^4) = 5$ 이다. 그리고 $d(p^n) = n + 1$, $n = 1, 2, 3, 4, 5, 6, \cdots$ 이 된다.

p 와 q 를 소수(prime)라 하자.

만일 $p \neq q$ 라 하면, pq 는 $1, p, q, pq$ 을 약수로 갖는다.

그러므로 $d(pq) = 4$ 이다.

같은 방법으로 $d(p^2 q) = (2+1)(1+1) = 6$.

예제 5

$d(p^3 q) = 8$, $d(p^n q) = (n+1) \times 2 = 2(n+1)$, n 은 자연수

$(a, b) = 1$ 이면, $d(ab) = d(a)d(b)$ 이고 $\sigma(ab) = \sigma(a)\sigma(b)$.

정리 1	$n = p_1^{e_1} p_2^{e_2} \cdots p_k^{e_k}$ **이면,** $d(n) = d(p_1^{e_1}) d(p_2^{e_2}) \cdots d(p_k^{e_k})$ **이다.** $n = p_1^{e_1} p_2^{e_2} \cdots p_k^{e_k}$ **이면,** $d(n) = (e_1 + 1)(e_2 + 1) \cdots (e_k + 1)$ **이다.**

예제 6

양의 약수가 20개인 가장 작은 자연수를 구하여라.

풀이 약수의 개수를 20 개 가지면서 작은 자연수를 생각하면

$$
\begin{aligned}
20 &= 20 &&= (19+1) &&= 2^{19} &&= 524288 \\
&= 10 \times 2 &&= (9+1)(1+1) &&= 2^9 \cdot 3^1 &&= 1536 \\
&= 5 \times 2 \times 2 &&= (4+1)(1+1)(1+1) &&= 2^4 \cdot 3^1 \cdot 5^1 &&= \mathbf{240} \\
&= 5 \times 4 &&= (4+1)(3+1) &&= 2^4 \cdot 3^3 &&= 432
\end{aligned}
$$

이 가능한 작은 자연수 중에서 최소인 수는 240 이 된다.

예제 7

예제 4와 5에 의해서

(1) $d(24) = d(2^3 \cdot 3) = d(2^3) \cdot d(3^1) = (3+1)(1+1) = 8$

(2) $d(240) = d(2^4 \cdot 3 \cdot 5) = 5 \cdot 2 \cdot 2 = 20$

을 얻을 수 있다.

예제 8

모든 소수 p 에 대하여

$$\sigma(p) = p + 1$$

$$\sigma(p^2) = 1 + p + p^2$$

이다.

예제 9

p 와 q 가 소수(prime)이고 $p \neq q$ 이면

$$\sigma(p^3) = 1 + p + p^2 + p^3$$

$$\sigma(pq) = 1 + p + q + pq = (1+p) + q(1+p) = (1+p)(1+q)$$

예제 10

$\sigma(2^n) = 2^{n+1} - 1$ 이다. 왜냐하면

$$\sigma(2^n) = 1 + 2 + 2^2 + \cdots + 2^n = \frac{2^{n+1}-1}{2-1}.$$

예제 11

p 가 소수(prime)일 때, $\sigma(p^n) = 1 + p + p^2 + \cdots + p^n = \dfrac{p^{n+1}-1}{p-1}$.

예제 12

p 와 q 가 서로 다른 소수(prime)이고 e 와 k 가 음이 아닌 정수일 때 $\sigma(p^e q^k)$ 를 계산하여라.

풀이

$$\begin{aligned}\sigma(p^e q^k) &= 1(1+q+q^2+\cdots+q^f) + p(1+q+q^2+\cdots+q^f) \\ &\quad + \cdots + p^e(1+q+q^2+\cdots+q^f) \\ &= (1+p+p^2+\cdots+p^e)(1+q+q^2+\cdots+q^f) \\ &= \sigma(p^e)\cdot\sigma(q^f)\end{aligned}$$

정리 2	$n = p_1^{e_1} p_2^{e_2} \cdots p_k^{e_k}$ **이면** $\sigma(n) = \sigma(p_1^{e_1})\sigma(p_2^{e_2})\cdots\sigma(p_k^{e_k})$ **이다.**

■ **증명**

수학적 귀납법이용

예제 13

$$\sigma(240) = \sigma(2^4 \cdot 3 \cdot 5) = \sigma(2^4)\sigma(3)\sigma(5)$$
$$= \left(\frac{2^5-1}{2-1}\right)\left(\frac{3^2-1}{3-1}\right)\left(\frac{5^2-1}{5-1}\right)$$
$$= (1+2+2^2+2^3+2^4)(1+3)(1+5)$$
$$= 744$$

정의 1	**함수 f 가 자연수에 대해 곱셈 함수**(multiplicative function) **이다.** $\Leftrightarrow$ $(m, n) = 1$ **이면** $f(mn) = f(m)f(n)$, $m, n \in N$.

예제 14

$f(n) = n$ 은 곱셈함수이다. 왜냐하면
$f(mn) = mn = f(m)f(n)$ 이기 때문이다.

정리 3	d **와** σ **는 곱셈함수가 된다. 즉** $(m, n) = 1$ **이면** $d(mn) = d(m)d(n)$ $\sigma(mn) = \sigma(m)\sigma(n)$

주의 $d(12) = d(3 \cdot 4) = d(3)d(4)$. 여기서 $(3, 4) = 1$.
그러나 $d(12) = d(2 \cdot 6) \neq d(2)d(6)$. 여기서 $(2, 6) \neq 1$ 이기 때문이다.

예제 15

$f(p^e) = ep^{e-1}$, p **는 소수,** $e \geq 1$ **로 정의하면** f **는 곱셈함수가 된다.**

풀이 $n = 2$ 부터 12 까지 직접 구해서 확인한다.

n	2	3	4	5	6	7	8	9	10	11	12
$f(n)$	1	1	4	1	1	1	12	6	1	1	4

$$f(2) = f(2^1) = 1 \cdot 2^{1-1} = 1$$
$$f(3) = f(3^1) = 1 \cdot 3^{1-1} = 1$$
$$f(4) = f(2^2) = 2 \cdot 2^{2-1} = 2 \cdot 2 = 4$$
$$f(5) = f(5^1) = 1 \cdot 5^{1-1} = 1$$
$$f(6) = f(2)f(3) = 1 \cdot 1 = 1$$
$$f(7) = f(7^1) = 1 \cdot 7^{1-1} = 1$$
$$f(8) = f(2^3) = 3 \cdot 2^{3-1} = 3 \cdot 4 = 12$$
$$f(9) = f(3^2) = 2 \cdot 3^{2-1} = 2 \cdot 3 = 6$$
$$f(10) = f(2)f(5) = 1 \cdot 1 = 1$$
$$f(11) = f(11^1) = 1 \cdot 11^{2-1} = 1$$
$$f(12) = f(3)f(2^2) = 1 \cdot 4 = 4$$

●●● 예제 16

위 예제에서 $n = 13, 14, \cdots, 24$ 일 때, $f(n)$ 을 구하여라.

풀이 $f(13) = f(13^1) = 1 \cdot 13^{1-1} = 1$

$f(14) = f(2)f(7) = 1 \cdot 1 = 1$

………

와 같이 f 가 곱셈함수인 것을 이용하여 나머지를 모두 구할 수 있다.

●●● 예제 17

$f(3141)$ 을 구하여라.

풀이 $f(3141) = f(3^2 \cdot 349) = f(3^2) \cdot f(349)$

$= (2 \cdot 3^{2-1})(1 \cdot 349^{1-1}) = 6 \cdot 1 = 6$

연습문제 7

#1. $\sigma(2^n)$ 이 홀수가 됨을 보여라.

풀이 $\sigma(2^n) = \dfrac{2^{n+1}-1}{2-1} = 2^{n+1}-1$. 따라서 $\sigma(2^n)$ 은 홀수이다.

#2. $f(n)$ 이 곱셈함수이면, $\dfrac{f(n)}{n}$ 이 곱셈 함수임을 보여라.

풀이 $f(n)$ 이 곱셈함수이므로 $f(mn) = f(m)f(n)$ 이다.

$g(n) = \dfrac{f(n)}{n}$ 이라 하면

$$g(mn) = \frac{f(mn)}{mn} = \frac{f(m)f(n)}{mn} = g(m)g(n).$$

그러므로 $\dfrac{f(n)}{n}$ 는 곱셈함수이다.

#3. $d(n) = 8$ 을 만족하는 최소의 자연수 n 을 구하여라.

풀이 $8 = (7+1) \qquad \leftrightarrow 2^7 = 128$

$= (3+1)(1+1) \qquad \leftrightarrow 2^3 \cdot 3^1 = 24$ •이것이 최소의 자연수이다.

$= (1+1)(1+1)(1+1) \qquad \leftrightarrow 2 \cdot 3 \cdot 5 = 30$

#4. $d(n) = 60$ 을 만족하는 무수히 많은 n 을 나타내어라.

풀이 $d(n) = 60 \qquad \rightarrow p_1^{59}$

$= 30 \cdot 2 \qquad \rightarrow p_1^{29} \cdot p_2$

$= 15 \cdot 2 \cdot 2 \qquad \rightarrow p_1^{14} \cdot p_2 \cdot p_3$

$= 3 \cdot 5 \cdot 2 \cdot 2 \qquad \rightarrow p_1^2 \cdot p_2^4 \cdot p_3 \cdot p_4$

$= 10 \cdot 6 \qquad \rightarrow p_1^9 \cdot p_2^5$

$= 3 \cdot 20 \qquad \rightarrow p_1^2 \cdot p_2^{19}$

#5. $d(n) = 60$ 인 가장 작은 n 을 구하여라. 이때 n 은 10,000 보다 작다고 한다.

풀이 $60 = 2 \cdot 2 \cdot 3 \cdot 5$

$d(2^{59})$

$d(2^{29} \cdot 3)$

$d(2^{14} \cdot 3^3)$

$d(2^4 \cdot 3^2 \cdot 5^1 \cdot 7^1) = d(5040)$

#6. $\sigma(n)$ 이 홀수(odd)인 n 을 구하여라.

풀이 $\sigma(2^k)$ 은 홀수이다.

p 가 홀수인 소수(prime)이면 $\sigma(p^{2k})$ 도 홀수이다.

σ 가 곱셈함수이므로

$n = 2^k {p_1}^{2k_1} {p_2}^{2k_2} \cdots {p_r}^{2k_r} = 2^k M^2$, M 은 자연수,

이면 $\sigma(n)$ 은, 홀수끼리의 곱이 되므로, 홀수가 된다.

#7. $d(n)$ 이 홀수(odd)인 n 을 구하여라.

답 n 은 완전제곱수이다.

#8. 24의 약수 개수를 구하여라.

풀이 $24 = 2^3 \cdot 3$ $\quad (3+1)(1+1) = 8$ 개

#9. 60의 약수 개수를 구하여라.

풀이 $60 = 2^2 \cdot 3 \cdot 5$ $\quad (2+1)(1+1)(1+1) = 12$ 개

#10. 12 개의 약수를 갖는 최소의 양의 정수를 구하여라.

풀이 $12 = 2 \cdot 6 \rightarrow 2^5 \cdot 3 = 96$

$= 3 \cdot 4 \rightarrow 2^3 \cdot 3^2 = 72$

$= 2 \cdot 2 \cdot 3 \rightarrow 2^2 \cdot 3 \cdot 5 = 60$ 이 최소가 된다.

#11. 네 자리 이하의 자연수 중에서 가장 많은 약수를 가지는 수를 구하여라.

답 840

#12. 7, 11, 13, 17, 19, 23, 29, 31, 37, 41, 43, 47의 배수를 찾는 방법을 조사하여라.

#13. $d(n) = 20$ 을 만족하는 최소의 자연수 n 을 구하여라.

답 $n = 2^4 \cdot 3^1 \cdot 5^1 = 240$

#14. 어떤 수 n 을 소인수분해한 결과가 $n = a^p b^q$ (단, a 와 b 는 소수)일 때 다음을 보여라.

(1) n 의 약수의 개수는 $(p+1)(q+1)$ 개

(2) n 의 약수를 모두 더하면 $(1+a+a^2+\cdots+a^p)(1+b+b^2+\cdots+b^q)$ 이다.

풀이 (1) a^p 의 약수는 $1, a, a^2, \cdots, a^p$ 으로서 $p+1$ 개 … ①

b^q 의 약수는 $1, b, b^2, \cdots, b^q$ 으로서 $q+1$ 개 … ②

이다. 따라서 ①, ②에서 하나씩 뽑아서 서로 곱한 수들은 아래의 표처럼 $N = a^p b^q$ 의 약수이다.

$\times$	1	a	a^2	$\cdots$	a^p
1	1	a	a^2	$\cdots$	a^p
b	b	ab	a^2b	$\cdots$	a^pb
b^2	b^2	ab^2	a^2b^2	$\cdots$	a^pb^2
$\cdots$	$\cdots$	$\cdots$	$\cdots$	$\cdots$	$\cdots$
b^q	b^q	ab^q	a^2b^q	$\cdots$	a^pb^q

따라서 $n = a^p b^q$ 의 약수는 $(p+1)(q+1)$ 개다.

#15. p, q, r 이 서로 다른 소수(prime)일 때, $n = p^a q^b r^c$ 이면 이때 다음을 보여라.

(1) n 의 양의 약수의 개수는 $(a+1)(b+1)(c+1)$ 이다.

(2) n 의 양의 약수의 전체의 합을 구하여라.

(3) n 의 양의 약수의 전체의 곱을 구하여라.

답 (3) $n^{\frac{(a+1)(b+1)(c+1)}{2}}$

#16. $n = p_1^{n_1} \cdot p_2^{n_2} \cdot \cdots \cdot p_k^{n_k}$ (단, $p_1, p_2, \cdots, p_k$ 는 서로 다른 소수)에서 n 의 약수의 총곱은 $n^{\frac{(n_1+1)(n_2+1)\cdots(n_k+1)}{2}}$ 임을 보여라.

힌트 그 이유는 가장 작은 약수와 가장 큰 약수를 곱하면 원래의 수가 되고, 두 번째 작은 약수와 두 번째 큰 약수를 곱하면 원래의 수가 되므로, 이와 같은 방법으로

계속하면 약수의 총 곱은 약수의 개수의 $\frac{1}{2}$ 개 만큼의 원래의 수의 곱이 되다. 완전제곱수인 경우(n_j 가 모두 짝수인 경우)도 성립함을 주목하여라.

#17. n 의 양의 약수 중에서 p 의 배수는 몇 개있는가?

답

$a(b+1)(c+1)$

#18. n 의 양의 약수 중에서 pq 의 배수는 몇 개있는가?

답 $ab(c+1)$

#19. $(a, b) \neq 1$ 즉, a 와 b 가 서로 소가 아니면, $d(ab) < d(a)d(b)$ 임을 보여라.

#20. n 이 소수(prime) $\Leftrightarrow$ $\phi(n) + \sigma(n) = 2n$ 임을 보여라.

#21. 자연수 n 을 3으로 나눈 나머지가 2일 때, n 의 모든 약수의 합은 3의 배수임을 보여라.

#22. 자연수 중 100 이하의 약수를 갖지 않는 최소의 합성수를 구하여라.

풀이 100 보다 큰 최소의 소수는 101 이므로 최소의 합성수는 101^2 이다.

#23. 양의 약수가 18 개인 최소의 양의 정수를 구하여라.

답 180

#24. (1) $\sigma(14) = \sigma(15)$ 임을 보여라.

(2) $\sigma(957) = \sigma(958)$ 임을 보여라.

#25. $\sigma(n) = 10$ 을 만족하는 자연수 n 은 존재하지 않음을 보여라.

제8장
완전수

제8장 완전수

수신비주의자들은 수에 어떤 의미를 부여하기를 좋아하였다. 그래서 1을 신(god), 2를 여성(woman), 3을 남성(man) 등등으로, 여성과 남성의 합인 2+3 = 5를 결혼(marriage)으로 생각하였다. 여기서는 완전수(perfect number), 부족수(deficient number), 과잉수(abundant number) 등에 대하여 언급하고, 삼각수(Triangular number)와 사각수(Rectangular number) 같은 도형수와 친화수(우정의 수, amicable number), 약혼자수(부부수, betrothed number) 등에 대하여도 언급할 것이다.

어떤 수에서 자기 자신을 제외한 양의 약수의 합이 그 자신이 되는 수를 **완전수**(perfect number)라고 한다. 즉, $\sigma(n) - n = n$ 인 수 n 을 완전수라고 한다.
따라서, $\sigma(n) = 2n$ 인 n 은 완전수이다.

정의 1	n **이 완전수이다.** $\Leftrightarrow$ $\sigma(n) = 2n$.

과잉수(過剩數 : abundant number, $\sigma(n) - n > n$)란, 자기 자신을 제외한 모든 약수의 합이 자기 자신보다 큰 수이며, **부족수**(不足數 : deficient number, $\sigma(n) - n < n$)란, 자기 자신을 제외한 모든 약수의 합이 자기 자신보다 작은 수이다. **친화수**(親和數 : amicable number)란, a 가 b 의 자기 자신을 제외한 모든 약수의 합이 되고, 또 b 가 a 의 자기 자신을 제외한 모든 약수의 합이 되는 한 쌍의 수 (a, b) 를 가리키는 말이다.

●●● 예제 1

(1) 6 의 약수는 자신을 제외하고는 1, 2, 3 이다.
　이들을 합하면 $6 = 1 + 2 + 3$ 따라서 6 은 완전수이다.

(2) 8 의 약수는 자신을 제외하고는 1, 2, 4 이다.
　이들을 합한 것과 8을 비교하면 $8 > 1 + 2 + 4$ 이므로 8은 부족수이다.

(3) 12 의 약수는 자신을 제외하고는 1, 2, 3, 4, 6 이다.
　이들의 합과 12를 비교하면 $1 + 2 + 3 + 4 + 6 > 12$ 이므로 12는 과잉수이다.

(4) 28 은 완전수이다. 왜냐하면 자신을 제외한 약수인 1, 2, 4, 7, 14 의 합이
　$1 + 2 + 4 + 7 + 14 = 28$ 따라서 28 은 완전수(prefect number)이다.

(5) $220 = 1 + 2 + 4 + 71 + 142$ (284 의 약수의 합)
　$284 = 1 + 2 + 4 + 5 + 10 + 11 + 20 + 22 + 44 + 55 + 110$
　(220 의 약수의 합) 이므로 220 과 284 는 친화수이다.
　친화수 중에 이것 한쌍만 피타고라스학파가 발견하였다.

Euler 는 짝수의 완전수를 결정하는 정리를 증명하였다.

정리 1	(Euclid) $2^k - 1$ **가 소수**(prime)**이면,** $2^{k-1}(2^k - 1)$ **은 완전수이다.**

■ **증명**

$2^k - 1$ 이 소수(prime)일 때, $n = 2^{k-1}(2^k - 1)$ 이라 하자.

그러면 $(2^{k-1}, 2^k - 1) = 1$ 왜냐하면 $2^k - 1$ 이 소수(prime)이다.

$$\sigma(n) = \sigma(2^{k-1} \cdot (2^k - 1)) = \sigma(2^{k-1})\,\sigma(2^k - 1)$$
$$= \frac{2^k - 1}{2 - 1}(2^k - 1 + 1)$$
$$= (2^k - 1)(2^k) = 2\,[2^{k-1}(2^k - 1)] = 2n$$

그러므로 n 은 완전수이다.

참고 어떤 k 에 대해서 $2^k - 1$ 이 소수(prime)이면 그에 대응하는 완전수를 하나 얻을 수 있다.

$k = 1$, $2^1 - 1 = 1$

$k = 2$, $2^2 - 1 = 3$ 소수(prime)

$2^{2-1}(2^2 - 1) = 2 \cdot 3 = 6$

$k = 3$, $2^3 - 1 = 7$ 소수(prime)

$2^{3-1}(2^3 - 1) = 4 \cdot 7 = 28$

$k = 4$, $2^4 - 1 = 15$ 소수가 아님(not prime)

$k = 5$, $2^5 - 1 = 31$ 소수(prime)

$2^{5-1}(2^5 - 1) = 16 \cdot 31 = 496$

k 가 소수(prime)일 경우에 $2^k - 1$ 이 소수(prime)임을 보였다. 그러나

k 가 소수(prime) $\not\Rightarrow$ $2^k - 1$ 이 소수(prime).

p	2	3	5	7	11	13	⋯
$2^p - 1$	3	7	31	127	2047	8191	⋯

$(2^p - 1)(2^{p-1})$ 에 의해, 6 , 28 , 496 , 8128 , 8589869056 , ⋯ 을 얻을 수 있다.

정리 2	**n 이 짝수의 완전수라면, 어떤 소수**(prime) **와 2^{p-1} 에 대해 $n = 2^{p-1}(2^p - 1)$ 이다.**

참고 2016년 1월까지 49개의 완전수가 알려졌다. 49번째 발견된 것은

$$2^{74,207,280} \times (2^{74,207,281} - 1)$$

으로 44,677,235 자릿수가 된다. 그러나 이 수가 49번째로 작은 완전수가 아닐 수 있다. 이 수보다 적은 완전수가 앞으로 언젠가 발견될 수도 있기 때문이다.

참고 1 부터 10^{1500} 사이에서 홀수인 완전수는 없다. 만약에 홀수에 대한 완전수가 존재한다면 이 보다 큰 수일 것이다. 완전수가 무한히 많은지, 홀수의 완전수가 존재하는지는 미해결 문제이다. 만약 홀수의 완전수가 존재한다면 적어도 7개의 다른 소수를 인수로 가져야 된다는 사실이 알려지고 있다.

정의 2	정수 $M_m = 2^m - 1 \ (m \geq 1)$을 **메르센느 수**(Mersenne number)**라고 한다.** 특히, $M_p = 2^p - 1$ (p 는 소수)이 소수일 때, 이 소수를 **메르센느 소수**라고 한다.

●●● 예제 2

M_p 가 소수이면 p 는 반드시 소수이어야 하지만, 모든 소수 p 에 대하여 M_p 가 소수인 것은 아니다. 예를 들어,

$$M_{11} = 2^{11} - 1 = 2047 = 23 \cdot 89$$

$$M_{23} = 2^{23} - 1 = 8388607 = 47 \cdot 178481$$

이므로 11과 23은 소수이지만 M_{11} 과 M_{23} 은 소수가 아니다.

$2^p - 1$ 의 형태를 갖는 49개의 메르센느 소수는 인터넷에서 검색하면 쉽게 찾을 수 있다. 최근에는 알려진 가장 큰 메르센느 소수는 $p = 74,207,281$ 이며 이는 22,338,618 자릿수가 된다.

메르센느의 소수가 무한히 존재하는지는 알려지지 않았지만, 2016년 1월 까지 메르센느 소수가 49개가 알려졌으며 따라서 우리는 49개의 완전수를 알고 있다.

참고 마랭 메르센느(Marin Mersenne : 1588-1648)는 17세기 프랑스 철학자이자 물리학자이며 수학자였다. 블레즈 파스칼(1623-1662)의 스승으로도 유명하다.

친화수(amicable number, 우정의 수)

220 과 284 에 대해 그 자신을 제외한 약수의 합을 살펴보자. 그러면

$220 = 2^2 \cdot 5 \cdot 11$, $284 = 2^2 \cdot 71$

$$\sigma(220) = \sigma(2^2)\sigma(5)\sigma(11) = (1 + 2 + 2^2)(1 + 5)(1 + 11)$$
$$= 7 \cdot 6 \cdot 12 = 504$$

$$\sigma(284) = \sigma(2^2)\,\sigma(71) = (1+2+2^2)(1+71)$$
$$= 7 \cdot 72 = 504$$

$\sigma(A) = A + B$ and $\sigma(B) = A + B$ 일 때 A, B를 우정의 수라 한다.

$\sigma(A) - A = B$, $\sigma(B) - B = A$

즉, $\begin{cases} \sigma(220) - 220 = 284 \\ \sigma(284) - 284 = 220 \end{cases}$

m, n 이 친화수 (또는 친화수 쌍) $\Leftrightarrow$ $\sigma(m) - m = n$ & $\sigma(n) - n = m$.

$\Leftrightarrow$ $\sigma(m) = \sigma(n) = m + n$.

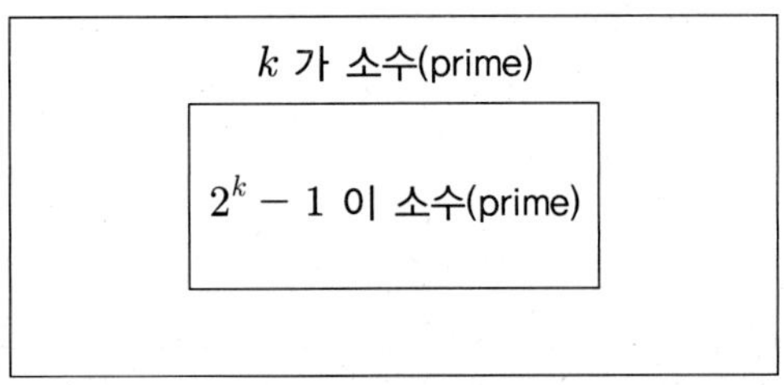

●●● 예제 3

1184 와 1210 은 친화수 쌍(amicable pair)임을 보여라.

풀이 $\sigma(1184) = 1184 + 1210$

$\sigma(1210) = 1184 + 1210$

●●● 예제 4

10,000보다 작은 친화수 쌍(amicable pair)은 다음과 같다.

2620 , 2924

5020 , 5564

6232 , 6368

정의 3	n 이 과잉수(abundant number) $\Leftrightarrow$ $\sigma(n) - n > n$. n 이 부족수(deficient number) $\Leftrightarrow$ $\sigma(n) - n < n$.

참고 피타고라스(Pythagoras, BC 569년경-BC 500년경) 이후 1500년 동안은 친화수는 단지 220과 284가 알려졌을 뿐이다. 1636년 페르마(Pierre de Fermat, 1601-1665)가 17296과 18416을 발견했다. 데카르트(René Descartes, 1596-1650)는 9363584와 9437056을 발견했다. 오일러(Leonhard Euler, 1707-1783)는 62쌍의 친화수를 발견하였고, 두 번째로 작은 1184와 1210은 1866년에 16세의 이탈리아 고등학생 니콜로 파가니니(Paganni)가 발견하였다.

예제 5

$n = 8$ 이면 $\sigma(8) = 1 + 2 + 4 + 8$

$\sigma(8) - 8 = 1 + 2 + 4 < 8$. 그러므로 8 은 부족수이다.

$n = 12$ 이면 $\sigma(12) - 12 = 1 + 2 + 3 + 4 + 6 > 12$.

그러므로 12 는 과잉수이다.

삼각수(Triangular number) ; T_n

삼각수는 일정한 물건으로 삼각형 모양을 만들 때 사용된 물건의 총수가 되는 수를 말한다.

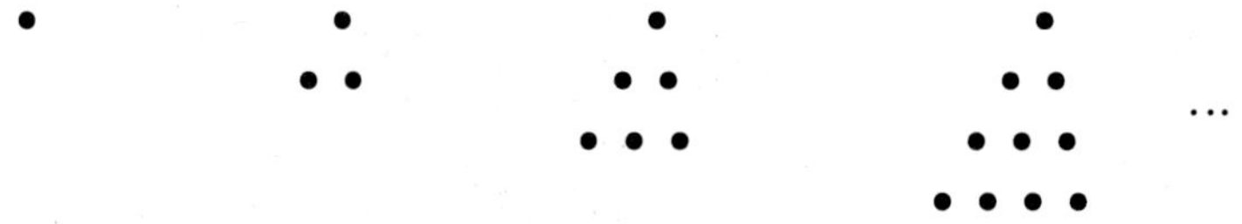

$T_1 = 1$, $T_2 = 3$, $T_3 = 6$, $T_4 = 10$, $\cdots$

이므로 n 번째 삼각수는 $T_n = \dfrac{n(n+1)}{2}$ 이다.

사각수(Rectangular number) ; R_n

사각수는 사각형형태로 물건을 배치했을 때 사용되는 물건의 총수가 되는 수를 말한다.

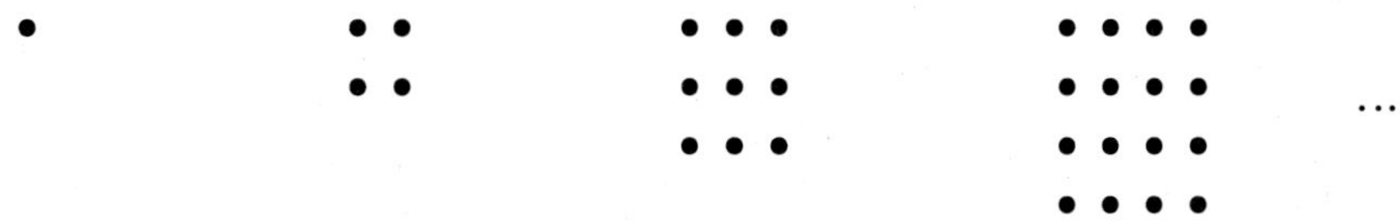

$$R_1 = T_1, \quad R_2 = T_2 + T_1, \quad R_3 = T_3 + T_2, \quad R_4 = T_4 + T_3, \cdots$$

이므로 n 번째 사각수는 $R_n = T_n + T_{n-1} = n^2$ 이다.

정리 3	**부족수와 과잉수는 무수히 많이 존재한다.**

연습문제 8

#1. 17296과 18416을 소인수 분해하여 이 둘이 친화수임을 보여라.

풀이 $17296 = 2^4 \cdot 23 \cdot 47$, $18416 = 2^4 \cdot 1151$, $\sigma(17296) = 17296 + 18416 = \sigma(18416)$

#2. 다음이 친화수(의 쌍)임을 확인하여라.

9437056 과 9363544

#3. 짝수의 완전수의 마지막자리는 6과 8이 교대로 나타나는가?

힌트 $\begin{cases} 2^{13} - 1 \\ 2^{17} - 1 \end{cases}$ 에 대응하는 완전수 끝자리가 6이 된다. 즉

$2^{13-1}(2^{13} - 1) \equiv \boxed{6} \pmod{10}$

$2^{17-1}(2^{17} - 1) \equiv \boxed{6} \pmod{10}$

이므로 6과 8이 교대로 나타나는 것은 아니다.

#4. 2, 3, 4,⋯ , 21에 대하여 각각 완전수와 부족수와 과잉수인지 확인하여라.

#5. 오랫동안 과잉수(abundant number)는 짝수일 것이라고 추측했었다. 그러나 945 가 가장 작은 홀수인 과잉수임을 보여라. 그리고 $3^a \cdot 5 \cdot 7$ 은 형태의 수에 대하여 조사하여라.

풀이 $a = 1, 2, 3, \cdots$ 일 때

$a = 1$ 이면 $3 \cdot 5 \cdot 7 = 105$ (아님)

$a = 2$ 이면 315

$a = 3$ 이면 945 (성립)

#6. 짝수의 완전수는 삼각수임을 보여라.

풀이 $6 = 1 + 2 + 3$

$28 = 1 + 2 + 3 + \cdots + 7$

『$2^{k-1}(2^k - 1) = \dfrac{n(n+1)}{2} \Rightarrow 2^k(2^k - 1) = n(n+1)$』

짝수의 완전수 $2^{k-1}(2^k - 1) = \dfrac{2^k(2^k - 1)}{2}$

$$= 1 + 2 + \cdots + (2^k - 1)$$

이것은 1 부터 $2^k - 1$ 까지의 합이므로 삼각수 (triangular number)이다.

정의	$\sigma(n) = kn$ **이면,** n **을** k-perfect number **이라 한다.**

#7. 672 가 3-perfect 임을 보여라.

풀이 $672 = 2^5 \cdot 3 \cdot 7$ 이고, $\sigma(672) = 3 \cdot 672$.

#8. $2^a 3^b$ 형태의 수는 3-perfect 가 될 수 없음을 보여라.

#9. 1652년에 다음 사실이 알려졌다.

$$6 = 1 + 2 + 3 ,$$
$$28 = 1 + 2 + 3 + 4 + 5 + 6 + 7$$
$$496 = 1 + 2 + 3 + \cdots + 31 .$$

계속 이것이 성립하는가?

#10. 짝수의 완전수는 모두 마지막 자리가 6 아니면 8 임을 보여라.

풀이 n 이 짝수의 완전수이면, 어떤 소수 p 에 대해 $n = 2^{p-1}(2^p - 1)$ 이다.

$p = 2$ 이면, $n = 2^1(2^2 - 1) = 2 \cdot 3 = 6$ 이므로 끝자리가 6 아니면 8 이다.

$p > 2$ 이면, 모든 소수는 $4m + 1$ 이거나 $4m + 3$ 이거나 이다.

(경우 1) $p = 4m + 1$ 이면 $2^{p-1}(2^p - 1)$

$$= 2^{4m}(2^{4m+1} - 1) = 16^m(16^m \cdot 2 - 1).$$

그런데 $16^m \equiv 6 \pmod{10}$ 이고 $16^m \cdot 2 - 1 \equiv 12 - 1 \equiv 11 \equiv 1 \pmod{10}$.

따라서 $2^{p-1}(2^p - 1) \equiv 6 \cdot 1 \equiv 6 \pmod{10}$.

(경우 2) $p = 4m + 3$ 이면 $2^{p-1}(2^p - 1)$

$$= 2^{4m+2}(2^{4m+3} - 1) = 4 \cdot 16^m(16^m \cdot 8 - 1).$$

그런데 $4 \cdot 16^m \equiv 4 \cdot 6 \equiv 24 \equiv 4 \pmod{10}$ 이고 $16^m \cdot 8 - 1$

$$\equiv 6 \cdot 8 - 1 \equiv 7 \pmod{10}.$$

따라서 $2^{p-1}(2^p - 1) \equiv 4 \cdot 7 \equiv 28 \equiv 8 \pmod{10}$.

두 자연수가 있을 때, 그 중 하나의 자연수에서 1과 자신을 제외한 약수의 합이 다른 자연수에서 1과 자신을 제외한 약수의 합이 되고, 또 그 반대도 성립할 때 이러한 성질을 만족하는 수를 **약혼자수**(betrothed numbers, 준우정의수, quasi-amicable numbers)라고 한다. 약혼자수를 **부부수**라고 번역한 경우도 있다. 약혼자수는 친화수(amicable number)와 달리 약수의 합을 구할 때 1 을 제외한다. 그러므로 약혼자수 쌍은 하나의 짝수와 하나의 홀수로 이루어진다.

#11. (48, 75)이 약혼자수 (또는 약혼자수의 쌍)임을 보여라.

풀이 48의 약수는 1, 2, 3, 4, 6, 8, 12, 16, 24, 48 이고 이 중에서 1과 48을 제외한 나머지 약수를 모두 더하면 75 가 된다. 그리고 75 의 약수는 1, 3, 5, 15, 25, 75 이고 이 중에서 1과 75를 제외한 나머지 약수를 더하면 48 이 된다. 따라서 48과 75를 약혼자수 (또는 약혼자수의 쌍)이다.

#12. (140, 195), (1050, 1925), (1575, 1648), (2024, 2295), (5775, 6128) 들이 약혼자수임을 보여라.

#13. 약혼자수는 두 수를 m , n 이라 하면 $\sigma(m) = \sigma(n) = m + n + 1$ 이 성립함을 보여라.

#14. 친화수는 양의 정수 x 에 대해

$$a = 3 \cdot 2^x - 1,\ b = 3 \cdot 2^{x-1} - 1,\ c = 9 \cdot 2^{2x-1} - 1$$

가 모두 소수(prime)이면, $2^x ab$ 와 $2^x c$ 는 amicable 이 된다. (아랍의 수학자 Thabitibn Qurra (826-901)에 의하여 발견) $x = 2, 4, 7$ 일 때 친화수 쌍(amicable pair)을 구하여라.

풀이 $x = 2$ 일 때 (220 , 284), (1184 , 1210), (2620 , 2924), (5020 , 5564), (6232 , 6368), (10744 , 10856)

$x = 4$ 일 때 (17296, 18416)

$x = 7$ 일 때 (9363584, 9437056), (111448537712 , 118853793424)

참고로 $x \le 200$ 에서는 이 3 개 밖에 없다고 한다.

#15. **사교적인 수**(sociable number)는 $12496 \to 14288 \to 15472 \to 14536 \to 14264 \to 12496$ 과 같이 5번마다 되풀이 된다. 이를 확인하여라. 즉 $S^5(n) = 12496 = n$ 참고로 28번 마다 되풀이 되는 $S^{28}(14316) = 14316$ 이 있다.

#16. $2 \times 3 \times 5 \times \cdots \times p + 1$ 인 형태의 소수(prime)는 $p = 13, 17, 19, 31, 379, 1019, 1021, 2657$ 등이 있다. $2 \times 3 \times 5 \times \cdots \times p + 1$ 인 형태의 소수(prime)가 아닌 것들을 크기 순서대로 몇 개 구하여라.

참고 12 가 가장 작은 과잉수(abundant number)이고, 28123 보다 큰 모든 자연수는 두 개의 과잉수(abundant number)의 합으로 나타낼 수 있다고 한다. (T.R. Parkin & L.J. Lander)

#17. 6을 제외한 완전수는 9로 나누었을 때 나머지가 1임을 보여라.

풀이 모든 짝수의 완전수는 p 가 소수(prime) 일 때 $2^{p-1}(2^p - 1)$ 이다. 여기서 p 가 짝수인 6을 제외하고 p 가 홀수라 하면 $p-1$ 은 짝수이다. 따라서 $2 \equiv -1 \pmod 3$에서 $2^{p-1} \equiv 1 \pmod 3$이다. 이것은 어떤 k 에 대해 $2^{p-1} = 3k+1$ 임을 의미한다. 양변을 2배하면 $2^p = 6k+2$ 에서 $2^p - 1 = 6k+1$ 이 된다.
그러므로 $2^{p-1}(2^p - 1) = (3k+1)(6k+1) = 18k^2 + 9k + 1 \equiv 1 \pmod 9$.

주의 6은 9로 나누었을 때 나머지가 짝수이므로 위 결과가 성립되지 않는다.

#18. 6 보다 큰 완전수는 $28 = 1^3 + 3^3$, $496 = 1^3 + 3^3 + 5^3 + 7^3$ 와 같이 연속된 홀수의 세제곱의 합으로 나타낼 수 있음을 보여라.

#19. 홀수의 완전수가 존재하는가? 데카르트는 다음과 같은 예를 보였다.
$n = 3^2 \cdot 7^2 \cdot 11^2 \cdot 13^2 \cdot 22021$ 은 홀수이다.
그러면 $\sigma(n) = \sigma(3^2) \cdot \sigma(7^2) \cdot \sigma(11^2) \cdot \sigma(13^2) \cdot \sigma(22021)$ 이고 각각을 계산하여 정리하면 $\sigma(n) = 2n$ 이 된다. 그러면 n 이 홀수의 완전수가 된다. 그럼 이 예제에서

어디가 잘못 되었는가?

풀이 $22021 = 19^2 \cdot 61$ 가 소수(prime)가 아니므로 $\sigma(22021) = 22022$가 아니다.

#20. 1부터 100 까지 완전수는 6과 28 로 두 개 밖에 없다. 그러면 1부터 100 까지의 과잉수 22개를 모두 구하여라.

풀이 12, 18, 20, 24, 30, 36, 40, 42, 48, 54, 56, 60, 66, 70, 72, 78, 80, 84, 88, 90, 96, 100

#21. 오래전 사람들은 홀수에서는 과잉수가 없을 것이라고 추측하였다. 나중에 알려진 사실로는 홀수인 가장 작은 과잉수는 945 이다. 그 다음 작은 과잉수가 1500 과 1600 사이에 하나 존재한다고 한다. 그것을 구하여라.

풀이 1575

#22. 과잉수에 대해 다음이 성립함을 보여라.

(1) 945 가 과잉수임을 보여라. 사실 945는 가장 작은 홀수의 과잉수이다.

(2) 무수히 많은 홀수의 과잉수가 존재함을 보여라.

(3) 46은 두 개의 과잉수의 합으로 나타낼 수 없음을 보여라.

(4) 46보다 큰 짝수는 두 개의 과잉수의 합으로 나타낼 수 있음을 보여라.

힌트 12, 20, 40 과 모든 6의 배수들은 모두 과잉수라는 사실을 이용한다.)

#23. 완전수와 과잉수의 모든 양의 배수는 과잉수이다. 이를 증명하여라. 예를 들어 12는 과잉수이므로 12의 양의 배수 들은 모두 과잉수가 된다. 6은 완전수이므로 6의 양의 배수들은 모두 과잉수가 된다.

#24. 13은 행운의 수인가?

다음 사실이 13에 대해서만 성립하는지 확인하여라.

참고로 7 번째 피보나치 수는 13 이다.

(1) n 을 자연수라고 하면, n 과 n^{13} 은 일의 자리(마지막 자리)가 같다.

(2) n^{13} 과 n^{31} 의 각 자리수의 합이 한 자리 수가 될 때까지 더하면 그 값은 같다.

(3) $n^{13} - n$ 은 13 으로 나누어떨어진다.

#25. n 이 완전수이면 n 의 약수의 역의 합은 항상 2가 된다. 이를 증명하여라.

예를 들어 $\frac{1}{6} + \frac{1}{3} + \frac{1}{2} + \frac{1}{1} = 2$

$\frac{1}{28} + \frac{1}{14} + \frac{1}{7} + \frac{1}{4} + \frac{1}{2} + \frac{1}{1} = 2$ 등등.

#26. a 를 짝수의 완전수라 하면 $a \equiv 1 \pmod{9}$임을 보여라.

#27. n 을 임의의 자연수라고 하자. 그러면

$\frac{1}{a_1} + \frac{1}{a_2} + \cdots + \frac{1}{a_k} = \frac{1}{2}$ 가 되는 어떤 자연수 $a_1, a_2, \cdots, a_k$ 이 있음을 보여라.

풀이 n 을 임의의 자연수라 하고 다음과 같은 조건을 가지는 순서쌍 (a, b) 를 구한다.

$1 \leq a < b \leq n$

$a + b > n$

a 와 b 는 서로소이다.

이렇게 얻어진 각 순서쌍에 대해 $\frac{1}{ab}$ 를 구한다.

위에서 얻은 분수를 모두 더한다.

#28. 위 문제에서 $n = 5$ 인 경우를 구하여라.

풀이 이 조건을 만족하는 순서쌍은 $(1, 5)$, $(2, 5)$, $(3, 4)$, $(3, 5)$, $(4, 5)$ 를 얻은 다음 그 수들의 곱의 역수인 $\frac{1}{(1)(5)}$, $\frac{1}{(2)(5)}$, $\frac{1}{(3)(4)}$, $\frac{1}{(3)(5)}$, $\frac{1}{(4)(5)}$ 를 모두 더한다. 그러면 $\frac{1}{5} + \frac{1}{10} + \frac{1}{12} + \frac{1}{15} + \frac{1}{20} = \frac{1}{2}$ 이 된다.

#29. 자연수 N 이 **좋은 자연수**라는 것은 $\frac{1}{a_1} + \frac{1}{a_2} + \frac{1}{a_3} + \cdots + \frac{1}{a_k} = 1$ 을 만족하는 서로 다른 자연수 $a_1, a_2, a_3, \cdots, a_k$ 에 대하여 $N = a_1, a_2, a_3, \cdots, a_k$ 로 쓰일 때를 말한

다. 예를 들어 $\frac{1}{2} + \frac{1}{3} + \frac{1}{6} = 1$ 이므로 $N = 2 + 3 + 6 = 11$ 은 좋은 자연수이다. 그러면 좋은 자연수가 무수히 많이 존재함을 증명하여라.

참고 Ron Graham 은 77보다 큰 수는 서로 다른 자연수의 합으로, 그 자연수들의 역수의 합이 1이 되도록 할 수 있다는 사실을 증명했다.

#30. 666 에 대하여 조사하여라.

풀이 다음 사실 이외에도 많은 것이 알려졌다.

(1) 처음 7 개의 소수(prime)의 제곱의 합이다.

(2) 삼각수로 나타낼 수 있다. 즉 $1+2+3+ \cdots +36$

(3) 원주율 소수점 아래 처음부터 144번째 짜리까지의 숫자의 합과 같다.

(4) $666 = 1^3 + 2^3 + \cdots + 6^3 + 5^3 + 4^3 + 2^3 + 1^3$

#31. $\sigma(120)$, $\sigma(672)$ 를 구하여라. 어떤 결과를 얻을 수 있는가?

#32. 소수 p 는 어떤 자연수와도 친화수(의 쌍)을 이루지 못함을 보여라.

제9장
오일러 함수

제9장 오일러 함수

6장에서 배운 Fermat 소정리를 다시 살펴보기로 한다.

p가 소수(prime)이면, $(a,\ p) = 1 \ \Rightarrow \ a^{p-1} \equiv 1 \pmod{p}$이다.
이때 p를 임의의 자연수로 일반화하는 것을 생각해보자. m을 정수라 할 때 $a^{f(m)} \equiv 1 \pmod{m}$를 만족하는 수 $f(m)$이 있는가?

$m = 6$ **인 경우**

a	a^2	a^3	a^4	a^5	a^6	(mod 6)
1	1	1	1	1	1	$(6,1) = 1$
2	4	2	4	2	4	$(6,2) \neq 1$
3	$9 \equiv 3$	3	3	3	3	$(6,3) \neq 1$
4	$16 \equiv 4$	4	4	4	4	$(6,4) \neq 1$
5	$25 \equiv 1$	5	1	5	1	$(6,5) = 1$

$m = 9$ **인 경우**

a	a^2	a^3	a^4	a^5	a^6	a^7	a^8	(mod 9)
1	1	1	1	1	1	1	1	$(9,1) = 1$
2	4	8	7	5	1	2	4	$(9,2) = 1$
3	0	0	0	0	0	0	0	$(9,3) \neq 1$
4	7	1	4	7	1	4	7	$(9,4) = 1$
5	7	8	4	2	1	5	7	$(9,5) = 1$
6	0	0	0	0	0	0	0	$(9,6) \neq 1$
7	4	1	7	4	1	7	4	$(9,7) = 1$
8	1	8	1	8	1	8	1	$(9,8) = 1$

$a^{f(m)} \equiv 1 \pmod{m}$, $(a, m) = 1$

$f(m) = m$ 보다 작거나 같은 수중 m 과 서로 소인 개수

$(a, 6) = 1$ 일 때, $a^2 \equiv 1 \pmod{6}$

$(a, 9) = 1$ 일 때, $a^6 \equiv 1 \pmod{9}$

● ● ● 예제 1

14 와 서로 소인 모든 양수 a 에 대해서, $a^6 \equiv 1$ (mod 14)임을 보여라.

풀이 a 를 1부터 14까지의 수 중에서 14와 서로 소인 수를 ○으로 나타내면 ①, 2, ③, 4, ⑤, 6, 7, 8, ⑨, 10, ⑪, 12, ⑬ 와 같이 6개가 있다.

$a = 1$ 일 때 $1^6 \equiv 1 \pmod{14}$

$a = 3$ 일 때 $3^6 \equiv 1 \pmod{14}$

<왜냐하면 $3^2 = 9$, $3^3 \equiv -1 \pmod{14} \Rightarrow 3^6 \equiv (-1)^2 \equiv 1 \pmod{14}$>

$a = 5$ 일 때 $5^6 \equiv 1 \pmod{14}$

<왜냐하면 $5^2 \equiv 11$, $5^3 \equiv 55 \equiv -1 \pmod{14}$>

$a = 9$ 일 때 $9^2 = 81 \equiv 11$, $9^3 \equiv 99 \equiv 1 \pmod{14}$

그러므로 $9^8 \equiv 1 \pmod{14}$

$a = 11$ 일 때 $11^2 \equiv 121 \equiv 9$, $11^3 \equiv 99 \equiv 1 \pmod{14}$

그러므로 $11^6 \equiv 1 \pmod{14}$

$a = 13$ 일 때 $13^2 \equiv 169 \equiv 1 \pmod{14}$

그러므로 $13^6 \equiv 1 \pmod{14}$

$\phi(m)$을 오일러함수(Euler's ϕ-function 또는 Euler's totient function) 라 하며 이는 양의 정수 m에 대해 m보다 작거나 같으면서 m과 서로 소인 수의 개수라고 하자.

●●● 예제 2

$\phi(6) = 2$	$\phi(7) = 6$
$\phi(9) = 6$	$\phi(13) = 12$
$\phi(10) = 4$	$\phi(p) = p - 1$, p는 소수(prime)

정리 1	(Euler **정리** : 1760**년**) a **가 자연수이고** $m \geq 1$ **이고** $(a, m) = 1$ **이라 하자. 그러면** $a^{\phi(m)} \equiv 1 \pmod{m}$**이 성립한다.**

■ **보조정리 1**

$(a, m) = 1$ 이고 $r_1, r_2, \cdots r_{\phi(m)}$을 m보다 작은 양의 정수 중에서 m과 서로 소인 수라고 하면, $ar_1, ar_2, \cdots, ar_{\phi(m)}$의 (mod m)에 대한 최소잉여는 $r_1, r_2, \cdots, r_{\phi(m)}$를 순서를 바꾸어 재배열한 것과 같다.

●●● 예제 3

$m \equiv 10$, $a = 3$ 이면, $\phi(10) = 4$ 이고

$3 \cdot 1 \equiv 3 \pmod{10}$

$3 \cdot 3 \equiv 9 \pmod{10}$

$3 \cdot 7 \equiv 21 \equiv 1 \pmod{10}$

$3 \cdot 9 \equiv 27 \equiv 7 \pmod{10}$

이때 $3 \cdot 1$, $3 \cdot 3$, $3 \cdot 7$, $3 \cdot 9$ (mod 10)은 각각 3, 9, 1, 7 (mod 10) 이고
이들을 재배열하면 1, 3, 7, 9 (mod 10)이 된다.

예제 4

$m = 10$, $a = 7$ 이면, $\phi(10) = 4$ 이고

$$7 \cdot 1 \equiv 7 \pmod{10}$$
$$7 \cdot 3 \equiv 21 \equiv 1 \pmod{10}$$
$$7 \cdot 7 \equiv 49 \equiv 9 \pmod{10}$$
$$7 \cdot 9 \equiv 63 \equiv 3 \pmod{10}$$

이들을 재배열하면 1, 3, 7, 9 (mod 10)이 된다.

예제 5

$m = 14$, $a = 5$ 이면, $\phi(14) = 6$ 이고

$$5 \cdot 1 \equiv 5$$
$$5 \cdot 3 \equiv 15 \equiv 1$$
$$5 \cdot 5 \equiv 25 \equiv 11$$
$$5 \cdot 9 \equiv 45 \equiv 3$$
$$5 \cdot 11 \equiv 55 \equiv 13$$
$$5 \cdot 13 \equiv 65 \equiv 9$$

이들 역시 재배열하면 1, 3, 5, 9, 11, 13 (mod 14)이 된다.

예제 6

$1 \leq n \leq 10$ 일 때 $\phi(n)$ 의 값은 다음과 같다.

n	1	2	3	4	5	6	7	8	9	10
$\phi(n)$	1	1	2	2	4	2	6	4	6	4

예제 7

$3^{\phi(8)} \equiv 1 \pmod{8}$인가? 즉, $3^4 \equiv 1 \pmod{8}$인가?

풀이 $3^2 \equiv 1 \pmod 8$

그러므로 $3^4 \equiv 1 \pmod 8$

● ● ● 예제 8

4 보다 작거나 같으면서 서로소가 되는 수는 2 개 있다.

$1, \not{2}, 3, \not{4}$

$\phi(4) = 2$

8 보다 작거나 같으면서 서로소가 되는 수는

$1, \not{2}, 3, \not{4}, 5, \not{6}, 7, \not{8}$

$\phi(8) = 4$

16 보다 작거나 같으면서 서로소가 되는 수는

$\phi(16) = 8$

따라서 이들로 부터

$$\phi(2^k) = 2^{k-1}$$

$$= 2^k - \frac{1}{2}(2^k) = 2^k - 2^{k-1} = 2^{k-1}(2-1) = 2^{k-1}$$

■ **보조정리 2**

$$\phi(p^n) = p^n - \frac{p^n}{p} = p^n\left(1 - \frac{1}{p}\right) = p^{n-1}(p-1)$$

● ● ● 예제 9

$$\phi(27) = \phi(3^3) = 3^3 - \frac{3^3}{3} = 27 - 9 = 3^2(3-1)$$

● ● ● 예제 10

$p = 5$, $n = 2$ 일 때, 즉 $p^n = 5^2 = 25$

$$\phi(25) = 25 - \frac{25}{5} = 20$$

정리 2	ϕ 는 곱셈 함수이다. 즉, $(m, n) = 1$ 이면 $\phi(mn) = \phi(m)\phi(n)$ 이다.

●●● 예제 11

$(2, 3) = 1$ 이므로 $\phi(6) = \phi(2 \cdot 3) = \phi(2)\phi(3) = 1 \cdot 2 = 2$.

●●● 예제 12

$\phi(30) = 8$ 이다.
0과 서로 소인 수는 1, 7, 11, 13, 17, 19, 23, 29 와 같이 8개이며
1을 제외하고는 모두 소수(prime)이다.
30은 이런 성질을 갖는 자연수 중에서 가장 큰 수이다.
(증명은 참고문헌에 있는 '수학의 묘미', II-8 참조)

참고 1을 제외하고 그와 서로 소인 수가 모두 소수(prime)인 수 들은 다음 8개이다.
3, 4, 6, 8, 12, 18, 24, 30

정리 3	$n = p_1^{e_1} p_2^{e_2} \cdot \cdots \cdot p_k^{e_k}$ 이면 $\phi(n) = n\left(1 - \frac{1}{p_1}\right)\left(1 - \frac{1}{p_2}\right) \cdot \cdots \cdot \left(1 - \frac{1}{p_k}\right)$ 이다.

■ **증명**

정리 2에서 ϕ 는 곱셈 함수이라는 사실을 이용한다. 참고로 연습문제에서는 포함배제의 원리를 이용하여 증명할 것이다.

$$\phi(n) = p_1^{e_1 - 1}(p_1 - 1)\, p_2^{e_2 - 1}(p_2 - 1) \cdot \cdots \cdot p_k^{e_k - 1}(p_k - 1)$$

$$\begin{aligned}\phi(n) &= p_1^{e_1}\left(1-\frac{1}{p_1}\right)p_2^{e_2}\left(1-\frac{1}{p_2}\right)\cdot \cdots \cdot p_k^{e_k}\left(1-\frac{1}{p_k}\right)\\ &= p_1^{e_1}p_2^{e_2}\cdot \cdots \cdot p_k^{e_k}\left(1-\frac{1}{p_1}\right)\left(1-\frac{1}{p_2}\right)\cdot \cdots \cdot \left(1-\frac{1}{p_k}\right)\\ &= n\left(1-\frac{1}{p_1}\right)\left(1-\frac{1}{p_2}\right)\cdot \cdots \cdot \left(1-\frac{1}{p_k}\right)\end{aligned}$$

●●● 예제 13

n 이 74, 76, 78, 10, 30 일 때 $\phi(30)$ 를 구하여라.

풀이

$$\phi(74) = \phi(2\cdot 37) = 74\left(1-\frac{1}{2}\right)\left(1-\frac{1}{37}\right) = 74\left(\frac{1}{2}\right)\left(\frac{36}{37}\right) = 36$$

$$\phi(76) = \phi(2^2\cdot 19) = 76\left(1-\frac{1}{2}\right)\left(1-\frac{1}{19}\right) = 76\cdot\frac{1}{2}\cdot\frac{18}{19} = 36$$

$$\phi(78) = \phi(2\cdot 39) = 78\left(1-\frac{1}{2}\right)\left(1-\frac{1}{39}\right) = 78\cdot\frac{1}{2}\cdot\frac{38}{39} = 38$$

$$\phi(10) = \phi(2\cdot 5) = 10\left(1-\frac{1}{2}\right)\left(1-\frac{1}{5}\right) = 10\cdot\frac{1}{2}\cdot\frac{4}{5} = 4$$

$$\phi(30) = \phi(2\cdot 3\cdot 5) = 30\cdot\frac{1}{2}\cdot\frac{2}{3}\cdot\frac{4}{5} = 8$$

정리 4	$\sum_{d\mid n}\phi(d) = \sum_{d\mid n}\phi\left(\frac{n}{d}\right) = n$ 이다.

●●● 예제 14

(a) $n = 12, 13, 14, 15, 16$ 일 때를 조사해보면

$$\sum_{d|12} \phi(d) = \phi(1) + \phi(2) + \phi(3) + \phi(4) + \phi(6) + \phi(12)$$
$$= 1 + 1 + 2 + 2 + 2 + 4$$
$$= 12$$

$$\sum_{d|13} \phi(d) = \phi(1) + \phi(13) = 1 + 12 = 13$$

$$\sum_{d|14} \phi(d) = \phi(1) + \phi(2) + \phi(7) + \phi(14)$$
$$= 1 + 1 + 6 + 6 = 14$$

$$\sum_{d|15} \phi(d) = \phi(1) + \phi(3) + \phi(5) + \phi(15)$$
$$= \phi(15) + \phi(5) + \phi(3) + \phi(1)$$

d		$\phi\left(\frac{n}{d}\right)$
1	1 2 4 7 8 11 13 14	8
3	3 6 9 12	4
5	5 10	2
15	15	1
		15

따라서 정리4인 $\sum_{d|n} \phi(d) = \sum_{d|n} \phi\left(\frac{n}{d}\right) = n$ 이 성립한다.

(b) $\sum_{d|2^k} \phi(d) = 2^k$, 여기서 $d = 1, 2, 2^2, \cdots, 2^k$

$$\sum_{d|2^k} \phi(d) = \phi(1) + \phi(2) + \phi(2^2) + \phi(2^3) + \cdots + \phi(2^k)$$
$$= 1 + (2^0 + 2^1 + 2^2 + \cdots + 2^{k-1})$$
$$= 1 + \frac{2^k - 1}{2 - 1} = 2^k$$

(c) $\sum_{d|p^k} \phi(d) = p^k$, 여기서 $k \geq 1$ 이고 p 는 홀수인 소수(odd prime)이다.

다음 예제는 $\phi(n) = k$ 을 만족하는 모든 n 을 구하는 문제이다. 이와 같은 문제를 풀이하기 위해서는 먼저 k 를 소인수분해하여 그의 약수 중에 1을 더한 값이 소수(prime)

이면 그 소수를 택하고, 소수가 아니면 그 소수를 버린다. 그리고 이 장에서 학습한 기본적인 성질을 잘 활용할 수 있어야 한다. 즉

$p - 1 = \phi(p)$

$p(p-1) = \phi(p^2)$

$p^{n-1}(p-1) = \phi(p^n)$

$1 = \phi(1)$

$1 = \phi(2)$

$2 = \phi(3)$

$2 = 2 \cdot 1 = \phi(2^2)$

m 과 n 이 서로 소이면 $\phi(mn) = \phi(m)\phi(n)$.

●●● 예제 15

$\phi(n) = 16$ 을 만족하는 모든 n 을 구하여라.

풀이 $16 = 16$: $17 - 1 = 16 = \phi(\mathbf{17})$

$16 = 16 \cdot 1$: $\phi(17)\phi(2) = \phi(17 \cdot 2) = \phi(\mathbf{34})$

$16 = 8 \cdot 2$: 8에 1을 더하여도 소수가 되지 않으므로 버린다.

$16 = 4 \cdot 4$: $p(p-1)$ 이 아니므로 버린다.

$16 = 4 \cdot 2 \cdot 2 \cdot 1$: $\phi(5)\phi(2^3) = \phi(\mathbf{40})$

$16 = 4 \cdot 2 \cdot 2 \cdot 1$: $\phi(5)\phi(3)\phi(2^2) = \phi(5 \cdot 3 \cdot 4) = \phi(\mathbf{60})$

$16 = 2 \cdot 2 \cdot 2 \cdot 2 \cdot 1$: $\phi(3)\phi(2^4) = \phi(\mathbf{48})$

$16 = 2 \cdot 2 \cdot 2 \cdot 2 \cdot 1$: $\phi(2^5) = \phi(\mathbf{32})$

정의 1	다음과 같은 꼴의 정수를 **페르마수**(Fermat number)라고 한다. $$F_n = 2^{2^n} + 1 \quad (n \geq 0)$$

특히 F_n 이 소수일 때, 이 소수를 **페르마소수**(Fermat prime)라고 한다. F_n 이 합성수이면 이를 **페르마 합성수**(composite Fermat number)라고 한다.

현재까지 페르마 수 중에서 소수로 알려진 것은

$F_0 = 2^1 + 1 = 3$, $F_1 = 2^2 + 1 = 5$, $F_2 = 2^4 + 1 = 17$,

$F_3 = 2^8 + 1 = 257$, $F_4 = 2^{16} + 1 = 65537$

뿐이다. $5 \leq n \leq 32$ 사이의 모든 F_n 은 합성수라는 것이 알려졌다.

페르마 자신이 페르마수는 모두 소수(prime)일 것이라고 추측하였다. F_{73} 과 F_{3310} 도 합성수라는 것이 증명되었다. 이들 F_{73} 과 F_{3310} 은 각각 10^{21} 과 10^{990} 이상의 자리수를 갖는 커다란 수이다. Apostol은 그의 저서 'Introduction to Analytic Number Theory' 에서 F_{1945} 는 10^{582} 자리를 넘어서는 수라고 적고 있다.

n	F_n
0,1,2,3,4	소수(prime)이다.
5,6	합성수(composite)이고 모든 인수를 알고 있다.
7	합성수(composite)이지만 인수를 모름, 39 자릿수이다.
8	합성수(composite)이지만 인수를 모름, 78 자릿수이다.
9	합성수(composite)이며 인수 중 하나의 소인수만 알고 있다.
10,11	합성수(composite)이며 두 개의 소인수를 알고 있다.
12	합성수(composite)이며 세 개의 소인수를 알고 있다.
13,14	합성수(composite)이지만 인수를 모른다.
15,16	합성수(composite)이며 인수중 하나의 소인수만 알고 있다.
17	39456 자릿수(약 4만 자리수)
36	약 200억 자릿수
1945	$5 \times 2^{1947} + 1$ 이라는 인수를 가짐

참고 F_{73} 이 얼마나 큰 수인가를 알아보기로 한다.

무한대(∞)라고 하면 엄청나게 큰 수라서 생각의 범위를 벗어난다고 말한다. $2^{2^{73}} + 1$ 이라는 숫자를 풀어서 쓴다고 할 때 보통 크기의 활자로 인쇄하면 이 세상의 모든 도서관에 있는 모든 책을 다 동원하더라도 기록할 수 없다고 한다. 한 면에 만(100×100) 개의 숫자를 기록하고 1권당 천(1000)쪽을 가진 책이, 각 도서관마다 일억 권의 책이 있고, 지구상에 백만 개의 도서관이 있다하여도, 겨우 이 숫자의 ⅓ 밖에는 기록할 수가 없다고 한다. 이것을 숫자 하나의 폭이 $1\,mm$가 되도록 이어서 쓴다면 그 길이는 지구의 적도를 600 억 번이나 감을 수 있을 정도이다.

페르마소수(Fermat prime)와 정다각형의 작도

정리 5	정 n 각형이 **작도 가능한 다각형**이라는 것과 '$\phi(n)$ 이 2의 거듭제곱이다.'는 동치이다. 즉 $\phi(n) = 2^k$ 이면 그 정 n 각형은 눈금없는 자와 컴퍼스만으로 작도할 수 있으며 그 역도 성립한다.

●●● 예제 16

$n = 2, 3, 4, 5, 6, 8, 10, \cdots$ 일 때 $\phi(n)$ 은 각각 $1, 2, 2, 4, 2, 8, 4, \cdots$ 가 되며 이들은 2의 거듭제곱이다.

위 정리는 다음과 같이 나타낼 수 있다.

정 n 각형중 컴퍼스와 자를 이용하여 작도 가능한 필요충분조건은

$$n = 2^a \text{ 또는 } n = 2^a p_1 \cdot p_2 \cdots p_r$$

이다. 여기서 $p_1, p_2, \cdots, p_r$ 은 $p = 2^{2^b} + 1$ 형태의 서로 다른 페르마 소수이고 a 와 b 는 0 또는 자연수이다.

●●● 예제 17

이 사실을 이용하여 자와 컴퍼스로 작도가 되는 정 n 각형은

(1). $2^{2^n} + 1$ 의 형태의 소수 (3 , 5 , 17 , 257 , 65537)

(2). (1)과 같은 형태의 서로 다른 소수(prime) 의 곱.

(3). (1)과 (2)에 2^n (n은 자연수) 를 곱한 값.

이므로 이러한 n 을 구해보면 $n = 100$ 까지는 24 개, $n = 300$ 까지는 37 개, $n = 1000$ 까지는 52 개, $n = 1{,}000{,}000$ 까지는 206 개 만이 작도가 가능하게 된다.

연습문제 9

#1. $\phi(n) = 24$ 을 만족하는 모든 n 을 구하여라.

풀이 $24 = 12 \cdot 2 = \phi(13)\phi(3) = \phi(39)$

$12 \cdot 2 \cdot 1 = \phi(13)\phi(2^2) = \phi(52)$

$12 \cdot 2 \cdot 1 = \phi(13)\phi(3)\phi(2) = \phi(78)$

$6 \cdot 4 = \phi(7)\phi(5) = \phi(35)$

$6 \cdot 4 \cdot 1 = \phi(7)\phi(5)\phi(2) = \phi(70)$

$6 \cdot 2 \cdot 2 \cdot 1 = \phi(7)\phi(3)\phi(2^2) = \phi(84)$

$6 \cdot 2 \cdot 2 \cdot 1 = \phi(7)\phi(2^3) = \phi(56)$

$4 \cdot 3 \cdot 2 = \phi(5)\phi(3^2) = \phi(45)$

$4 \cdot 3 \cdot 2 \cdot 1 = \phi(5)\phi(3^2)\phi(2) = \phi(90)$

$3 \cdot 2 \cdot 2 \cdot 2 \cdot 1 = \phi(3^2)\phi(2^3) = \phi(72)$

#2. $\phi(10116)$ 를 구하여라.

풀이 $\phi(10116) = \phi(2^2 \cdot 3^2 \cdot 281)$

$$= 10116\left(1 - \frac{1}{2}\right)\left(1 - \frac{1}{3}\right)\left(1 - \frac{1}{281}\right)$$

#3. n 이 홀수일 때 $\phi(4n)$ 을 $\phi(n)$ 으로 나타내어라.

풀이 n 이 홀수이면 $\phi(4n) = \phi(4)\phi(n)$ since $(4, n) = 1$

$= 2 \cdot \phi(n)$

#4. $1 + 2 = \left(\frac{3}{2}\right)\phi(3)$

$1 + 3 = \left(\frac{4}{2}\right)\phi(4)$

$1 + 2 + 3 + 4 = \left(\frac{5}{2}\right)\phi(5)$

$1 + 5 = \left(\frac{6}{2}\right)\phi(6)$

…………

이 계속 성립하는가?

#5. (1) $\phi(n) = 14$ 을 만족하는 n 이 없음을 보여라.

(2) $\phi(n) = k$, k 가 26, 34, 38, 50, 62, 68, 74, 76, 86, 90, 94, 98 을 만족하는 n 이 없음을 보여라.

풀이 (1) 14 는 14 또는 $7 \cdot 2$ 와 같은 두 가지 방법으로만 인수분해할 수 있다.

그런데

$14 + 1 = 15$

$7 + 1 = 8$

이 소수가 아니므로 $\phi(n) = 14$ 를 만족하는 n 은 존재하지 않는다.

(2) 같은 방법을 이용한다.

#6. $\phi(n)$ 이 홀수인 n 을 구하여라.

풀이 $n = 1, 2$ 이다.

왜냐하면 $p^r \mid n$, $p^{r+1} \nmid n$, $n = p^r a$ 라 하면 $(p, a) = 1$

따라서 $\phi(n) = \phi(p^r)\phi(a)$

$= p^{r-1}(p-1)\phi(a)$

p 가 홀수인 소수이면 $p - 1$ 은 짝수이다. 그러므로 $p^{r-1}(p-1)\phi(a)$ 는 짝수이다.

#7. $\phi(n) = 20$ 인 모든 n 을 구하여라.

풀이 $20 = 20 \rightarrow$ 21 은 소수가 아니다.

$= 10 \cdot 2 \rightarrow \phi(11)\phi(3) = \phi(33)$

$= 10 \cdot 2 \cdot 1 \rightarrow \phi(11)\phi(3)\phi(2) = \phi(66)$

$= 10 \cdot 2 \cdot (1) = \phi(11)\phi(2^2) = \phi(44)$

$= 5 \cdot 4 \rightarrow 5+1$은 소수가 아니다.

$= 5 \cdot (4) \rightarrow \phi(5^2) = \phi(25)$

$= 5 \cdot (4) \cdot 1 \rightarrow \phi(5^2)\phi(2) = \phi(50)$

$n = 33, 66, 25, 50, 44$

#8. $\phi(n) = 48$ 인 n 은 몇 개 있는가?

답 11개

#9. $\phi(n) = 72$ 인 n 은 몇 개 있는가?

답 17개

#10. $\phi(666)$ 을 구하여라.

답 $6 \cdot 6 \cdot 6 = 216$

참고 $\phi(n) = k$ 인 n 이 단지 하나의 해를 갖는 경우는 미해결 문제이다. 10^{400} 보다 작은 수에서는 이와 같은 정수가 없다고 알려졌다. 지구상에 있는 물방울의 전체의 개수가 10^{30} 보다 작다는 사실을 생각하면 10^{400} 은 엄청나게 큰 수이다.

#11. 정리 3을 포함배제의 원리를 이용하여 증명하여라. 즉,

$n = p_1^{\alpha_1} \cdot p_2^{\alpha_2} \cdot p_3^{\alpha_3} \cdot \cdots \cdot p_r^{\alpha_r}$ 이면 $\phi(n) = n \prod_{i=1}^{r} \left(1 - \frac{1}{p_i}\right)$ 이다.

풀이 (포함배제의 원리) $1, 2, 3, \cdots, n$ 중에서 n 과 서로 소인 것을 얻기 위하여, 먼저 p_1 의 배수 $1 \cdot p_1, 2 \cdot p_1, 3 \cdot p_1, \cdots, \frac{n}{p_1} \cdot p_1$ 을 버려야 한다. 이 개수는 $\frac{n}{p_1}$ 개다. 그러고 나서 남은 것의 개수는

$$n - \frac{n}{p_1} = n\left(1 - \frac{1}{p_1}\right) \quad \cdots \text{①}$$

이다. 다음에 p_2 의 배수를 버려야 한다. p_2 의 배수는

$$1 \cdot p_2, 2 \cdot p_2, 3 \cdot p_2, \cdots, \frac{n}{p_2} \cdot p_2 \quad \cdots \text{②}$$

인 데, 여기에는 p_1 의 배수가 있어 이미 버려졌다. 그런데 ②에서 p_1 의 배수인 것은 $(p_1, p_2) = 1$ 이므로, p_2 의 계수 $1, 2, 3, \cdots, \frac{n}{p_2}$ 에서, p_1 의 배수가 되는 것의 수효만큼 있을 것이다. 그러므로 p_2 의 배수로서 p_1 의 배수가 아닌 것의 개수는, ①의 n 에 $\frac{n}{p_2}$

을 대입한 $\frac{n}{p_2}\left(1 - \frac{1}{p_1}\right)$ 과 같다. 따라서 이것을 빼면

$$n\left(1 - \frac{1}{p_1}\right) - \frac{n}{p_2}\left(1 - \frac{1}{p_2}\right) = n\left(1 - \frac{1}{p_1}\right)\left(1 - \frac{1}{p_2}\right) \quad \cdots \quad ③$$

다음 p_3 의 배수를 버린다. 이때에도 이미 p_1 , p_2 의 배수로 되어 있는 것은 이미 버려졌다. 따라서 버려야 하는 것의 개수는 1, 2, 3, $\cdots$, $\frac{n}{p_3}$ 에서 p_1 , p_2 의 배수가 되는 것을 제외한 것의 개수 즉 ③에서 n 에 $\frac{n}{p_3}$ 을 대입한 것 $\frac{n}{p_3}\left(1 - \frac{1}{p_1}\right)\left(1 - \frac{1}{p_2}\right)$ 이다. 그러므로 이것을 ③에서 빼면

$$n\left(1 - \frac{1}{p_1}\right)\left(1 - \frac{1}{p_2}\right) - \frac{n}{p_3}\left(1 - \frac{1}{p_1}\right)\left(1 - \frac{1}{p_2}\right)$$
$$= n\left(1 - \frac{1}{p_1}\right)\left(1 - \frac{1}{p_2}\right)\left(1 - \frac{1}{p_3}\right)$$

이다. 이것을 반복하면

$$\phi(n) = n\left(1 - \frac{1}{p_1}\right)\left(1 - \frac{1}{p_2}\right)\cdots\left(1 - \frac{1}{p_r}\right)$$

을 얻는다.

Euler function 에 대하여 다음과 같은 결과를 알고 있다.

* $(a, b) = d$ 이면, $\phi(ab) = \phi(a)\phi(b)\frac{d}{\phi(d)}$ 이다.
* m 과 n 이 서로 소인 두 양의 정수이면, $\phi(mn) = \phi(m)\phi(n)$ 이다.
* n 을 나눌 수 있는 모든 소수가 m 을 나누면, $\phi(nm) = n\phi(m)$ 이다.
* $\phi(m) = \phi(mn)$ 이고, $n > 1$ 이면, $n = 2$ 이고 m 은 홀수이다.
* n 이 홀수이면, $\phi(2n) = \phi(n)$ 이다.
* n 이 짝수이면, $\phi(2n) = 2\phi(n) > \phi(n)$ 이다.
* $\phi(x) = n$ 이 해를 갖지 않는 가장 작은 자연수 n 은 $n = 3$ 이다.
* $\phi(x) = n$ 이 단지 두 개의 해를 갖는 가장 작은 자연수 n 은 $n = 1$ 이다.
* $\phi(x) = n$ 이 단지 세 개의 해를 갖는 가장 작은 자연수 n 은 $n = 2$ 이다.
* $\phi(x) = n$ 이 단지 네 개의 해를 갖는 가장 작은 자연수 n 은 $n = 4$ 이다.
* $\phi(x) = n$ 이 단지 하나의 해를 갖는 자연수 n 이 있는가 하는 문제는 미해결 문제이다.

* $a, n > 1$ 이면 $n | \phi(a^n - 1)$
* $\phi(n^m) = n^{m-1} \phi(n)$
* $\phi(lcm(m, n)) \cdot \phi(\gcd(m, n)) = \phi(m) \cdot \phi(n)$

  마지막 결과는 $lcm(m, n) \cdot \gcd(m, n) = m \cdot n$

다음의 두 표에서 우리는 n 이 1부터 100까지 모든 값을 가질 때와 $\phi(n)$ 의 값이 1부터 50까지를 가지는 n 의 모든 해를 볼 수 있다. $\phi(n)$ 의 값은 첫 줄을 제외하고는 모두 짝수인 것을 주목하여라.

n	$\phi(n)$
1, 2	1
3, 4, 6	2
5, 8, 10, 12	4
7, 9, 14, 18	6
15, 16, 20, 24, 30	8
11, 22	10
13, 21, 26, 28, 36, 42	12
17, 32, 34, 40, 48, 60	16
19, 27, 38, 54	18
25, 33, 44, 50, 66	20
23, 46	22
35, 39, 45, 52, 56, 70, 72, 78, 84, 90	24
29, 58	28
31, 62	30
51, 64, 68, 80, 96, 102, 120	32
37, 57, 63, 74, 76, 108, 114, 126	36
41, 55, 75, 82, 88, 100, 110, 132, 150	40
43, 49, 86, 98	42
69, 92, 138	44
47, 94	46
65, 104, 105, 112, 130, 140, 144, 156, 168, 180, 210	48
61, 77, 93, 99	60
73, 91, 95, 111, 117, 135, 146, 148, 152, 182, 190, 216, 222, 228, 234, 252, 270 (17개)	72

n	$\phi(n)$	n	$\phi(n)$	n	$\phi(n)$
53	52	79	78	87	56
59	58	81	54	89	88
67	66	83	82	97	96
71	70	85	64		

#12. 3^{1283} (mod 100)을 구하여라.

풀이 $\phi(100) = 40$

$(3, 100) = 40$ 이므로

$3^{40} \equiv 1 \pmod{100}$이다. 그러므로 $3^{1283} \equiv 3^3 \equiv 27 \pmod{100}$.

#13. $\sum_{d|n} \phi(d) = n$ 을 보여라. 예를 들어 $n = 12$ 이면

$\phi(1) + \phi(2) + \phi(3) + \phi(4) + \phi(6) + \phi(12) = 12$

#14. $d \mid n$ 이면 $\phi(d) \mid \phi(n)$ 임을 보여라.

#15. $1001 = 7 \cdot 11 \cdot 13$ 임을 이용하여 7과 11과 13의 배수를 판정하는 방법을 설명하여라.

#16. 다음을 증명하여라.

$\phi(n) + \sigma(n) = 2n$ 일 필요충분조건은 n 이 소수일 때이다.

#17. $n \leq 10^4$ 일 때, $\phi(n) = \phi(n+1)$ 을 만족하는 n 은 17개가 있다고 한다.

그리고 $n < 10^{10}$ 까지 $\phi(n) = \phi(n+1) = \phi(n+2)$ 를 만족하는 것은 $n = 5186$ 일 때 뿐이다. 즉 $\phi(5186) = \phi(5187) = \phi(5188) = 2^5 3^4 = 2592$.

#18. 672 의 자신을 제외한 모든 약수의 합은 2×672 가 됨을 보여라.

#19. 1000 각형까지 작도 가능한 정다각형은 52개라고 한다. 작도가 가능한 홀수각형의 변의 개수는

$$2^{32} - 1 = (2^2 - 1)(2^2 + 1)(2^4 + 1)(2^8 + 1)(2^{16} + 1)$$
$$= 3 \times 5 \times 17 \times 257 \times 65537$$

의 약수일 때이다. 그래서 1000 각형까지 홀수인 것은

3 , 5 , 15 , 17 , 51 , 85 , 255 , 257 , 771

와 같이 9개 뿐이다. 이를 이용하여 1000 각형까지 52개를 모두 구하여라.

#20. 윌리엄 왓킨스는 파스칼 삼각형을 0과 1을 이용한 이진수로 구성하여 결과를 10진수로 나타내면 홀수정다각형의 작도가능 변의 수가 얻어진다는 사실을 보였다.

$$1 \rightarrow 1$$
$$1\ 1 \rightarrow 3$$
$$1\ 0\ 1 \rightarrow 5$$
$$1\ 1\ 1\ 1 \rightarrow 15$$
$$1\ 0\ 0\ 0\ 1 \rightarrow 17$$
$$1\ 1\ 0\ 0\ 1\ 1 \rightarrow 51$$
$$1\ 0\ 1\ 0\ 1\ 0\ 1 \rightarrow 85$$
$$1\ 1\ 1\ 1\ 1\ 1\ 1\ 1 \rightarrow 255$$
$$1\ 0\ 0\ 0\ 0\ 0\ 0\ 0\ 1 \rightarrow 257$$
$$1\ 1\ 0\ 0\ 0\ 0\ 0\ 0\ 1\ 1 \rightarrow 771$$

다음 홀수각형의 작도가능 변의 수를 구하여라.

#21. 정 5각형의 작도법들에 대하여 알려진 방법들을 조사하여라.

#22. $n \geq 2$ 일 때 $F_n = 2^{2^n} + 1 \equiv 7 \pmod{10}$ 이 됨을 보여라. 즉 페르마수의 처음 두 개를 제외한 나머지는 모두 마지막 자리가 7 이 된다.

#23. $F_5 = 2^{2^5} + 1$ 이 641 로 나누어떨어짐을 보여라.

풀이 $640 = 10 \times 64 = 5 \times 128 = 5 \times 2^7 \equiv -1 \pmod{641}$

양변을 네제곱을 하면

$5^4 \times 2^{28} \equiv 1 \pmod{641}$

그런데, $5^4 = 625 \equiv -16 \pmod{641} \equiv -(2^4) \pmod{641}$

이므로 $-(2^4) \times 2^{28} \equiv 1 \pmod{641}$. 이것은

$-(2^{32}) \equiv 1 \pmod{641}$이므로 $2^{32} \equiv -1 \pmod{641}$이다. 따라서

$2^{32} + 1 \equiv 0 \pmod{641}$

#24. $2^{2^5}+1$ 이 소수(prime) 가 아님을 보여라.

풀이 (Euler, 1732년) $641 = 5 \cdot 2^7 + 1$ 이므로

$641 \mid (5 \cdot 2^7 + 1)(5 \cdot 2^7 - 1)$ 즉, $641 \mid (5^2 \cdot 2^{14} - 1)$ 이고

$641 \mid (5^2 \cdot 2^{14} + 1)(5^2 \cdot 2^{14} - 1)$ 즉, $641 \mid (5^4 \cdot 2^{28} - 1)$ 이다. 그런데

$641 = 5^4 + 2^4$ 이므로 $641 \mid (5^4 \cdot 2^{28} + 2^{32})$. 따라서

641 은 $(5^4 \cdot 2^{28} + 2^{32}) - (5^4 \cdot 2^{28} - 1) = 2^{32} + 1$ 을 나눈다.

참고로 1880년 F. Landry, $2^{64} + 1 = 274,177 \times 67,280,421,310,721$ 임을 보였다.

#25. 다음을 보여라. F_n 은 페르마수이다.

(1) $F_{n+1} = (F_n - 1)^2 + 1$ 즉 $F_{n+1} - 2 = F_n(F_n - 2)$

(2) $F_{n+1} - 2 = F_n(F_n - 2) = F_0 F_1 \cdot \cdots \cdot F_{n-1}$

(3) $m < n$ 이면, $(F_m, F_n) = 1$ 이다. 즉, 서로 소이다.

(4) $2^{2^n} - 1 = (2^{2^{n-1}} + 1)(2^{2^{n-1}} - 1) = F_0 F_1 F_2 \cdots F_{n-1}$ 이고 7 , 13 , 97 로 나누어 지는 페르마의 수는 없다.

(5) 페르마 수 $F_n = 2^{2^n} + 1 \ (n \geq 1)$은 오직 $3^{\frac{F_n - 1}{2}} \equiv -1 \pmod{F_n}$ 일 때만 소수이다. 이것을 이용하여 페르마의 소수를 찾을 수 있다. (Pepin's Test)

(6) 페르마 소수 F_n 의 모든 이차비잉여(quadratic nonresidue)는 F_n 의 원시근(primitive root)이다.

(7) 페르마 소수 F_n 은 $F_n = 2^{2^n} + 1 = (2^{2^{n-1}} + 1)^2 - (2^{2^n} - 1)^2$

와 같이 두 제곱수의 차로 나타낼 수 있지만, 두 세제곱수의 차로서는 나타낼 수 없다.

참고 페르마수에 대한 미해결 문제들

(1) 무수히 많은 페르마소수가 있는가?

(2) 무수히 많은 페르마합성수가 있는가?

(3) 모든 페르마수는 비제곱수(square-free)인가? 즉 어떤 수의 제곱수가 되지 않는가?

제10장
원시근

제10장 원시근

정의 1	$(a, m) = 1$ **일 때,** a **의** modulo m **에 대한 위수**(order)**는** $a^t \equiv 1 \pmod{m}$ **을 만족하는 가장 작은 양의 정수** t **를 말한다.**

참고 4장의 modulus 와 modulo 를 참고하고 앞으로는 편의상 'a has order t (mod m)'을 'a 가 mod m 에 대해 위수 t 를 가진다.'를 간단히 'a 가 위수 t (mod m)을 가진다.'로 하기로 한다.

● ● ● 예제 1

$m = 11$ a^m (mod 11)에 대해 알아보기로 하자. 11 이 소수이므로 a 는 1부터 10까지 11 과 서로 소가 된다.

a	a^2	a^3	a^4	a^5	a^6	a^7	a^8	a^9	a^{10}
①	1	1	1	1	1	1	1	1	1
2	4	8	5	10	9	7	3	6	①
3	9	5	4	①	3	9	5	4	1
4	5	9	3	①	4	5	9	3	1
5	3	4	9	①	5	3	4	9	1
6	3	7	9	10	5	8	4	2	①
7	5	2	3	10	4	6	9	8	①
8	9	6	4	10	3	2	5	7	①
9	4	3	5	①	9	4	3	5	1
10	①	10	1	10	1	10	1	10	1

위 표와 정의를 이용하면

$\phi(11) = 10 \quad (a^1 \equiv 1\,,\ a^2 \equiv 1\,,\ a^5 \equiv 1\,,\ a^{10} \equiv 10\,)$

$a = 2, 6, 7, 8$ 은 mod 11 에 대해 위수(order) 10 을 가진다.

$a = 3, 4, 5, 9$ 은 mod 11 에 대해 위수(order) 5 를 가진다.

$a = 10$ 은 mod 11 에 대해 위수(order) 2 를 가진다.

$a = 1$ 은 mod 11 에 대해 위수(order) 1 을 가진다.

● ● ● 예제 2

mod 8 에 대한 3, 5 와 7 의 위수를 알아보자.

$(a,\ 8) = 1$ 인 a 는 1, 3, 5, 7 이다. $a = 1$ 인 경우는 $a^1 \equiv 1 \pmod 8$이며

$3^2 \equiv 1 \pmod 8$, $5^2 = 1 \pmod 8$, $7^2 = 1 \pmod 8$

a	a^2	a^3	a^4	a^5	a^6	a^7	a^8
①	1	1	1	1	1	1	1
2	4	0	0	0	0	0	0
3	①	3	1	3	1	3	1
4	0	0	0	0	0	0	0
5	①	5	1	5	1	5	1
6	4	0	0	0	0	0	0
7	①	7	1	7	1	7	1

따라서 3, 5 와 7 의 위수는 모두 2가 된다.

정리 1

$(a, m) = 1$ 이고 a 가 위수 $t \pmod{m}$ 이다. 그러면

$$a^n \equiv 1 \pmod{m} \Leftrightarrow n = tk, \ k \text{는 정수}$$

정리 2

$(a, m) = 1$ 이고 a 가 위수(order) $t \pmod{m}$ 이면 $t \mid \phi(m)$ 이다.

●●● 예제 3

mod 9 에서 각 정수의 위수(order)를 구하여라.

풀이 $\phi(9) = 6$ 이고 위수(order)는 의 약수가 된다. 즉, 1, 2, 3, 6 중 하나가 된다.

①, ②, ~~3~~, ④, ⑤, ~~6~~, ⑦, ⑧, ~~9~~ : $1 \equiv 1 \pmod{9}$

은 위수(order) 1.

$2^2 \equiv 4, \ 2^3 \equiv 8, \ 2^4 \equiv 7, \ 2^5 \equiv 5, \ 2^6 \equiv 1$

그러므로 2는 위수(order) 6.

$4^2 \equiv 16 \equiv 7, \ 4^3 \equiv 1$

그러므로 4는 위수(order) 3.

$5^2 \equiv 7, \ 5^3 \equiv 8, \ 5^4 \equiv 4, \ 5^2 \equiv 2, \ 5^6 \equiv 1$

그러므로 5는 위수(order) 6.

$7^2 \equiv 4, \ 7^3 \equiv 1$

그러므로 7은 위수(order) 3.

$8^2 \equiv 1$

그러므로 8은 위수(order) 2.

정리 3

p 와 q 가 홀수인 소수(odd prime)이고 $q \mid a^p - 1$ 이면
$q \mid a - 1$ 또는 $q = 2kp + 1$ 이다. 여기서 k 는 정수이다.

■ **증명**

$q \mid a^p - 1$ 이므로 $a^p \equiv 1 \pmod{q}$이다. 정리 1에 의하여 mod q 에 대해 a 의 위수는 p 의 약수이다. 따라서 a 의 위수는 1 아니면 p 이다. a 의 위수가 1 이면, $a^1 \equiv 1 \pmod{q}$이므로 $q \mid (a-1)$ 이다. a 의 위수가 p 이면, 정리 2에 의하여 $p \mid \phi(q)$, 즉 $p \mid (q-1)$ 이다. 그래서 어떤 정수 r 에 대해 $q - 1 = rp$ 이다. p 와 q 가 홀수인 소수이므로 r 은 짝수가 되어야 한다. 여기서 $q - 1 = rp = 2kp$ 를 얻는다.

■ **따름정리 1**

(위 정리에서 $a = 2$ 인 경우) $2^p - 1$ 의 약수는 $2kp + 1$ 의 꼴이다.

$2^p - 1$ 의 모든 약수는 어떤 k 에 대해 $2kp + 1$ 의 형태를 갖는다는 것을 Euler 가 보였다. $2^{31} - 1$ 의 약수는 $62k + 1$ 의 형태가 되므로 $\sqrt{2^{31} - 1} \approx 46{,}341$ 까지의 소수(prime)를 조사하여 나눌 수 있는 약수가 없음을 보임으로써 Euler가 $2^{31} - 1$ 이 소수임을 보였다.

예제 4

$2^{19} - 1$ 을 나눌 수 있는 가능한 가장 작은 소인수(prime divisor)를 구하여라.

풀이 $2k(19) + 1 = 38k + 1$

$k = 1$ 이면 39, 합성수이다.
$k = 2$ 이면 77, 합성수이다.
$k = 3$ 이면 115, 합성수이다.
$k = 4$ 이면 153, 합성수이다.
$k = 5$ 이면 191, 소수이다.
$k = 6$ 이면 229, 소수이다.
$k = 7$ 이면 267, 합성수이다.
……

이와 같은 방법으로 $\sqrt{2^{19} - 1} = \sqrt{524287} \approx 724.077$ 까지 조사하여 가장 먼저 나오는 소수를 찾는다. 이 값이 $2^{19} - 1$ 을 나누지 못하면 $2^{19} - 1$ 은 소수(prime)이다.

여기서 우리는 가능한 가장 작은 소인수로서 191 을 얻는다.

그러나 실제로는 $2^{19} - 1 = 524287$ 이고 이 수는 191 로 나누어떨어지지 않는다.

정리 4	a **의** mod m **에 대한 위수가** t **이면,** $a^r \equiv a^s \pmod{m} \Leftrightarrow r \equiv s \pmod{t}$**이다.**

정의 2	**만일** mod m **에 대해** a **가 최소잉여이고** a **의 위수가** $\phi(m)$ **이면,** a **를** m **의 원시근**(primitive root)**이라고 한다.**

● ● ● 예제 5

$2^{12} \equiv 1 \pmod{13}$

$2 \equiv 2,\ 2^2 \equiv 4,\ 2^3 \equiv 8,\ 2^4 \equiv 3,\ 2^5 \equiv 6,\ 2^6 \equiv 12,\ 2^7 \equiv 11,$

$2^8 \equiv 9,\ 2^9 \equiv 5,\ 2^{10} \equiv 10,\ 2^{11} \equiv 7,\ 2^{12} \equiv 1 \pmod{13}$ 이므로 2^{12} 에서 처음으로 1 이다. 그러므로 2 는 13의 하나의 원시근이다.

정리 5	**모든 소수**(prime) p **는** $\phi(p-1)$ **개의 원시근을 가진다.**

● ● ● 예제 6

$a^n \pmod{11}$일 때 $m = 11$ 의 경우는 예제 1에 작성한 표를 이용하면

$a = 2,\ 6,\ 7,\ 8$ 은 mod 11 에 대해 위수 10 이다.

그러므로 2, 6, 7, 8 은 11 의 원시근(primitive root)이다.

이 원시근의 개수는 $\phi(11-1) = \phi(10) = 4$ (개)이다.

■ **따름정리 2**

g 가 a 의 원시근이고, p 가 소수(prime)이면

g^k 의 최소잉여가 p 의 원시근일 필요충분조건은 $(k,\ p-1) = 1$ 일 때이다.

이 장의 예제 1을 참조하면 a^n (mod 11)에서

$a = 2,\ 6,\ 7,\ 8$ 는 위수 10

$a = 3,\ 4,\ 5,\ 9$ 는 위수 5

$a = 10$ 는 위수 2

$a = 1$ 은 위수 1

$p = 11$ 이면 $a^{\phi(p)} \equiv 1 \pmod{p}$은 $a^{10} \equiv 1 \pmod{11}$이다.

●●● 예제 7

2, 6, 7, 8 은 11 의 원시근임을 알았다. 그러면 11 의 하나의 원시근을 알고 있을 때 나머지 원시근을 모두 구해보기로 한다.

먼저 2가 11 의 하나의 원시근임을 알고 있을 때,

$(k,\ 11-1) = 1$ 인 k 는 1, 3, 7, 9 이다. 따라서

$2^1 \equiv 2 \pmod{11}$

$2^3 \equiv 8 \pmod{11}$

$2^7 \equiv 7 \pmod{11}$

$2^9 \equiv 6 \pmod{11}$

에서 모든 원시근을 구할 수 있다. 이때 다른 원시근 예를 들어 6 이 11 의 하나의 원시근임을 알고 위와 같은 방법으로 나머지 원시근을 모두 구할 수 있다.

$6^1 \equiv 6 \pmod{11}$

$6^3 \equiv 216 \equiv 7 \pmod{11}$

$6^7 \equiv 279936 \equiv 8 \pmod{11}$

$6^9 \equiv 10077696 \equiv 2 \pmod{11}$.

예제 8

9 는 소수(prime)가 아니고, $\phi(9) = 6$ 임을 주목하여라. 그러면

$$2 \equiv 2,\ 2^2 \equiv 4,\ 2^3 \equiv 8,\ 2^4 \equiv 7,\ 2^5 \equiv 5,\ 2^6 \equiv 1 \pmod 9$$

이다. 이것은

$$2^{\phi(9)} \equiv 2^6 \equiv 1 \pmod 9$$

이므로 2 는 9 의 하나의 원시근이다. 그러면

$(k, \phi(9)) = (k, 6) = 1$ 인 k 는 1, 5 이다.

mod 9일 때	a	a^2	a^3	a^4	a^5	a^6
	①	1	1	1	1	1
2,5 는 위수 6	2	4	8	7	5	①
	3	0	0	0	0	0
4,7 은 위수 3	4	7	①	4	7	1
	5	7	8	4	2	①
8 은 위수 2	6	0	0	0	0	0
	7	4	①	7	4	1
1 은 위수 1	8	①	8	1	8	1
	9	0	0	0	0	0

예제 9

3 은 17 의 한 원시근(primitive root)이다. 나머지를 모두 구하여라.

풀이 $(k, 16) = 1$ 인 $k = 1, 3, 5, 7, 9, 11, 13, 15$

$3^1 \equiv 3 \pmod{17}$

$3^3 \equiv 10 \pmod{17}$

$3^5 \equiv 5 \pmod{17}$

$3^7 \equiv 11 \pmod{17}$

$3^9 \equiv 14 \pmod{17}$

$3^{11} \equiv 7 \pmod{17}$

$3^{13} \equiv 12 \pmod{17}$

$3^{15} \equiv 6 \pmod{17}$

참고 예제 9에서 나오는 순서에 주목하여라. 처음 4개와 뒤의 4개가 대칭적으로 mod 17 에 대해 곱의 역이다. 만일 3 대신 6을 사용하여 17의 원시근을 구해보면 차례대로 6, 12, 7, 14, 11, 5, 10, 3 이다. 이것은 3일 때 얻어지는 것과 역순이 됨을 주목하여라.

참고 모든 소수(prime number)는 원시근(primitive root)을 갖는다.
양수 중에서 원시근을 갖는 수는
$1, 2, 4, p^e, 2p^e$
이다. 여기서 p 는 홀수인 소수(odd prime)이고, e 는 양의 정수이다.

●●● 예제 10

1 부터 36 까지에서 원시근을 갖지 않는 수를 모두 구하여라.

풀이 8, 12, 15, 16, 20, 21, 24, 28, 30, 32, 35, 36

연습문제 10

#1. $m = 13$ 인 경우를 예제 1과 같이 표로 나타내어라.

#2. $131071 = 2^{17} - 1$ 이 소수(prime) 임을 증명하여라.

#3. $2^{21,701} - 1$ 이 소수임을 증명하여라.

#4. 2 가 17의 원시근이 아니다. 그러나 예제 9의 방법을 이용하여 나머지 원시근을 구한다면 몇 개의 원시근을 구할 수 있는가? 다른 경우에는 어떻게 되는가?

풀이 8개의 원시근 중에서 2, 8, 15, 9 는 얻어진다. 나머지 4개는 직접 확인하여라.

정리 $2^n - 1$ 이 소수이면 n 도 소수이다.

증명 n 이 합성수, 즉 $n = n_1 n_2 \ (1 < n_1 < n)$이라고 하면

$$2^n - 1 = 2^{n_1 n_2} - 1 = (2^{n_1})^{n_2} - 1$$

그러므로 $2^{n_1} - 1$ 은 $2^n - 1$ 의 약수이므로 모순이다.

따라서 n 은 소수이다.

#5. $7 = 2^3 - 1$, $31 = 2^5 - 1$, $127 = 2^7 - 1$ 등은 소수이고, 3, 5, 7 도 소수임을 알 수 있다.

주의 위의 정리의 역은 성립하지 않는다. $p = 11$ 은 소수이지만, 1536년 Hudaricus Regius에 의해 $2^{11} - 1 = 2047 = 23 \times 89$ 이므로 $2^{11} - 1$ 은 소수가 아니다.

#6. $2^{340} - 1$ 은 $341 = 11 \times 31$ 의 배수임을 보여라.

풀이 $2^{340} - 1 = (2^5 - 1)(2^{335} + \cdots + 1)$ 이므로 $2^5 - 1 = 31$ 의 배수가 된다.

그리고 $2^{340} - 1 = (2^{10} - 1)(2^{330} + \cdots + 1)$ 이므로 $2^{10} - 1 = 11 \times 93$ 의 배수가 된다. 따라서 $2^{340} - 1$ 은 341 의 배수가 된다.

참고 $341 \mid (2^{341} - 2)$ 이고 $341 = 11 \times 31$ 이다. 따라서 p 가 prime일 때만 $p \mid (2^p - 2)$ 이 성립하지는 않는다. (참고 Fermat little theorem)

$2^5 \equiv 1 \pmod{31}$이므로 $(2^5)^{68} \equiv 1^{68} \pmod{31}$이다. 즉, $2^{340} \equiv 1 \pmod{31}$이다. 그리고 $2^5 \equiv -1 \pmod{11}$이므로 $2^{340} \equiv 1 \pmod{11}$이다. 11과 31은 모두 $2^{340}-1$의 소인수이다. 그래서

$2^{341}-2 = 2\times(2^{340}-1) = 2\times 11\times 31\times k = 2\times 341\times k$, 여기서 k는 자연수이다.

소수(prime) p에 대한 가장 작은 원시근을 g라 하면 다음 표를 얻는다.
10을 원시근으로 가지는 소수 p는 숫자 옆에 * 로 표시하였음

출처 Tom M. Apostol [6]과 Hua Loo Keng [20]

p	g	p	g	p	g	p	g	p	g	p	g	p	g
2	1	97*	5	227	2	367*	6	509*	2	661	2	829	2
3	2	101	2	229*	6	373	2	521	3	673	5	839	11
5	2	103	5	233*	3	379*	2	523	2	677	2	853	2
7*	3	107	2	239	7	383*	5	541*	2	683	5	857*	3
11	2	109*	6	241	7	389*	2	547	2	691	3	859	2
13	2	113*	3	251	6	397	5	557	2	701*	2	863*	5
17*	3	127	3	257*	3	401	3	563	2	709*	2	877	2
19*	2	131*	2	263*	5	409	21	569	3	719	11	881	3
23*	5	137	3	269*	2	419*	2	571*	3	727*	5	883	2
29*	2	139	2	271	6	421	2	577*	5	733	6	887*	5
31	3	149*	2	277	5	431	7	587	2	739	3	907	2
37	2	151	6	281	3	433*	5	593*	3	743*	5	911	17
41	6	157	5	283	3	439	15	599	7	751	3	919	7
43	3	163	2	293	2	443	2	601	7	757	2	929	3
47*	5	167*	5	307	5	449	3	607	3	761	6	937*	5
53	2	173	2	311	17	457	13	613	2	769	11	941*	2
59*	2	179*	2	313*	10	461*	2	617	3	773	2	947	2
61*	2	181*	2	317	2	463	3	619*	2	787	2	953*	3
67	2	191	19	331	3	467	2	631	3	797	2	967	5
71	7	193*	5	337*	10	479	13	641	3	809	3	971*	6
73	5	197	2	347	2	487*	3	643	11	811*	3	977*	3
79	3	199	3	349	2	491*	2	647*	5	821*	2	983*	5
83	2	211	2	353	3	499*	7	653	2	823*	3	991	6
89	3	223*	3	359	7	503*	5	659*	2	827	2	997	7

primitive roots에 대해 몇 가지 재미있는 사실 (참고문헌 Beiler 에서)

사실 1 q가 prime 이고 이 q에 대해 $4q+1$도 prime 이면, 이때 2는 $4q+1$의 primitive roots가 된다.

예제 $q=3$, $4q+1=13$ 2 is a primitive root of 13 .

$q=7$, $4q+1=29$ 2 is a primitive root of 29 .

사실 2 어떤 n에 대해서 $4n+1$과 $8n+3$이 모두 prime 이면, 2는 $8n+3$의 primitive root가 된다.

예제 $n=1$, $4n+1=5$ 2 is a primitive root of 11 .

$8n+3=11$

$n=7$, $4n+1=29$ 2 is a primitive root of 59 .

$8n+3=59$

사실 3 $n=1, 2, 3, 4, \cdots$ 에 대해서

$2^{2^n}+1$이 prime 이면 3은 $2^{2^n}+1$의 primitive root가 된다.

예제 $n=0$은 아니다.

$n=1 \rightarrow 2^{2^1}+1=5$

$n=2 \rightarrow 2^{2^2}+1=17$

$n=3 \rightarrow 2^{2^3}+1=257$

$n=4 \rightarrow 2^{2^4}+1=65537$

사실 4 7은 $2^{4n}+1$이 prime 이면 그의 primitive root가 된다.

예제 $n=1$이면 $2^{4n}+1=17$이므로 7은 17의 primitive root이다.

사실 5 p를 3보다 큰 prime 이라 하면, p의 모든 primitive root를 곱하여 p로 나누면 그 나머지는 1이다.

예제 13의 primitive root는 2, 6, 7, 11 이다.

$2 \times 6 \times 7 \times 11 = 924$이고 $924 \equiv 1 \pmod{13}$

사실 6 p가 prime 이고, $p-1$이 제곱수 (예, 4, 9, 25, 49 등)로 나눠지면 p의 primitive root의 합은 p로 나누어진다.

p가 prime 이고, $p-1$이 제곱수로 나눠지지 않으면 p의 primitive root의 합은 $p-1$의 소인수의 개수가 짝수이면, p로 나누면 1이 남고, $p-1$의 소인수의 개수가 홀수이면, p로 나누면 1이 부족하다.

예제 $p = 13$이면 $p - 1 = 12$이고 12는 $4 = 2^2$로 나눠지므로 13의 primitive root의 합

$2 + 6 + 7 + 11 = 26$이고 $26 \equiv 0 \pmod{13}$

$p = 11$이면 $p - 1 = 10$이고

11의 primitive root의 합 $2 + 6 + 7 + 8 = 23$이고

$23 \equiv 1 \pmod{13}$

사실 7 $p = 2^m + 1$이 prime 이면, p의 모든 quadratic non-residue는 p의 primitive root 이다.

예제 $m = 4$이면 $p = 17$은 prime 이다.

17의 quadratic non-residue는 3, 5, 6, 7, 10, 11, 12, 14는 모두 17의 primitive root이다.

사실 8 p가 prime 일 때 p의 하나의 primitive root를 알고 있으면, 나머지를 모두 구할 수 있다. g를 p의 primitive root 중 하나라 하면 $p-1$과 서로 소인 r [$\phi(p-1)$ 개]을 구하여 g^r의 값을 mod p에 대해 구하면 그 값이 primitive root가 된다.

참고 2를 원시근(primitive root)으로 가지는 소수(prime) 들을 예측할 수 있는 어떤 정리도 증명된 것이 없다. 더구나 2가 무수히 많은 소수(prime)에 대해 원시근(primitive root)이 되는 지도 증명되지 않았다.

제11장
이차합동식

제11장 이차합동식

이차합동식의 풀이에 대해 생각하자.

$Ax^2 + Bx + C \equiv 0 \pmod{m} \cdots$ ①

m 을 홀수인 소수(odd prime)이라 하고, $A \not\equiv 0 \pmod{p}$ 라 하자.

$A \equiv 0 \pmod{p}$ 이면 일차합동식이 된다.

어떤 정수 A' 가 있어서 $AA' \equiv 1 \pmod{p}$ 가 되므로 (6장 정리 1 참조)

$Ax^2 + Bx + C \equiv 0 \pmod{p}$ 는

$1x^2 + A'Bx + A'C \equiv 0 \pmod{p} \cdots$ ②

로 된다.

예제 1

$2x^2 + 3x + 1 \equiv 0 \pmod{5}$ 를 2차항 계수가 1이 되도록 하여라.

풀이 $6x^2 + 9x + 3 \equiv 0 \pmod{5}$

$x^2 + 4x + 3 \equiv 0 \pmod{5}$

$A'B$가 짝수이면 ②에서 완전제곱(complete the square)하면

$$\left(x+\frac{A'B}{2}\right)^2 \equiv \left(\frac{A'B}{2}\right)^2 - A'C \pmod{p}$$

$A'B$가 홀수이면 $p+A'B$가 짝수이므로 완전제곱할 수 있다. 어느 경우나

①은 $y^2 \equiv a \pmod{p}$ ⋯ ③

의 형태가 된다.

●●● 예제 2

$3x^2+6x+5\equiv 0 \pmod{7}$을 풀어라.

풀이 양변에 5를 곱한다. $15x^2+30x+25\equiv 0 \pmod{7}$

$x^2+2x+4\equiv 0 \pmod{7}$

완전제곱한다. $(x+1)^2\equiv -3\equiv 4 \pmod{7}$

$y^2\equiv 4 \pmod{7}$

$\Rightarrow\ y\equiv 2,\ -2 \pmod{7}$

$\Rightarrow\ x+1\equiv 2,\ x+1\equiv -2 \pmod{7}$

$\Rightarrow\ x\equiv 1,\ x\equiv -3\equiv 4 \pmod{7}$

●●● 예제 3

(예제 1 계속) $2x^2+3x+1\equiv 0 \pmod{5}$을 풀어라.

풀이 $2x^2+3x+1\equiv 0 \pmod{5}$에서 양변을 3배하면

$6x^2+9x+3\equiv 0 \pmod{5}$. 이것은 $x^2+4x+3\equiv 0 \pmod{5}$.

완전제곱하면 $(x+2)^2\equiv 1 \pmod{5}$.

여기서 $x+2\equiv 1,\ x+2\equiv -1 \pmod{5}$

즉 $x\equiv -1\equiv 4,\ x\equiv -3\equiv 2 \pmod{5}$

참고 이러한 합동식이 반드시 해를 갖는 것은 아니다.

예제 4

mod 5 에서 $0^2 \equiv 0$, $1^2 \equiv 1$, $2^2 \equiv 4$, $3^2 \equiv 9 \equiv 4$, $4^2 \equiv 16 \equiv 1$ 이다. 따라서 $x^2 \equiv a \pmod{5}$에서 $a = 0, 1, 4$ 이면 해를 갖지만, $a = 2, 3$ 이면 해를 갖지 않는다.

$x^2 \equiv 0 \pmod{p}$ 는 유일한 해로 $x \equiv 0 \pmod{p}$ 을 가진다.

만일 $p \nmid a$ 이면, $x^2 \equiv a \pmod{p}$ 의 해는 쌍(2개)으로 나온다.

정리 1	**p 가 홀수인 소수(odd prime)라고 하자. $p \nmid a$ 이면, $x^2 \equiv a \pmod{p}$ 의 해는 없거나 아니면 단지 두 개가 있다.**

이 정리는 mod 가 소수(prime)가 아니면 성립하지 않는다.

예제 5

$x^2 \equiv 1 \pmod{8}$ 은 네 개의 해 $1, 3, 5, 7 \pmod{8}$ 를 갖는다.

예제 6

$p > 3$ 이면, $x^2 \equiv 4 \pmod{p}$ 의 두 개의 해는 무엇인가?

$x^2 \equiv 4 \pmod{p} \Rightarrow x \equiv 2, -2 \pmod{p} \Rightarrow x \equiv 2, p-2 \pmod{p}$

$a = 1, 2, \cdots, p-1$ 중에서 선택하면 $x^2 \equiv a \pmod{p}$ 는 $\frac{p-1}{2}$ 개의 a 는 2개의 해를 갖고, 나머지 $\frac{p-1}{2}$ 개의 a 는 해가 없다.

●●● 예제 7

$p = 11$ 일 때, $x^2 \equiv a \pmod{p}$ 를 생각하자.

x	1 2 3 4 5	6 7 8 9 10
$x^2 \pmod{11}$	1 4 9 5 3	3 5 9 4 1

$x^2 \equiv (p-x)^2 \pmod{p}$이므로 대칭이고 2개씩 있다.

●●● 예제 8

a 가 어떤 값을 가질 때 $x^2 \equiv a \pmod{7}$ 은 두 개의 해를 가지는가?

풀이 1, 2, 4

Euler's criterion

정리 2	p **가 홀수 prime이고** $p \nmid a$ **이면,** $x^2 \equiv a \pmod{p}$ **는** $a^{\frac{p-1}{2}} \equiv 1 \pmod{p}$ **일 때 해를 가지며,** $a^{\frac{p-1}{2}} \equiv -1 \pmod{p}$ **일 때 해를 가지지 않는다.**

■ **간략증명**

Fermat 소정리에 의하여, $\left(a^{\frac{p-1}{2}}\right)^2 = a^{p-1} \equiv 1 \pmod{p}$ 이다. 따라서
$a^{\frac{p-1}{2}} \equiv \pm 1 \pmod{p}$ 이다.

참고 Euler's Criterion 은 해의 존재성을 보여주지만 그 해를 구하는 방법을 알려주지는 않는다.

정의 1	$x^2 \equiv a \pmod{m}$ **이 해를 가지면,** a **를 이차잉여**(quadratic residue) $\pmod{m}$ **라고 한다.** $x^2 \equiv a \pmod{m}$ **이 해를 가지지 않으면,** a **를 이차비잉여**(quadratic nonresidue) $\pmod{m}$ **라고 한다.**

예제 9

$x^2 \equiv 7 \pmod{31}$ 은 해를 가짐을 보여라.

풀이 $7^{\frac{31-1}{2}} = 7^{\frac{30}{2}} = 7^{15} \equiv \square \pmod{31}$

에서 □는 1 아니면 -1이다. 그런데

$7^2 \equiv 49 \equiv 18 \pmod{31}$

$7^4 \equiv 18^2 \equiv 324 = 14 \pmod{31}$

$7^5 \equiv 98 \equiv 5 \pmod{31}$

$7^{15} \equiv 5^3 \equiv 125 \equiv 1 \pmod{31}$

이므로 $x^2 \equiv 7 \pmod{31}$ 은 해를 가진다.

예제 10

위 예제 9의 해 즉, $x^2 \equiv 7 \pmod{31}$ 의 해를 구하여라.

풀이 $x^2 \equiv 7 \equiv 38 \equiv 69 \equiv 100 \equiv 10^2 \pmod{31}$

그러므로 $x \equiv 10$ 또는 $-10 \pmod{31}$.

따라서 $x \equiv 10$ 또는 $21 \pmod{31}$ 이다.

예제 11

$x^2 \equiv 41 \pmod{61}$ 을 풀이하여라.

풀이 먼저 $41^{\frac{61-1}{2}} \equiv 41^{30} \equiv 1 \pmod{61}$ 임을 보인다.

$41^2 \equiv 1681 \equiv 34 \pmod{61}$

$41^3 \equiv 34 \times 41 \equiv 1394 \equiv 52 \pmod{61}$

$41^5 \equiv 34 \times 52 \equiv 60 \equiv -1 \pmod{61}$

$41^{10} \equiv 1^{60} \equiv 1 \pmod{61}$

$41^{30} \equiv 1 \pmod{61}$

그러므로 $x^2 \equiv 41 \pmod{61}$는 해를 가진다.

그러면 그 해를 구하려면

$x^2 \equiv 41 \equiv 102 \equiv 163 = 224 \equiv 4 \cdot 56 \equiv 4^2 \cdot 14 \pmod{61}$

$14 = 75 \equiv 5^2 \cdot 3 \pmod{61} \Rightarrow x^2 \equiv 4^2 \cdot 5^2 \cdot 3 \pmod{61}$

$3 \equiv 64 \equiv 8^2 \pmod{61} \Rightarrow x^2 \equiv 4^2 \cdot 5^2 \cdot 8^2 \equiv 160^2 \pmod{61}$

$160^2 \equiv (61 \times 2 + 38)^2 \equiv 38^2 \pmod{61}$

그러므로 $x \equiv \pm 38 \pmod{61}$

$\equiv 38,\ 61 - 38 \pmod{61}$

$\equiv 38,\ 23 \pmod{61}$

예제 12

(1) $x^2 \equiv 8 \pmod{31}$의 해를 구하여라.

(2) $8^{15} \equiv 1 \pmod{31}$인가?

풀이 (1) $x^2 \equiv 8 \equiv 39 \equiv 70 \equiv 101 \equiv 132 \equiv 163 \equiv 194 \equiv 225 \equiv 15^2 \pmod{31}$

이므로

$x \equiv 15$ 또는 $-15 \pmod{31}$

그러므로 $x \equiv 15$ 또는 $16 \pmod{31}$

(2) $8^2 \equiv 64 \equiv 2 \pmod{31}$

$8^3 \equiv 16 \pmod{31}$

$8^5 \equiv 32 \equiv 1 \pmod{31}$

$8^{15} \equiv 1^3 \equiv 1 \pmod{31}$

예제 13

$x^2 \equiv 3201 \pmod{8191}$를 풀이하여라. 참고로 8191은 소수(prime)이다.

이 예제의 풀이는 이 장의 마지막 예제에서 자세히 다루기로 한다.

"$x^2 = a \pmod p$ 가 해를 가지고 있는가?"를 Legendre 는 비록 자신이 뒤에 나오는 Quadratic Reciprocity Theorem 을 증명했다고 착각하는 실수를 하였지만 아래와 같이 매우 유용한 기호를 소개하였다.

p 가 홀수의 소수(odd prime)이고 $p \nmid a$ 일 때 **르장드르 기호**(Legendre symbol) $\left(\frac{a}{p}\right)$ 는

$$\left(\frac{a}{p}\right) = \begin{cases} a \text{ 가 이차잉여 } \pmod p \text{ 이면 } 1 \\ a \text{ 가 이차비잉여 } \pmod p \text{ 이면 } -1 \end{cases}$$

예제 14

$\left(\frac{3}{5}\right) = -1$ 이다. 왜냐하면 $x^2 \equiv 3 \pmod 5$ 가 해를 갖지 않기 때문이다.

$\left(\frac{1}{5}\right) = 1$ 이다. 왜냐하면 1은 이차잉여 $\pmod 5$ 이기 때문이다.

$\left(\frac{7}{15}\right)$ 는 정의되지 않는다. 왜냐하면 15는 홀수 소수가 아니기 때문이다.

$\left(\frac{91}{7}\right)$ 는 정의되지 않는다. 왜냐하면 $7 \mid 91$ 이기 때문이다.

예제 15

$\left(\frac{1}{3}\right)$, $\left(\frac{1}{7}\right)$, $\left(\frac{1}{11}\right)$, $\left(\frac{1}{p}\right)$ 은 무엇인가?

풀이 $x^2 \equiv 1 \pmod p$ 이므로 모두 1이 된다.

예제 16

$\left(\frac{4}{5}\right)$, $\left(\frac{4}{7}\right)$, $\left(\frac{4}{p}\right)$ 를 구하여라. p 는 홀수 소수이다.

풀이 1, 1, 1

앞의 두 예제로 부터 $p \nmid a$ 이면 $\left(\frac{a^2}{p}\right) = 1$ 임을 알 수 있다.

앞으로 p 와 q 는 홀수인 소수(odd prime)라고 하자.

정리 3	(A) $a \equiv b \pmod{p}$ **이면,** $\left(\frac{a}{p}\right) = \left(\frac{b}{p}\right)$. (B) $p \nmid a$ **이면** $\left(\frac{a^2}{p}\right) = 1$ **이다.** (C) $p \nmid a$ **이고** $p \nmid b$ **이면,** $\left(\frac{ab}{p}\right) = \left(\frac{a}{p}\right)\left(\frac{b}{p}\right)$ **이다.**

■ **증명**

(A) $\left(\frac{a}{p}\right) = 1$ 이고 $a \equiv b \pmod{p}$ 이면, $\left(\frac{b}{p}\right) = 1$ 이다. … ①

이것은 $x^2 \equiv a \pmod{p}$ 가 해를 갖고 $a \equiv b \pmod{p}$ 이면, $x^2 \equiv b \pmod{p}$ 도 해를 갖는다는 것을 말한다.

$\left(\frac{a}{p}\right) = -1$ 이고 $a \equiv b \pmod{p}$ 이면, $\left(\frac{b}{p}\right) = -1$ 이다. … ②

①과 ②로 부터 위 (A)가 성립한다.

(B)는 $\left(\frac{a}{p}\right) \equiv a^{\frac{p-1}{2}} \pmod{p}$ 에 의해서 얻어진다.

(C) 이차잉여와 이차잉여의 곱은 이차잉여이다.
이차비잉여와 이차비잉여의 곱은 이차잉여이다.
이차잉여와 이차비잉여의 곱은 이차비잉여이다.

다음은 1부터 50까지의 홀수의 소수(odd prime) 에 대한 $\left(\frac{p}{q}\right)$ 와 $\left(\frac{q}{p}\right)$ 의 값 비교한 것이다.

각 칸의 위의 값은 대한 $\left(\frac{p}{q}\right)$ 의 값이고 아래 값은 $\left(\frac{q}{p}\right)$ 의 값이다.

이때 ■는 $+1$ 을, □는 -1 을 나타낸다.
이때 하나의 칸에서 두 값이 다른 칸들을 주의 깊게 살펴보자.

		p													
		3	5	7	11	13	17	19	23	29	31	37	41	43	47
	3		□ □	■ □	□ ■	■ ■	□ □	■ □	□ ■	□ □	■ □	■ ■	□ □	■ □	□ ■
	5	□ □		□ □	■ ■	□ □	□ □	■ ■	□ □	■ ■	■ ■	□ □	■ ■	□ □	□ □
	7	□ ■	□ □		■ □	□ □	□ □	□ ■	■ □	■ ■	□ ■	■ ■	□ □	■ □	□ ■
	11	■ □	■ ■	□ ■		□ □	□ □	□ ■	■ □	□ □	■ □	■ ■	□ □	□ ■	■ □
	13	■ ■	□ □	□ □	□ □		■ ■	□ □	■ ■	■ ■	□ □	□ □	□ □	■ ■	□ □
	17	□ □	□ □	□ □	□ □	■ ■		■ ■	□ □	□ □	□ □	□ □	□ □	■ ■	■ ■
q	19	□ ■	■ ■	■ □	■ □	□ □	■ ■		■ □	□ □	□ ■	□ □	□ □	■ □	■ □
	23	■ □	□ □	□ ■	□ ■	■ ■	□ □	□ ■		■ ■	■ □	□ □	■ ■	□ ■	■ □
	29	□ □	■ ■	■ ■	□ □	■ ■	□ □	□ □	■ ■		□ □	□ □	□ □	□ □	□ □
	31	□ ■	■ ■	■ □	□ ■	□ □	□ □	■ □	□ ■	□ □		□ □	■ ■	□ ■	■ □
	37	■ ■	□ □	■ ■	■ ■	□ □	□ □	□ □	□ □	□ □	□ □		■ ■	□ □	■ ■
	41	□ □	■ ■	□ □	□ □	□ □	□ □	□ □	■ ■	□ □	■ ■	■ ■		■ ■	□ □
	43	□ ■	□ □	□ ■	■ □	■ ■	■ ■	□ ■	■ □	□ □	■ □	□ □	■ ■		■ □
	47	■ □	□ □	■ □	□ ■	□ □	■ ■	□ ■	□ ■	□ □	□ ■	■ ■	□ □	□ ■	

여기서 p 또는 q가 1 (mod 4) 이면, $\left(\dfrac{p}{q}\right) = \left(\dfrac{q}{p}\right)$ 이고, p와 q 모두가 3 (mod 4) 이면, $\left(\dfrac{p}{q}\right) = -\left(\dfrac{q}{p}\right)$가 됨을 볼 수 있다. 즉, $\left(\dfrac{q}{p}\right) = \left(\dfrac{p}{q}\right)(-1)^{(p-1)/2 \cdot (q-1)/2}$ 단, p와 q는 서로 다른 홀수인 소수(odd prime)이다.

예제 17

$\left(\dfrac{4a}{p}\right) = \left(\dfrac{a}{p}\right)$ 임을 보여라.

풀이 $\left(\frac{4a}{p}\right) = \left(\frac{4}{p}\right)\left(\frac{a}{p}\right) = \left(\frac{2^2}{p}\right)\left(\frac{a}{p}\right) = \left(\frac{a}{p}\right).$

예제 18

$\left(\frac{19}{5}\right)$와 $\left(-\frac{9}{13}\right)$를 구하여라.

풀이 $\left(\frac{19}{5}\right) = \left(\frac{4}{5}\right) = \left(\frac{2^2}{5}\right) = 1$

$$\left(-\frac{9}{13}\right) = \left(\frac{-9}{13}\right) = \left(\frac{4}{13}\right) = \left(\frac{2^2}{13}\right) = 1\ .$$

정리 4	**이차 상호 정리(Quadratic Reciprocity Theorem)** p 와 q 가 서로 다른 홀수인 소수(odd prime)이고 모두 $3 \pmod 4$ 이면, $\left(\frac{p}{q}\right) = -\left(\frac{q}{p}\right)$ 이고, 그렇지 않은 경우는 $\left(\frac{p}{q}\right) = \left(\frac{q}{p}\right)$ 이다.

참고 인터넷에서 검색하면 Quadratic Reciprocity 정리에 대한 246가지 증명방법이 시대적으로 잘 정리되어 나타나 있다.

예제 19

$x^2 \equiv 85 \pmod{97}$ 은 해를 갖는가?

풀이 $\left(\frac{85}{97}\right) = \left(\frac{17 \cdot 5}{97}\right) = \left(\frac{17}{97}\right) \cdot \left(\frac{5}{97}\right)$

여기서 $\left(\frac{17}{97}\right) = \left(\frac{97}{17}\right) = \left(\frac{12}{17}\right) = \left(\frac{4 \cdot 3}{17}\right) = \left(\frac{4}{17}\right)\left(\frac{3}{17}\right)$

$= \left(\frac{3}{17}\right) = \left(\frac{17}{3}\right) = \left(\frac{2}{3}\right) = -1$ 이고

$\left(\frac{5}{97}\right) = \left(\frac{97}{5}\right) = \left(\frac{2}{5}\right) = -1$ 이므로

$x^2 \equiv 85 \pmod{97}$ 은 해를 갖는다.

정리 5	**p 를 홀수인 소수(odd prime)라고 하면** $p \equiv 1 \pmod 4$ **이면** $\left(\frac{-1}{p}\right) = 1$ $p \equiv 3 \pmod 4$ **이면** $\left(\frac{-1}{p}\right) = -1$ **이다. 즉, -1 은 mod 4 에 대해 1 과 합동인 수에 이차잉여(quadratic residue) 이고, -1 은 mod 4 에 대해 3 과 합동인 수에 이차비잉여(quadratic nonresidue) 이다. 이를 간단히 나타내면** $\left(\frac{-1}{p}\right) = (-1)^{\frac{p-1}{2}}$.

● ● ● 예제 20

$\left(\frac{-1}{97}\right) = 1$ 왜냐하면 $97 \equiv 1 \pmod 4$

다른 방법 $\left(\frac{-1}{97}\right) = \left(\frac{96}{97}\right) = \left(\frac{4 \cdot 24}{97}\right) = \left(\frac{24}{97}\right) = \left(\frac{4 \cdot 6}{97}\right)$

$= \left(\frac{6}{97}\right) = \left(\frac{2}{97}\right)\left(\frac{3}{97}\right) = 1 \cdot 1 = 1$ 이다.

● ● ● 예제 21

$\left(\frac{-1}{3}\right)$, $\left(\frac{-1}{5}\right)$, $\left(\frac{-1}{7}\right)$, $\left(\frac{-1}{11}\right)$, $\left(\frac{-1}{13}\right)$, $\left(\frac{-1}{17}\right)$, $\left(\frac{-1}{19}\right)$ 을 구하여라.

풀이 차례대로 -1, 1, -1, -1, 1, 1, -1

● ● ● 예제 22

$\left(\frac{6}{7}\right) = \left(\frac{-1}{7}\right) = -1$.

$\left(\frac{2}{23}\right)\left(\frac{11}{23}\right) = \left(\frac{22}{23}\right) = \left(\frac{-1}{23}\right) = -1$.

정리 6	p 가 홀수인 소수(odd prime)라고 하자. 그러면 $p \equiv \pm 1 \pmod 8$ 이면 $\left(\frac{2}{p}\right) = 1$ $p \equiv \pm 3 \pmod 8$ 이면 $\left(\frac{2}{p}\right) = -1$ 즉, $\left(\frac{2}{p}\right) = (-1)^{\frac{p^2-1}{8}}$ 이다.

예제 23

$\left(\frac{3201}{8191}\right)$ 을 구하여라.

풀이 (방법 1) $\left(\frac{3201}{8191}\right) = \left(\frac{3 \cdot 11 \cdot 97}{8191}\right) = \left(\frac{3}{8191}\right)\left(\frac{11}{8191}\right)\left(\frac{97}{8191}\right)$

여기서 $\left(\frac{3}{8191}\right) = -1\left(\frac{8191}{3}\right) = -\left(\frac{1}{3}\right) = -1$

$$\left(\frac{11}{8191}\right) = -\left(\frac{8191}{11}\right) = -\left(\frac{7}{11}\right) = \left(\frac{11}{7}\right) = \left(\frac{4}{7}\right) = 1$$

$$\left(\frac{97}{8191}\right) = \left(\frac{8191}{97}\right) = \left(\frac{43}{97}\right) = \left(\frac{97}{43}\right) = \left(\frac{11}{43}\right) = -\left(\frac{43}{11}\right)$$

$$= -\left(\frac{10}{11}\right) = -\left(\frac{2}{11}\right)\left(\frac{5}{11}\right) = -(-1)\left(\frac{11}{5}\right)$$

$$= \left(\frac{1}{5}\right) = 1 .$$

그러므로 $\left(\frac{3201}{8191}\right) = (-1)(1)(1) = -1$.

그러므로 $x^2 \equiv 3201 \pmod{8191}$ 는 해를 가지지 않는다.

(방법 2) x 에 1부터 4095 까지 대입하여 해가 있는가 확인해야 한다.

(방법 3) $3201^{\frac{8191-1}{2}} = 3201^{4095} \equiv 1$ 또는 $-1 \pmod{8191}$ 을 확인한다.

연습문제 11

#1. 다음 2차 합동식을 풀이하여라.

$4x^2 + 6x + 1 \equiv 0 \pmod{19}$

풀이 준식의 양변을 5배하면

$20x^2 + 30x + 5 \equiv 0 \pmod{19}$ 이고 이것은

$x^2 + 30x + 5 \equiv 0 \pmod{19}$ 이다. 이 식을 완전제곱하면

$x^2 + 30x + 225 + 5 \equiv 225 \pmod{19}$

$(x + 15)^2 + 5 \equiv 225 \pmod{19}$

$(x + 15)^2 \equiv 220 \equiv 11 \equiv 49 \pmod{19}$

그러므로 $x + 15 \equiv \pm 7 \pmod{19}$.

따라서 $x = -8 \equiv 11 \pmod{19}$ 또는 $x \equiv -22 \equiv -3 \equiv 16 \pmod{19}$.

참고 이 문제를 가우스의 묘기(Gaussian trick) (5장 연습문제 중에서) 을 이용하여 풀이하면 준식의 양변을 5배하면

$20x^2 + 30x + 5 \equiv 0 \pmod{19}$ 이고 이것은

$x^2 + 11x + 5 \equiv 0 \pmod{19}$ 이다. 이 식을 완전제곱하면

$$\left(x + \frac{11}{2}\right)^2 + 5 - \frac{121}{4} \equiv 0 \pmod{19}$$

$$\left(x + \frac{11}{2}\right)^2 \equiv \frac{101}{4} \equiv \frac{25}{4} \equiv \left(\frac{5}{2}\right)^2 \pmod{19}$$

따라서 $x + \frac{11}{2} \equiv \frac{5}{2}$ 또는 $x + \frac{11}{2} \equiv -\frac{5}{2} \pmod{19}$

그러므로 $x \equiv -\frac{6}{2} \equiv -3 \equiv 16$ 또는 $x \equiv -\frac{16}{2} \equiv -8 \equiv 11 \pmod{19}$.

고차합동식

$f(x) \equiv 0 \pmod{m}$ 여기서 $m = p_1^{e_1} \cdot p_2^{e_2} \cdots p_r^{e_r}$

$$f(x) \equiv 0 \pmod{m} \Leftrightarrow \begin{cases} f(x) \equiv 0 \pmod{p_1^{e_1}} \\ f(x) \equiv 0 \pmod{p_2^{e_2}} \\ \cdots\cdots\cdots \\ f(x) \equiv 0 \pmod{p_r^{e_r}} \end{cases}$$

이때 우측의 어느 합동식이 해를 갖지 않는다고 하면 좌측의 합동식도 해가 존재하지 않는다.

#2. $x^2 + x + 7 \equiv 0 \pmod{189} \Leftrightarrow \begin{cases} x^2 + x + 7 \equiv 0 \pmod{27} \cdots ① \\ x^2 + x + 7 \equiv 0 \pmod{7} \cdots ② \end{cases}$ 을 풀어라.

풀이 ①에서 $x^2 + x + 7 \equiv 0 \pmod{27}$

$$x^2 + 28x + 196 - 196 + 7 \equiv 0 \pmod{27}$$

$$(x + 14)^2 \equiv 189 \pmod{27}$$

$$\equiv 81 \pmod{27}$$

$$\therefore\ x + 14 \equiv 9 \pmod{27} \rightarrow x \equiv -5 \pmod{27} \cdots ③$$

$$x + 14 \equiv -9 \pmod{27} \rightarrow x \equiv -23 \equiv 4 \pmod{27} \cdots ④$$

$$(x + 14)^2 \equiv 81 \equiv 0 \pmod{27}$$

$$\therefore\ x + 14 \equiv 0 \rightarrow x \equiv -14 \equiv 13 \pmod{27} \cdots ⑤$$

③, ④, ⑤를 만족하는 정수는

4 , 13 , 22 , 31 , 40 , 49 , 58 , 67 , 76 , 85 , 94 , 103 , 112 , 121 , 130 , 139 , 148 , 157 , 166 , 175 , 184 ⋯ ⑥

또 ②에서 $x^2 + x + 7 \equiv 0 \pmod{7}$

$$x^2 + 8x + 7 \equiv 0 \pmod{7}$$

$$x^2 + 8x + 16 - 16 + 7 \equiv 0 \pmod{7}$$

$$(x+4)^2 \equiv 9 \pmod{7} \rightarrow \begin{cases} x + 4 \equiv 3 \rightarrow x \equiv 6 \pmod{7} \cdots ⑦ \\ x + 4 \equiv -3 \rightarrow x \equiv 0 \pmod{7} \cdots ⑧ \end{cases}$$

⑦, ⑧을 만족하는 정수는

0 , 7 , 14 , 21 , 28 , 35 , 42 , 49 , 56 , 63 , 70 , 77 , 84 , 91 , 98 , 105 , 112 , 119 , 126 , 133 , 140 , 147 , 154 , 161 , 168 , 175 , 182

6 , 13 , 20 , 27 , 34 , 41 , 48 , 55 , 62 , 69 , 76 , 83 , 104 , 111 , ⋯ ⑨
118 , 125 , 132 , 139 , 146 , 153 , 160 , 167 , 174 , 181 , 188

⑥과 ⑨의 공통원소는 13 , 49 , 76 , 112 , 139 , 175 이다.

$\therefore\ x \equiv 13,\ 49,\ 76,\ 112,\ 139,\ 175 \pmod{189}$ 이다.

quadratic residue

· 소수(prime) p 에 대해 이차잉여와 이차비잉여의 개수는 항상 같다.

이차잉여와 이차비잉여		
p	이차잉여(Residue)	이차비잉여(Non-Residue)
3	1	2
5	1,4	2,3
7	1,2,4	3,5,6
11	1,3,4,5,9	2,6,7,8,10
13	1,3,4,9,10,12	2,5,6,7,8,11
17	1,2,4,8,9,13,15,16	3,5,6,7,10,11,12,14
19	1,4,5,6,7,9,11,16,17	2,3,8,10,12,13,14,15,18
23	1,2,3,4,6,8,9,12,13,16,18	5,7,10,11,14,15,17,19,20,21,22
29	1,4,5,6,7,9,13,16,20,22,23,24,25,28	2,3,8,10,11,12,14,15,17,18,19,21,26,27

같은 mod 에 대해 이차잉여와 이차잉여의 곱과 이차비잉여와 이차비잉여의 곱은 이차잉여이다. 그러나 이차잉여와 이차비잉여의 곱은 이차비잉여이다.

quadratic residue를 쉽게 찾는 방법

예를 들어 19 의 이차잉여(quadratic residue)를 구하려면
1 부터 19 까지의 수를 원둘레에 (시계방향 또는 반시계방향으로) 차례대로 쓴 다음 계속해서 번호를 주면서 n^2 번째 되는 수를 표시하면 된다. 이렇게 하여 처음부터 $\frac{19-1}{2} = 9$ 개의 표시된 수의 최소잉여(least residue) $\pmod{19}$ 를 얻으면 모든 이차잉여(quadratic residue)를 구할 수 있다.

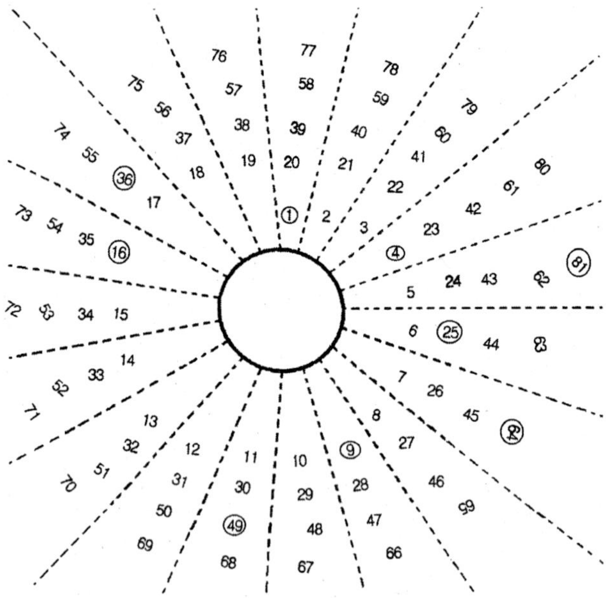

그러므로 19 의 이차잉여(quadratic residue)는

1 , 4 , 5 , 6 , 7 , 9 , 11 , 16 , 17

· **원시근(primitive root)과 이차잉여(residue)와의 관계**

소수 p 의 한 원시근(primitive root)을 짝수 번 곱한 것은 이차잉여(residue)이고,

홀수 번 곱한 것은 이차비잉여(non-residue)이다.

#3. $p = 13$ 에 대해 하나의 원시근(primitive root) 2 에 대해서 이차잉여(residue)와 이차비잉여(non-residue)를 구하여라.

풀이 $2^2 \equiv 4$, $2^4 \equiv 3$, $2^6 \equiv 12$, $2^8 \equiv 9$, $2^{10} \equiv 10$, $2^{12} \equiv 1$

따라서

4 , 3 , 12 , 9 , 10 , 1 $\leftarrow$ 13 의 이차잉여(quadratic residue).

따라서

$2^1 \equiv 2$, $2^3 \equiv 8$, $2^5 \equiv 6$, $2^7 \equiv 11$, $2^9 \equiv 5$, $2^{11} \equiv 7$

2 , 8 , 6 , 11 , 5 , 7 $\leftarrow$ 13 의 이차비잉여(non-residue).

#4. $x^2 \equiv 315 \pmod{439}$ 는 해를 갖는가? 해를 가진다면 그 해를 구하여라.

힌트 두 개를 해를 가지고 있다. 118, 321

#5. $x^2 \equiv 189 \pmod{313}$ 은 해를 갖는가?

답 아니오.

#6. $x^2 \equiv -12 \pmod{29}$ 는 해를 가지는가?

풀이 $\left(\dfrac{-12}{29}\right) = -1$ 이므로 해를 가지지 않는다.

이차잉여(quadratic residue) 표

#	quadratic residue	#	quadratic residue
1	없다	21	1,4,7,9,15,16,18
2	1	22	1,3,4,5,9,11,12,14,15,16,20
3	1	23	1,2,3,4,6,8,9,12,13,16,18
4	1	24	1,4,9,12,16
5	1,4	25	1,4,6,9,11,14,16,19,21,24
6	1,3,4	26	1,3,4,9,10,12,13,14,16,17,22,23,25
7	1,2,4	27	1,4,7,9,10,13,16,19,22,25
8	1,4	28	1,4,8,9,16,21,25
9	1,4,7	29	1,4,5,6,7,9,13,16,20,22,23,24,25,28
10	1,4,5,6,9	30	1,4,6,9,10,15,16,19,21,24,25
11	1,3,4,5,9	31	1,2,4,5,7,8,9,10,14,16,18,19,20,25,28
12	1,4,9	32	1,4,9,16,17,25
13	1,3,4,9,10,12	33	1,3,4,9,12,15,16,22,25,27,31
14	1,2,4,7,8,9,11	34	1,2,4,8,9,13,15,16,17,18,19,21,25,26,30,32,33
15	1,4,6,9,10	35	1,4,9,11,14,15,16,21,25,29,30
16	1,4,9	36	1,4,9,13,16,25,28
17	1,2,4,8,9,13,15,16	37	1,3,4,7,9,10,11,12,16,21,25,26,27,28,30,33,34,36
18	1,4,7,9,10,13,16	38	1,4,5,6,7,9,11,16,17,19,20,23,24,25,26,28,30,35,36
19	1,4,5,6,7,9,11,16,17	39	1,3,4,9,10,12,13,16,22,25,27,30,36
20	1,4,5,9,16	40	1,4,9,16,20,24,25,36

2 가 이차잉여 ⇔ $8x \pm 1$ 형태의 소수

$p-1$ 이 이차잉여 ⇔ $4x+1$ 형태의 소수

다음은 p 에 대한 이차잉여(quadratic residue)를 구하는 PASCAL 프로그램을 보인 것이다.

```
PROGRAM QUADRES(INPUT, OUTPUT);
VAR P,R,I,J,K, COUNT:INTEGER;
BEGIN
   WRITELN('Enter any prime number P.');
   READ(P);
   R:=(P-1) DIV 2;
   FOR I:=1 TO P-1 DO
     BEGIN
       COUNT:=0;
       FOR J:=1 TO R DO
         BEGIN
          K:=I*J;  K:=K MOD P;
          IF K>R THEN COUNT:=COUNT+1;
         END;
         IF NOT ODD(COUNT)
            THEN WRITELN(I,' is a quadratic residue of ',P);
     END;
END.
```

#7. 다음을 보여라.

(1) $\left(\frac{461}{773}\right) = -1$

(2) $\left(\frac{371}{113}\right) = 1$

(3) $\left(\frac{429}{563}\right) = 1$

(4) $\left(\frac{286}{563}\right) = -1$

(5) $\left(\frac{21}{221}\right) = -1$

(6) $\left(\frac{1234}{4567}\right) = 1$

(7) $\left(\frac{335}{2999}\right) = 1$

#8. $x^3 + 8 \equiv 0 \pmod 9$을 풀어라.

풀이 $x^3 + 8 \equiv 0 \pmod 3$

$\Rightarrow x^3 + 2 \equiv 0 \pmod 3$

$x \equiv 1 \pmod 3$

$x = 1 + 3y$

이 된다. 이를 대입하면

$(1 + 3y)^3 + 8 = 0 \pmod 9$

이므로 성립함을 알 수 있다.

여기서 y 는 0 ,1 ,2 이다. 이를 차례로 대입하면

$x = 1 + 3(0) = 1 \pmod 9$

$x = 1 + 3(1) = 4 \pmod 9$

$x = 1 + 3(2) = 7 \pmod 9$

#9. $x^2 \equiv 79 \pmod{100}$ 이 가능하지 않은 이유를 설명하여라.

#10. $3x^2 + x + 1 \equiv 0 \pmod{11}$ 의 해를 구하여라.

풀이 $3x^2 + x - 10 \equiv 0 \pmod{11}$ 과 동치이므로,

$(3x - 5)(x + 2) \equiv 0 \pmod{11}$ 에서

$3x \equiv 5 \pmod{11}$, $x \equiv -2 \equiv 9 \pmod{11}$

그러므로 $x \equiv 9 \pmod{11}$ (중근)

#11. 합동방정식 $(x - 2)(x + 2) \equiv 0 \pmod{15}$ 을 만족하는 정수해를 모두 구하여라.

풀이 $(x - 2)(x + 2) \equiv 0 \pmod{15}$

$$\Leftrightarrow \begin{cases} (x - 2)(x + 2) \equiv 0 \pmod 3 \\ (x - 2)(x + 2) \equiv 0 \pmod 5 \end{cases}$$

$$\Leftrightarrow \begin{cases} x \equiv 1,\ 2 \pmod 3 \\ x \equiv 2,\ 3 \pmod 5 \end{cases}$$

$$\Leftrightarrow \begin{cases} x \equiv 1 \pmod 3,\ 2 \pmod 5 \\ x \equiv 1 \pmod 3,\ 3 \pmod 5 \\ x \equiv 2 \pmod 3,\ 2 \pmod 5 \\ x \equiv 2 \pmod 3,\ 3 \pmod 5 \end{cases}$$

$$\Leftrightarrow \ x \equiv 2,\ 1,\ 8,\ 13 \pmod{15}$$

#12. 합동방정식 $2x^2 + 3x - 2 \equiv 0 \pmod 9$ 을 구하여라.

풀이 $2x^2 + 3x - 2 \equiv 0 \pmod 9$ ⋯ (*) 이라 하자.

이제 $2x^2 + 3x - 2 \equiv 0 \pmod 3$ 을 풀면, $(2x-1)(x+2) \equiv 0 \pmod 3$ 에서 $x \equiv 2,\ 1 \pmod 3$ 이다.

① $x \equiv 1 \pmod 3$ 일 때, $x = 3t + 1$ 을 식 (*)에 대입하면,

$2(3t+1)^2 + 3(3t+1) - 2 \equiv 3t + 3 \equiv 0 \pmod 9$

그러므로 $t + 1 \equiv 0 \pmod 3 \ \Rightarrow \ t \equiv 2 \pmod 3$.

그러므로 $x \equiv 7 \pmod 9$.

② $x \equiv 2 \pmod 3$ 일 때, $x = 3t + 2$ 을 식 (*)에 대입하면,

$2(3t+2)^2 + 3(3t+2) - 2 \equiv 3t - 3 \equiv 0 \pmod 9$

그러므로 $t \equiv 1 \pmod 3$.

따라서 $x \equiv 5 \pmod 9$.

그러므로 $x \equiv 5,\ 7 \pmod 9$.

#13. 합동방정식 $x^3 \equiv 8 \pmod{13}$의 해를 구하여라.

풀이 $x \equiv 2^t$ 라 하면, $8 \equiv 2^3$ 이므로, $(2^t)^3 \equiv 2^3 \pmod{13}$ 이고,

$2^{3t-3} \equiv 1 \pmod{13}$ 에서 $3t - 3 = 0 \pmod{12}$ 이다. 따라서 $t \equiv 1 \pmod 4$ 이고,

그러므로 $t \equiv 1,\ 5,\ 9 \pmod{12}$.

따라서 $x = 2^1,\ 2^5,\ 2^8 \pmod{13}$ 즉, $x = 2,\ 6,\ 5 \pmod{13}$.

#14. 다음을 구하여라.

(1) $\left(\dfrac{33}{71}\right)$

(2) $\left(\frac{35}{71}\right)$

(3) $\left(\frac{49}{71}\right)$

(4) $\left(\frac{1234}{4567}\right)$

(5) $\left(\frac{51}{71}\right)$

(6) $\left(\frac{-23}{83}\right)$

제12장

진수변환

제12장 진수변환

우리는 일상생활에서 10진수(decimal)를 주로 사용한다. 그러나 디지털세상에서 컴퓨터를 이용하는 데, 이들은 주로 2진수(binary), 8진수(octal), 16진수(hexadecimal)를 사용한다. 그리고 간혹 수학이나 일상생활에서는 3진수(ternary)와 12진수(duodecimal)가 사용되는 것을 볼 수 있다.

예제 1

무리수인 원주율은 어느 진수로 변환하여도 순환하지 않는 무한소수로 나타난다.

$\pi = (3.1415926535\ldots)_{10}$ 10진법

$= (11.00100100001111\ldots)_2$ 2진법

$= (10.0102110\ldots)_3$

$= (3.066365\ldots)_7$

$= (3.124188\ldots)_9$

$= (3.243F6\ldots)_{16}$ 여기서 $F_{(16)} = 15_{(10)}$이다.

다음 정리에 의해 임의의 양의 정수는 2진수로 나타낼 수 있음을 알 수 있다.

정리 1	**모든 양의 정수는 서로 다른 2의 거듭제곱의 합으로 나타낼 수 있다.**

정리 2	**모든 양의 정수는 서로 다른 2의 거듭제곱의 합으로 유일하게 나타낼 수 있다.**

●●● 예제 2

12진수의 예로는, 12 인치 = 1 foot, 하루는 오전과 오후 12시간씩 있고, 1년 = 12달 등에서 나타난다. 과거에 12진수를 많이 사용했던 이유 중에 하나는 10 이 1,2,5,10을 약수로 가지므로 $\frac{4}{10}$ = 40% 로 나누어떨어지는 반면에 12 는 1,2,3,4,6,12를 약수로 가지므로 $\frac{6}{12}$ = 50% 로 나누어떨어지기 때문이다.

●●● 예제 3

3진수로 나타나는 $0.1_{(3)}$ 은 10진수로 $\frac{1}{3}_{(10)} = 0.111111\cdots_{(10)}$로 유리수이다.

진수의 변환

진수의 변환은 이미 배워서 잘 알고 있다. 여기서 당연한 사실이지만 강조할 것이 있다. 유리수는 순환소수(유한소수는 마지막 이후에 0 이 무한이 순환한다고 생각한다.)이고, 무리수는 순환하지 않는 소수이며, 진법변환에 의해 이 성질은 변화하지 않는다. 즉, 10진법으로 순환하지 않는 소수로 나타나는 π 를 다른 어떤 진수로 고쳐도 순환하는 소수로 나타나지 않는다는 사실이다.

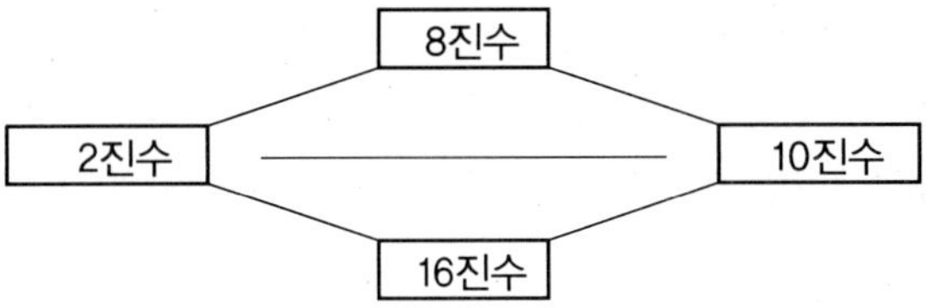

디지털 시대에 많이 사용하는 진법으로는 2진수 (binary), 8진수 (octal), 10진수 (decimal), 16진수 (hexadecimal) 등이 있다.

8 진수를 2 진수로 고치려면 각각 대응하는 8 진수에 해당하는 3자리의 수를 차례대로 적는다. 이것은 소수점을 기준으로 정수부는 오른쪽부터 3자리를, 소수부는 왼쪽부터 3자리를 나누는데, 소수부에서 3자리가 안 될 경우는 나머지를 오른쪽에 0이라고 생각하면 된다. 같은 방법으로 2 진수를 8 진수로 고치려면 이 방법을 역으로 하면 된다.

16 진수를 2 진수로 고치려면 각각 대응하는 16 진수에 해당하는 4자리의 수를 차례대로 적는다. 이것은 소수점을 기준으로 정수부는 오른쪽부터 4자리를, 소수부는 왼쪽부터 4자리를 나누는데, 소수부에서 4자리가 안 될 경우는 나머지를 오른쪽에 0이라고 생각하면 된다. 같은 방법으로 2 진수를 16 진수로 고치려면 이 방법을 역으로 하면 된다.

예제 4

(1) 2 진수로 $1101011110_{(2)}$ 는 8진수로 나타내기 위해서는 소수점을 중심으로 3자리씩 끊어서 대응하는 8진수의 값을 적는다. $1 \mid 101 \mid 011 \mid 110_{(2)}$ 은 8진수의 001, 101, 011, 110에 대응하는 값은 차례대로 1, 5, 3, 6 이므로 $1536_{(8)}$ 이다.

(2) 2 진수로 $1101011110_{(2)}$ 는 16진수로 나타내기 위해서는 소수점을 중심으로 4자리씩 끊어서 대응하는 16진수의 값을 적는다. $11 \mid 0101 \mid 1110_{(2)}$ 은 16진수의 0011, 0101, 1110에 대응하는 값은 차례대로 3, 5, E 이므로 $35E_{(16)}$ 이다.

(3) 16 진수의 $5A_{(16)}$ 을 2진수로 나타내려면 16 진수 5는 2진수로 0101, 16진수 E는 2진수로 1110 이므로 $01011110_{(2)}$, 즉 $1011110_{(2)}$ 이 된다.

●●● 예제 5

8진수를 16진수로 나타내려면 먼저 8진수를 2진수로 고친 다음에 그 결과를 16진수로 변환하면 된다.

4진수	2진수
0	00
1	01
2	10
3	11

8진수	2진수
0	000
1	001
2	010
3	011
4	100
5	101
6	110
7	111

16진수	2진수
0	0000
1	0001
2	0010
3	0011
4	0100
5	0101
6	0110
7	0111
8	1000
9	1001
A	1010
B	1011
C	1100
D	1101
E	1110
F	1111

연습문제 12

#1. 10 진수로 21.12 를 8 진수로 고쳐라.

#2. 10 진수로 $\frac{1}{7}$ 을 7 진수로 변환하여라. 여기서 어떤 사실을 알 수 있는가?

#3. 16 진수로 $FACE$ 를 10 진수로 고쳐라.

참고 10 진수 n 을 p 진수로 나타내면 k 자리수가 된다. 여기서 $p^{k-1} \leq n < p^{k}$ 이다.

#4. $2^{127}-1$ 은 1876년 뤼카(Lucas)가 당시에 발견한 가장 큰 소수(prime)이었다. 이것은 39 자리수로 170,141,183,460,469,231,731,687,303,715,884,105,727이었다. $2^{127}-1$ 을 2 진수로 고쳐라.

답 1111⋯ 1 (1이 127개)

#5. 2 진수 $111111111_{(2)}$ 을 16 진수로 나타내면? (단, 16 진수의 숫자를 작은 것부터 차례로 $0, 1, 2, 3, \cdots, 9, A, B, C, D, E, F$ 로 나타낸다.)

답 $1FF_{(16)}$

참고 10진수(10집법의 수)의 소수점을 포함한 수를 다른 진법으로 변환하려면 정수부분은 나누고 소수부분은 곱하기를 한다.

#6. 다음 왼쪽에 주어진 진수를 오른쪽에 주어진 진수로 고쳐라.

(1) 25.125(10) = ☐(8)

(2) 31.125(10) = ☐(16)

(3) 0.125(10) = ☐(2)

풀이 (1)

$$8 \,\underline{\big|\ 25\ }$$
$$\quad 3 \cdots 1$$

$0.125 \times 8 = 1.0$

답 31.1

(2)

$$16 \,\underline{\big|\ 31\ }$$
$$\quad 1 \cdots F$$

$0.125 \times 16 = 2.0$

$\longrightarrow$ **답** 1F.2

(3) $0.125 \times 2 = 0.25$, $0.25 \times 2 = 0.50$, $0.5 \times 2 = 1.0$ **답** 0.001

#7. 다음 수를 해당하는 진수로 고쳐라.

(1) 1011001(2) = ☐(10)

(2) 613(8) = ☐(10)

풀이 10 진수가 아닌 수를 10 진수로 변환하려면 조립제법과 비슷한 방법으로 계산한다.

(1)

2	1	0	1	1	0	0	1
		2	4	10	22	44	88
	1	2	5	11	22	44	89

(2)

8	6	1	3
		48	392
	6	49	395

#8. 10 진수를 다른 진수로 고치려면 계속하여 나누기를 하여 몫과 나머지를 구하면 된다. $89_{(10)}$ 을 2진수로 고쳐라.

풀이

2 | 89
2 | 44 ⋯ 1 ↑
2 | 22 ⋯ 0 ↑
2 | 11 ⋯ 0 ↑
2 | 5 ⋯ 1 ↑
2 | 2 ⋯ 1 ↑
1 ⋯ 0 ↑

#9. 5진수로 나타내어진 순환소수 $0.\dot{4}\dot{1}_{(5)}$ 를 10 진수로 나타내어라.

풀이 $x = 0.\dot{4}\dot{1}_{(5)}$ 라 하면 $5^2 \times x = 41.\dot{4}\dot{1}_{(5)}$ 이므로

$(5^2 - 1)x = 41_{(5)} = 21$. 그러므로 $24x = 21$.

따라서 $x = \dfrac{21}{24} = 0.875$.

#10. 10 진수의 $\sqrt{2}$ 를 2 진수로 나타내어라.

풀이 $1.0110101000001001111 0\cdots_{(2)}$

#11. $3\dfrac{7}{16}$ 을 2 진수로 나타내어라.

풀이 $3\dfrac{7}{16} = 2 + 1 + 2^{-2} + 2^{-3} + 2^{-4} = 11.0111_{(2)}$.

제13장

decimal (소수)

제13장 decimal(소수)

이 장에서는 영어로 decimal 에 대해서 학습하기로 한다. decimal 이란 '십진수'라는 의미도 있지만, 우리가 초등학교부터 학습한 '소수(小數)'라는 의미로 정수부를 제외한 절댓값이 1 보다 작은 실수를 의미하는 것으로 생각하기로 한다. '십진수(decimal number)'에는 일반적으로 소수점(decimal point)을 의미하기 때문이다. (2장 참조)

참고 decimal 이란 단어는 라틴어로 $\frac{1}{10}$ 을 의미하는 decimus 에서 나왔다.

●●● 예제 1

분수와 소수는 각각 다음과 같은 장단점을 가지고 있다.

(1) 분수는 표현이 직관적이다.

$$\frac{2}{3} = 0.66666...$$

$$\frac{1}{4} = 0.25$$

(2) 소수는 대소를 비교할 때 편하다.

$\frac{382}{625}$ 와 $\frac{509}{833}$ 는 대소 비교가 바로 안 된다. 그러나 이들을 소수로 고치면

0.6112 > 0.6110⋯ 으로 대소 비교가 쉽다.

(3) 덧셈과 뺄셈의 계산은 소수가 분수보다 편리하다.

(4) 곱셈과 나눗셈의 계산은 분수가 소수보다 편리하다.

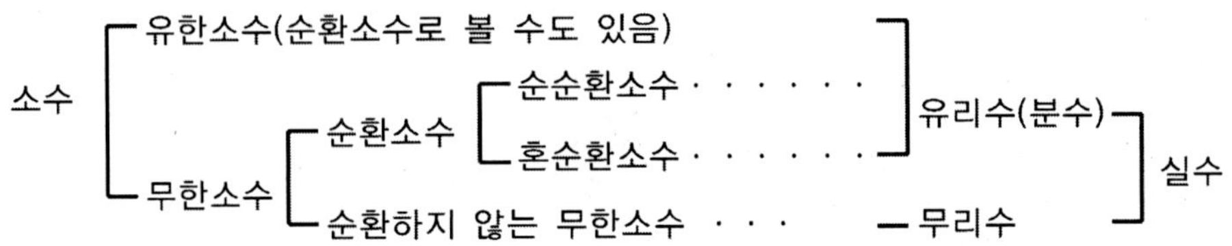

● ● ● 예제 2

다음 수는 유리수인가 무리수인가 ?

(1) 0.123456789101112131415 ⋯

(2) 0.101001000100001000001000000100 ⋯

풀이 (1)과 (2) 무리수이다.

● ● ● 예제 3

무리수로 알려진 $\sqrt{2}$ 와 e 를 각각 소수점 아래 100자리까지 적었을 때 어떤 규칙을 발견할 수 있겠는가?

(1) $\sqrt{2}$ 의 소수점 아래 100자리까지:

1.41421 35623 73095 04880 16887 24209 69807 85696 71875 37694

80731 76679 73799 07324 78462 10703 88503 87534 32764 15727 ⋯

(2) e 를 소수점이하 100자리까지 나타내면

2.71828 18284 59045 23536 02874 71352 66249 77572 47093 69995

95749 66967 62772 40766 30353 54759 45713 82178 52516 64274 ⋯

순환소수는 간단히 표현하기 위해 순환되는 부분의 숫자 위에 선을 긋거나 순환되는 부분의 양 끝에 숫자 위에 점을 찍는다.

●●● 예제 4

$0.01\overline{47}$ 을 유리수(분수)로 나타내어라.

풀이 $0.01\overline{47} \times 10000 = 147.4747\cdots$

$0.01\overline{47} \times 100 \qquad = 1.4747\cdots$

에서 위 식에서 아래 식을 빼면

$0.01\overline{47} \times 9900 = 147 - 1$ 이므로

$$0.01\overline{47} = \frac{147-1}{9900} = \frac{146}{9900}.$$

●●● 예제 5

$\frac{7}{41}$ 을 (순환)소수로 고치면?

답 $0.\overline{17073}$

분수를 소수로 고칠 때 유한소수인 경우는 분모가 2 또는 5 의 지수만을 포함할 경우이다. 그리고 분수를 소수로 고칠 때 순환소수인 경우는 분모가 2 와 5 이외의 약수를 포함하는 경우이다.

정리 1	**a 와 b 가 음이 아닌 정수라 할 때, $\frac{1}{2^a 5^b}$ 의 소수로 나타내면 유한하다.**

■ **간략증명**

$M = \max\{a, b\}$ 라 하면

$$10^M\left(\frac{1}{2^a 5^b}\right) = 2^{M-a} 5^{M-b}$$ 로 정수가 된다.

●●● 예제 6

$\dfrac{1}{16} = \dfrac{1}{2^4}$ 일 때, $M = 10^4$

$\dfrac{1}{20} = \dfrac{1}{2^2 \cdot 5}$ 일 때, $M = 10^2$.

●●● 예제 7

$\dfrac{1}{128} = \dfrac{1}{2^7} = 0.0078125$

$\dfrac{1}{320} = \dfrac{1}{2^6 \cdot 5} = 0.003125$

$\dfrac{1}{800} = \dfrac{1}{2^5 \cdot 5^2} = 0.00125$

위 정리 1의 역도 성립한다.

정리 2	$\dfrac{1}{n}$ **이 소수로 전개했을 때 유한이면, 어떤 음이 아닌 정수** a **와** b **에 대해** $n = 2^a 5^b$ **이다.**

분수를 소수로 고쳤을 때, 유리수의 순환마디의 길이는 유한이 된다. 왜냐하면 분모가 n 인 분수를 소수로 고쳤을 때, 비둘기집 원리에 의해, 나눗셈을 하면 나머지는 많아야 $n-1$ 개 이다. 따라서 n 번째에는 이미 나왔던 나머지가 다시 나타나게 되므로 유한인 자연수 값을 가지게 된다. 이때 순환마디의 길이 r을 순환소수의 **주기**(peroid)라 하고 따라서 다음이 성립한다.

정리 3	$\dfrac{1}{n}$ **의 순환소수의 순환마디의 길이는** $n - 1$ **을 넘지는 않는다.**

■ **간략증명**

비둘기집 원리에 의해서.

예제 8

(1) $n = 7$ 일 때, $\frac{1}{7} = 0.\overline{142857}$ 로 6자리순환을 하므로 주기는 6이다.

(2) $n = 41$ 일 때, $\frac{1}{41} = 0.\overline{02439}$ 로 5자리순환을 하므로 주기는 5이다.

정리 4	$(n, 10) = 1$ **이면,** $\frac{1}{n}$ **의 주기는** r **이다. 여기서** r **은** $10^r \equiv 1 \pmod{n}$ **을 만족하는 가장 작은 양의 정수이다.**

p 가 소수(prime)일 때, $\frac{1}{p}$ 의 주기는 $p \mid (10^k - 1)$ 을 만족하는 가장 작은 양의 정수 k 가 된다.

제 10장에서 나타난 소수(prime) p 에 대한 가장 작은 원시근을 g 라 하여 얻은 표에서 10을 원시근으로 가지는 소수 p 는 숫자 옆에 * 로 표시하였다. 이와 정리 4를 연관지어 생각하여라.

예제 9

(1) $p = 3$ 일 때 $10^1 \equiv 1 \pmod{3}$ 이므로 $\frac{1}{3}$의 주기는 1이다.

(2) $p = 7$ 일 때

$10^1 \not\equiv 1 \pmod{7}$, $10^2 \not\equiv 1 \pmod{7}$, $10^3 \not\equiv 1 \pmod{7}$,

$10^4 \not\equiv 1 \pmod{7}$, $10^5 \not\equiv 1 \pmod{7}$, $10^6 \equiv 1 \pmod{7}$ 이므로 $\frac{1}{7}$의 주기는 6이다.

(3) $p = 11$ 일 때

$10^1 \not\equiv 1 \pmod{11}$, $10^2 \equiv 1 \pmod{11}$ 이므로 $\frac{1}{11}$의 주기는 2이다.

(4) $p = 13$ 일 때

$10^1 \not\equiv 1 \pmod{13}$, $10^2 \not\equiv 1 \pmod{13}$, $10^3 \not\equiv 1 \pmod{13}$,

$10^4 \not\equiv 1 \pmod{13}$, $10^5 \not\equiv 1 \pmod{13}$, $10^6 \equiv 1 \pmod{13}$

이므로 $\dfrac{1}{13}$의 주기는 6이다.

(5) $p = 17$ 일 때

$10^1 \not\equiv 1 \pmod{17}$, $10^2 \not\equiv 1 \pmod{17}$, $\cdots$, $10^{15} \not\equiv 1 \pmod{17}$,

$10^{16} \equiv 1 \pmod{17}$ 이므로 $\dfrac{1}{17}$의 주기는 16이다.

●●● 예제 10

$\dfrac{1}{41}$ 의 주기를 구하여라.

풀이 $\dfrac{1}{41} = 0.\overline{02439}$ 이다. 그리고

$10^5 \equiv 1 \pmod{41}$ 이므로 5자리 순환이다. 즉, $r = 5$.

참고 일반적으로 $10^r \equiv 1 \pmod{p}$ 에서 최소의 r을 구하는 방법은 알려져 있지 않다.

정리 5	**$n \neq 2^a 5^b$ 이고 $(c, n) = 1$ 이면, $\dfrac{c}{n}$ 를 소수로 전개했을 때의 주기는 r 이다. 여기서 r 은 $n = 2^a 5^b n_1$ 이고 $(n, 10) = 1$ 이면서 $10^r \equiv 1 \pmod{n_1}$ 을 만족하는 최소의 양의 정수이다.**

n	1	2	3	4	5	6	7	8	9	10	11	12	13	14	15	16	17	18	19	20
r	0	0	1	0	0	1	6	0	1	0	2	1	6	6	1	0	16	1	18	0
n	21	22	23	24	25	26	27	28	29	30	31	32	33	34	35	36	37	38	39	40
r	6	2	22	1	0	6	3	6	28	1	15	0	2	16	6	1	3	18	6	0
n	41	42	43	44	45	46	47	48	49	50	51	52	53	54	55	56	57	58	59	60
r	5	6	21	2	1	22	46	1	42	0	16	6	13	3	2	6	18	28	58	1
n	61	62	63	64	65	66	67	68	69	70	71	72	73	74	75	76	77	78	79	80
r	60	15	6	0	6	2	33	16	22	6	35	1	8	3	1	18	6	6	13	0
n	81	82	83	84	85	86	87	88	89	90	91	92	93	94	95	96	97	98	99	100
r	9	5	41	6	16	21	28	2	44	1	6	22	15	46	18	1	96	42	2	0

n 에 대한 $\dfrac{1}{n}$ 의 주기 r 를 나타낸 표

주기	대응하는 $1/p$ p(소수)
1	3
2	11
3	37
4	101
5	41, 271
6	7, 13
7	239, 4649
8	73, 137
9	333667
10	9091
11	21649, 513239
12	9901
13	53, 79, 265371653
14	909091
15	31, 2906161
16	17, 5882353
17	2071723, 5363222357
18	19, 52579
19	1111111111111111111 (1 이 19 개)
20	3541, 27961

주기가 21 보다 작은 소수(prime) p 를 역수로 가지는 모든 소수(prime)표

참고 위 표에서 19 는 1 이 19 개이다. 37 은 순환마디의 길이가 3 인 유일한 소수(prime)이다.

참고 그러나 순환마디의 길이를 짐작할 수 있는 방법은 모든 $10^k - 1$ 을 소인수분해한 것을 알고 있다면 도움이 될 수도 있다. 예를 들어

$10^1 - 1 = 3^2$

$10^2 - 1 = 3^2 \times 11$

$10^3 - 1 = 3^2 \times 37$

$10^4 - 1 = 3^2 \times 11 \times 101$

$10^5 - 1 = 3^2 \times 41 \times 271$

$10^6 - 1 = 3^2 \times 7 \times 11 \times 13 \times 37$

$10^7 - 1 = 3^2 \times 239 \times 4649$

……

에서 37 은 최초로 10^3-1 에서 나타나므로 순환마디의 길이는 3이다. 같은 방법으로 101은 길이가 4, 41과 271은 길이가 5이고, 239는 길이가 7이다.

연습문제 13

#1. 프로그램을 작성하여 다음 분수를 소수로 고쳤을 때 주기를 구하여라.

(1) $\frac{1}{7699}$ (2) $\frac{1}{1861}$ (3) $\frac{1}{17389}$

풀이 (1)의 주기는 7698 이다. : Cambridge 의 Suffield 와 Lunn (1863년)

(2)의 주기는 1860 이다. : W.H.H. Hudson

(3)의 주기는 17388 이다. : William Shanks

순환마디

$\frac{1}{17}$ 의 주기는 $17 - 1 = 16$ 이다. $\frac{a}{b}$ 에서 b 가 10 과 서로 소이면 순환마디는 소수점 바로 다음부터 시작한다. 역으로 $\frac{a}{b}$ 의 순환마디가 소수점 바로 다음부터 시작하면 b 는 10 과 서로 소이다.

41 로 어떤 수를 나누면 5 자리로 순환하는데 1 부터 40 까지의 수를 대상으로 해 본 결과 다음과 같은 8개 집단으로 순환류를 나눌 수 있다.

$\frac{1}{41} = 0.\overline{02439}$, $\frac{10}{41} = 0.\overline{24390}$, $\frac{18}{41} = 0.\overline{43902}$, $\frac{16}{41} = 0.\overline{39024}$, $\frac{37}{41} = 0.\overline{90243}$

$\frac{2}{41} = 0.\overline{04878}$, $\frac{20}{41} = 0.\overline{48780}$, $\frac{36}{41} = 0.\overline{87804}$, $\frac{32}{41} = 0.\overline{78048}$, $\frac{33}{41} = 0.\overline{80487}$

$\frac{3}{41} = 0.\overline{07317}$, $\frac{30}{41} = 0.\overline{73170}$, $\frac{13}{41} = 0.\overline{31707}$, $\frac{7}{41} = 0.\overline{17073}$, $\frac{29}{41} = 0.\overline{70731}$

$\frac{4}{41} = 0.\overline{09756}$, $\frac{40}{41} = 0.\overline{97560}$, $\frac{31}{41} = 0.\overline{75609}$, $\frac{23}{41} = 0.\overline{56097}$, $\frac{25}{41} = 0.\overline{60975}$

$\frac{5}{41} = 0.\overline{12195}$, $\frac{9}{41} = 0.\overline{21951}$, $\frac{8}{41} = 0.\overline{19512}$, $\frac{39}{41} = 0.\overline{95121}$, $\frac{21}{41} = 0.\overline{51219}$

$\frac{6}{41} = 0.\overline{14634}$, $\frac{19}{41} = 0.\overline{46341}$, $\frac{26}{41} = 0.\overline{63414}$, $\frac{14}{41} = 0.\overline{34146}$, $\frac{17}{41} = 0.\overline{41463}$

$\frac{11}{41} = 0.\overline{26829}$, $\frac{28}{41} = 0.\overline{68292}$, $\frac{34}{41} = 0.\overline{82926}$, $\frac{12}{41} = 0.\overline{29268}$, $\frac{38}{41} = 0.\overline{92682}$

$\frac{15}{41} = 0.\overline{36585}$, $\frac{27}{41} = 0.\overline{65853}$, $\frac{24}{41} = 0.\overline{58536}$, $\frac{35}{41} = 0.\overline{85365}$, $\frac{22}{41} = 0.\overline{53658}$

정의 소수 p 에 대하여 $\frac{1}{p}$ 의 주기가 $p-1$ 이면 p 를 **long prime** 라고 한다. 그러면 long prime은 prime 의 약 37%가 된다고 한다.

$$\Pi_p \frac{p^2-p-1}{p^2-p} = \frac{1}{2}\times\frac{5}{6}\times\frac{19}{20}\cdots \approx 0.37395581\cdots \quad \text{(Emil Artin 식)}$$

1 부터 1000 까지 소수 p 에 대해 주기가 $p-1$ 을 가지는 long prime 들은 다음과 같다.
7, 17, 19, 23, 29, 47, 59, 61, 97, 109, 113, 131, 149, 167, 179, 181, 193, 223, 229, 233, 257, 263, 269, 313, 337, 367, 379, 383, 389, 419, 433, 461, 487, 491, 499, 503, 509, 541, 571, 577, 593, 619, 647, 659, 701, 709, 727, 743, 811, 821, 823, 857, 863, 887, 937, 941, 953, 971, 977, 983 (이상 60개)

소수 p 에 대한 순환마디의 길이(period)

$\frac{1}{p}$ 이 주기 k 를 가지면, $\frac{n}{p}$ 도 주기 k 를 가진다.

미뒤의 정리(E. Middy's theorem)

p 가 소수(prime) 이고, $\frac{1}{p}$ 가 $2n$ 자리 순환을 한다고 하고, 그 순환마디가 $a_1 a_2 a_3 \cdots a_{2n}$ 이라고 하면 $a_k + a_{n+k} = 9$ 가 성립한다.

#2. $\frac{1}{97}$ 은 소수로 고치면 96 자리순환을 한다. 소수점 아래 처음 48개가 다음과 같을 때 나머지 48개 순환마디에 해당하는 수를 구하여라.

$$\frac{1}{97} = 0.010309278350515463917525773195876288659793814432\cdots$$

답 989690721649484536082474226804123711340206185567

#3. 다음 분수를 소수(decimal)로 고친 각각에 대해 주기를 확인하여라. 13, 37, 17, 9801, 89를 제외한 나머지는 분모가 소수(prime)가 아닌 것임을 주의하여라.

(1) $\frac{1}{13} = 0.\overline{076923}$

(2) $\frac{1}{27} = 0.\overline{037}$

(3) $\frac{1}{37} = 0.\overline{027}$

(4) $\frac{1}{54} = 0.0\overline{185}$

(5) $\frac{1}{63} = 0.\overline{015873}$

(6) $\frac{1}{81} = 0.\overline{012345679}$

(7) $\frac{1}{99} = 0.\overline{01}$

(8) $\frac{1}{117} = 0.\overline{008547}$

(9) $\frac{1}{17} = 0.\overline{0588235294117647}$ (16 자리 순환)

(10) $\frac{1}{153} = 0.0\overline{065359477124183}$

(11) $\frac{1}{189} = 0.\overline{005291}$.

(12) $\frac{1}{9801} = 0.\overline{00\ 01\ 02\ 03\ \cdots\ 96\ 97\ (98\text{없음})\ 99}$ (198 자리 순환)

(13) $\frac{1}{891} = 0.\overline{001122334455667789}$

(14) $\frac{1}{8991} = 0.\overline{000111222333444555666777889}$

(15) $\frac{1}{89991} = 0.\overline{000011112222333344445555666677778889}$

(16) $\frac{1}{89} = 0.\overline{01123595505617977528089887640449438202247191}$

참고로 (16)에서 $\frac{1}{89}$은 피보나치수열과 비교하면 재미있다.

#4. $\frac{1}{666}$ 을 소수점 아래 666 번째 자리 수를 구하여라.

힌트 $\frac{1}{666} = 0.0\overline{015}$

#5. 소수의 제곱의 역수의 주기는 어떻게 되는가? 예를 들어 다음을 구하여라.

(1) $\frac{1}{3^2} = \frac{1}{9} = 0.\overline{1}$

(2) $\frac{1}{5^2} = \frac{1}{25} = 0.04$

(3) $\frac{1}{7^2} = \frac{1}{49} = 0.\overline{020408163265306122448979591836734693877551}$ (42자리 순환)

(4) $\frac{1}{11^2} = \frac{1}{121}$

참고 (1) $\frac{1}{p}$ 의 주기를 T_p 라 하면 $\frac{1}{p^2}$ 의 주기는 보통(영어로 usually로 표현) $p \cdot T_p$ 이다. $\frac{1}{p^2}$ 의 주기가 $\frac{1}{p}$ 가 되는 예외적인 경우가 현재까지 3가지가 알려졌는데 그것은 3 , 487 , 56598313 이다.

(2) $\frac{1}{pq}$ 의 주기는 T_p 와 T_q 의 최소공배수 $[T_p, T_q]$ 이다. 예를 들어 $\frac{1}{119}$ 일 경우 주기는 $119 = 7 \times 17$ 이므로 $\frac{1}{7}$ 의 주기 $T_7 = 6$, $\frac{1}{17}$ 의 주기 $T_{17} = 16$ 이므로 $[T_7, T_{17}] = [6, 16] = 48$ 이다.

#6. $0.9999\cdots = 0.\overline{9} = 1$ 임을 보여라.

(1 부터 1000 까지 168 개 소수 p 에 대해) 소수 p 에 대한 $\frac{1}{p}$ 의 period e

p	e	p	e	p	e	p	e	p	e	p	e	p	e
												829	276
2	0	97♣	96	227	113	367♣	366	509♣	508	661	220	839	419
3	1	101	4	229♣	228	373	186	521	52	673	224	853	213
5	0	103	34	233♣	232	379♣	378	523	261	677	338	857♣	856
7♣	6	107	53	239	7	383♣	382	541♣	540	683	341	859	26
11	2	109♣	108	241	30	389♣	388	547	91	691	230	863♣	862
13	6	113♣	112	251	50	397	99	557	278	701♣	700	877	438
17♣	16	127	42	257♣	256	401	200	563	281	709♣	708	881	440
19♣	18	131♣	130	263♣	262	409	204	569	284	719	359	883	441
23♣	22	137	8	269♣	268	419♣	418	571♣	570	727♣	726	887♣	886
29♣	28	139	46	271	5	421	140	577♣	576	733	61	907	151
31	15	149♣	148	277	69	431	215	587	293	739	246	911	455
37	3	151	75	281	28	433♣	432	593♣	592	743♣	742	919	459
41	5	157	78	283	141	439	219	599	299	751	125	929	464
43	21	163	81	293	146	443	221	601	300	757	27	937♣	936
47♣	46	167♣	166	307	153	449	32	607	202	761	380		
53	13	173	43	311	155	457	152	613	51	769	192		
59♣	58	179♣	178	313♣	312	461♣	460	617	88	773	193	941♣	940
61♣	60	181♣	180	317	79	463	154	619♣	618	787	393	947	473
67	33	191	95	331	110	467	233	631	315	797	199	953♣	952
71	35	193♣	192	337♣	336	479	239	641	32	809	202	967	322
73	8	197	98	347	173	487♣	486	643	107	811♣	810	971♣	970
79	13	199	99	349	116	491♣	490	647♣	646	821♣	820	977♣	976
83	41	211	30	353	32	499♣	498	653	326	823♣	822	983♣	982
89	44	223♣	222	359	179	503♣	502	659♣	658	827	413	991	495
												997	166

① 표에서 $e = 0$ 은 유한을 나타낸다.

② p 가 2 와 5 를 제외하고, $10^e - 1$ 이 소수(prime) p 에 의해 나누어지는 가장 작은 지수 e 가 최소지수(least exponent) 이다.

③ p 가 2 와 5 를 제외하고, ♣ 표시한 것은 10 이 이 소수(prime)에 대하여 원시근이다.

④ 이 표의 ♣ 표시한 수와 10장에 있는 표에서 * 표시한 수를 비교하여라.

제14장
피타고라스 삼각형

제14장 피타고라스 삼각형

삼각형 또는 직각삼각형에서 3변을 side 라고 하고, 특히 직각삼각형인 경우 직각을 낀 두 변을 leg, 빗변을 hypotenuse 라고 한다.

3500년 전에 바빌로니아 사람들은 120, 119, 169 의 길이를 갖는 삼각형이 직각삼각형이라는 사실을 알고 있었다. 그리고 그 들은 지름에 대한 원주각은 직각이 되는 것을 알고 있었다. 대략 2500년 전, x 와 y 를 직각을 낀 변, z 를 hypotenuse 의 길이라 할 때 피타고라스가 $x^2 + y^2 = z^2$ 을 발견할 때까지는 단지 관측에 의해서 얻어졌다. **피타고라스 삼각형**이란 세변의 길이가 정수비를 갖는 직각삼각형을 말한다. 그리고 이때 이 3개의 자연수 (a, b, c) 를 **피타고라스의 수**(Pythagorean Triples)라고 한다. 여기서 a, b, c 는 자연수이고 $a^2 + b^2 = c^2$ 이다. 피타고라스의 수는 다음 성질을 가진다.

① 직각을 끼고 있는 두 변 a, b 중 어느 한 변은 3의 배수이다.

② 직각을 끼고 있는 두 변 a, b 중 어느 한 변은 4의 배수이다.

③ 피타고라스 수 가운데 한 개는 5의 배수이다.

a, b, c 의 최대공약수가 1 인 경우 서로 소인 피타고라스 수라 하고, 서로 소인 피타고라스 수 한 쌍에는 직각을 끼고 있는 두 변 중 어느 하나는 짝수이고 다른 하나는 반드시 홀수이다. 이때 빗변은 홀수이다.

$x^2 + y^2 = z^2$ 이고 $(x, y) = d$ 이면

$d \mid z$ 이고 $\left(\frac{x}{d}\right)^2 + \left(\frac{y}{d}\right)^2 = \left(\frac{z}{d}\right)^2$ 이고, $\left(\frac{x}{d}, \frac{y}{d}\right) = 1$ 이다.

●●● 예제 1

$(x, y) = 1$ 이고 $x^2 + y^2 = z^2$ 이면 $(y, z) = (x, z) = 1$ 이다.
이것은 p 가 x, y, z 중에 어느 두 개를 나눌 수 있다면, p 가 나머지도 나눌 수 있기 때문이다.

$x^2 + y^2 = z^2$ 의 해를 $x = a$, $y = b$, $z = c$ 라 할 때, $a, b, c > 0$ 이고 $(a, b) = 1$ 인 해를 **기본해**(fundamental solution)이라고 한다. a, b, c 가 기본해이면 a, b, c 중 어떤 두 수도 같은 소인수를 가지고 있지 않는다. 저자에 따라 fundamental 대신에 primitive를 사용하기도 한다.

■ **보조정리 1**

a, b, c 를 $x^2 + y^2 = z^2$ 의 기본해(fundamental solution)라 하면, a 와 b 중 오직 하나는 짝수이다.

■ **증명**

정수 a 와 b 가 기본해(fundamental solution)이면서 모두 짝수가 된다면 $2 \mid (a, b)$ 가 된다. a 와 b 가 모두 홀수가 된다면 $a \equiv 1 \pmod 2$ 이고 $b \equiv 1 \pmod 2$ 이므로 $a^2 \equiv 1 \pmod 4$ 이고 $b^2 \equiv 1 \pmod 4$ 가 되어 $c^2 = a^2 + b^2 \equiv 2 \pmod 4$ 인데 이것은 불가능하기 때문이다. (두 홀수의 제곱의 합이 어떤 짝수의 제곱과 같게 되는 일을 있을 수 없기 때문에) 그러므로 a 와 b 중 하나는 홀수이고 다른 하나는 짝수이어야 한다.

■ **따름정리 1**

a, b, c 가 기본해(fundamental solution)이면 c 는 홀수이다.

■ **증명**

$a^2 + b^2 \equiv 1 \pmod 2$.

■ **보조정리 2**

$r^2 = st$ 이고 $(s, t) = 1$ 이면 s 와 t 는 모두 제곱수가 된다.

■ **반례**

$6^2 = 18 \cdot 2$ 이지만 18 과 2 는 제곱수가 아니다. $(18, 2) \neq 1$ 이므로.

■ **보조정리 3**

a, b, c 가 $x^2 + y^2 = z^2$ 의 기본해(fundamental solution)이고, a 가 짝수라고 하자. 그러면 (a 가 짝수라고 하여도 일반성을 잃지 않는다.)

$a = 2mn$, $b = m^2 - n^2$, $c = m^2 + n^2$

인 $m > n$, $(m, n) = 1$ 이고 $m \not\equiv n \pmod 2$ 를 만족하는 양의 정수 m 과 n 이 있다.

■ **증명**

다음 예제 2, 3과 4에 의해서 증명된다.

●●● **예제 2**

$d \mid m$ 이고 $d \mid n$ 이라고 가정하자. 그러면 $d \mid a$ 이고 $d \mid b$ 임을 보여라.
따라서 $(m, n) = 1$ 임을 얻을 수 있다.

●●● **예제 3**

$m \equiv n \equiv 0 \pmod 2$ 라고 하자. 그러면 a 와 b 는 모두 짝수인데, 이것은 불가능함을 보여라.

●●● **예제 4**

$m \equiv n \equiv 1 \pmod 2$ 라고 하자. 그러면 a 와 b 는 모두 짝수임을 보여라.

■ **보조정리 4**

$a = 2mn$, $b = m^2 - n^2$, $c = m^2 + n^2$

a, b, c 는 $x^2 + y^2 = z^2$ 의 하나의 해가 된다. 여기에 더해 $m > n$, m 과 n 이 양수이고, $(m, n) = 1$ 이고 $m \not\equiv n \pmod 2$ 이면, a, b, c 는 하나의 기본해(fundamental solution)이다.

정리 1	**a, b, c 는 양수이고 공약수를 가지고 있지 않으며, a 가 짝수일 때, $x^2 + y^2 = z^2$ 의 모든 해 $x = a$, $y = b$, $z = c$ 는** $a = 2mn$, $b = m^2 - n^2$, $c = m^2 + n^2$ **으로 주어진다. 여기서 m 과 n 은 서로 소인 정수이고, 모두 홀수가 아니고 $m > n$ 이다.**

m	n	a	b	c	a^2	b^2	c^2
2	1	4	3	5	16	9	25
3	1	성립 안 됨					
4	1	8	15	17	64	225	289
5	1	성립 안 됨					
6	1	12	35	37	144	1225	1369
7	1	성립 안 됨					
3	2	12	5	13	144	25	169
4	2	성립 안 됨					
5	2	20	21	29	400	441	841
6	2	성립 안 됨					
7	2	28	45	53	784	2025	2809
4	3	24	7	25	576	49	625
5	3	성립 안 됨					
6	3	성립 안 됨					
7	3	성립 안 됨					
5	4	40	9	41	1600	81	1681
6	4	성립 안 됨					

참고 $2mn$ 은 고(股), $m^2 - n^2$ 은 구(勾), $m^2 + n^2$ 은 현(弦)에 해당한다.

연습문제 14

#1. 빗변의 길이가 50보다 적은 기본(fundamental)이 아닌 피타고라스삼각형의 빗변이 될 수 있는 것을 모두 구하여라.

답 10, 15, 20, 25, 30, 35, 40, 45 (여기까지 5의 배수), 34 (17의 배수), 26, 39 (13의 배수)

#2. (1) 265를 두 제곱수의 합으로 나타내어라.

(2) 빗변의 길이가 265인 기본(fundamental) 피타고라스 삼각형을 구하여라.

(3) 빗변의 길이가 265인 피타고라스 삼각형을 구하여라.

답 (1) $265 = 3^2 + 16^2 = 11^2 + 12^2$ $(m = 16, n = 3), (m = 12, n = 11)$

(2) (96, 247, 265), (264, 23, 265)

(3) (96, 247, 265), (264, 23, 265), (159, 212, 265), (140, 225, 265)

#3. 같은 넓이와 같은 빗변을 갖는 피타고라스 삼각형은 합동이 됨을 증명하여라.

#4. 넓이와 둘레의 길이가 (수치적으로) 같은 값을 가지는 직각삼각형을 모두 구하여라. 예를 들어 넓이가 $15\,cm^2$ 이고 둘레가 $15\,cm$ 이면 이 둘은 수치적으로 같다고 생각한다.

풀이 직각을 낀 두 변의 길이를 x 와 y 라 하면,

$$\frac{xy}{2} = x + y + z\,,\ z = \sqrt{x^2 + y^2}$$

을 동시에 만족하는 (x, y) 쌍을 구하면 된다.

$$\frac{xy}{2} = x + y + \sqrt{x^2 + y^2}$$

$$\frac{xy}{2} - x - y = \sqrt{x^2 + y^2}$$

양변을 제곱하고 정리하면

$$(x-4)(y-4) = 8$$

을 만족하는 순서쌍을 구하면

(x, y) 는 $(6, 8)$, $(8, 6)$, $(5, 12)$, $(12, 5)$

를 얻을 수 있다. 실제로 이런 직각삼각형은 6:8:10 과 5:12:13 두 가지 뿐이다.

#5. 면적이 둘레의 (수치적으로) 두 배가 되는 모든 기본(fundamental) 피타고라스 삼각형 (Pythagorean triangle)을 구하여라.

풀이

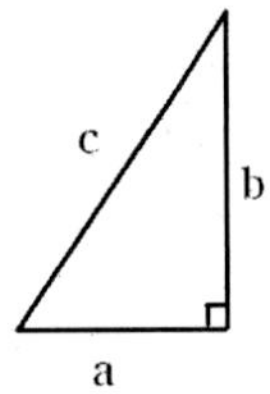

그림과 같은 직각삼각형에서 넓이 $S = \frac{1}{2}ab$, 둘레 $P = a + b + c$ 이고, $a = 2mn$, $b = m^2 - n^2$, $c = m^2 + n^2$ 을 이용하면

$\frac{1}{2}ab = 2(a + b + c)$ 에서

$ab = 4(a + b + c)$ 이다. 이것은

$2mn(m^2 - n^2) = 4(2mn + m^2 - n^2 + m^2 + n^2)$이다. 이것을 정리하면

$n(m - n) = 4$ 를 얻을 수 있다.

m 과 n 이 양의 정수이므로 이것은 다음과 같은 3가지 경우로 나눠 생각할 수 있다.

(경우 1) $n = 4$, $m - n = 1$ 즉, $n = 4$, $m = 5$

(경우 2) $n = 2$, $m - n = 2$ 즉, $n = 2$, $m = 4$

(경우 3) $n = 1$, $m - n = 4$ 즉, $n = 1$, $m = 5$

위의 각 경우에 대해 $a = 2mn$, $b = m^2 - n^2$, $c = m^2 + n^2$ 를 이용하면 나온 직각삼각형 중에서 기본(fundamental)인 것을 구한다.

(경우 2)와 (경우 3)에서는 기본(fundamental)인 해를 구할 수 없다.

(경우 1)에서 $(40, 9, 41)$ 을 얻는다.

#6. 면적이 둘레의 (수치적으로) 세 배가 되는 모든 기본 피타고라스 삼각형을 구하여라.

#7. (1) 빗변의 길이가 1105인 모든, 기본(fundamental)이거나 아닌, 피타고라스 삼각형은 몇 개 있는가? (힌트 : $1105 = 5 \times 13 \times 17$) 그 13가지를 모두 구하여라.

(2) (1)에서 1105 대신 1729 로 바꾸면 어떻게 되는가? (힌트 : $1729 = 7 \times 13 \times 19$)

#8. a, b, c 를 $x^2 + y^2 = z^2$ 의 기본해(fundamental solution)라 하면, c 는 3 또는 7 또는 11 로 나눠질 수 없음을 보여라. 결론은 a 와 b 중 하나는 3의 배수이고, a 와 b 중 하나는 4의 배수이고, a 또는 b 또는 c 중 하나는 5의 배수가 된다.

#9. 제곱수는 1^2 과 3^2 을 제외하고는 모든 자리수가 홀수로 이루어질 수 없음을 보여라.

#10. leg (직각삼각형에서 빗변이 아닌 변)가 100 인 기본 피타고라스삼각형을 구하여라.

힌트 ($2mn = 100$ 또는 $m^2 - n^2 = 100$ 에서 홀수를 제외한다.)

답 (100, 2499, 2501)과 (100, 621, 625)

#11. 모든 제곱수는 $4n$ 이거나 $8n + 1$ 의 형태를 가짐을 보여라.

#12. 피타고라스의 수는 무수히 많음을 보여라.

풀이 $1 + 3 + 5 + \cdots + (2n-1) = n^2$ … ① 이고

$1 + 3 + 5 + \cdots + (2n-1) + (2n+1) = (n+1)^2$ … ② 이므로

①식을 ②식에 대입하면 $n^2 + (2n+1) = (n+1)^2$

이 된다. 그러므로 $2n + 1$ 이 제곱수이면

n, $\sqrt{2n+1}$, $n + 1$ 은 피타고라스의 수이다.

#13. 연속하는 두 제곱수가 각각 207,936 과 208,849 라고 한다. 다음 제곱수를 구하여라.

힌트 연속한 두 수를 n, $n + 1$ 라 하면, 그 차이는

$(n+1)^2 - n^2 = 2n+1$ 이므로, 주어진 두 수의 차이가 913 인 것에 주목한다. 즉

$2n+1 = 913$ 이므로 $n = 456$ 을 얻을 수 있다.

다음 제곱수는 $208,849 + (913 + 2) = 209,764$ 가 된다.

피타고라스 정리에 대해서는 상당히 여러 가지 증명방법이 알려져 있다. 중학교 교과서에 보통 10여 가지의 증명법이 그림으로 나와 있는 데, Elisha Scott Loomis, Ph.D. (1852-1940)의 초판(The Pythagorean Theorem. Cleveland, Ohio, 1927)은 1927년에 214페이지로 발간되어 230개의 다른 증명을 실었다. 그 이후 2판(ES Loomis, The Pythagorean Proposition, Washington: National Council of Teachers of Mathematics, 1968)에서는

365개의 다른 증명을 실었다. 그리고 Beiler는 그의 책 14절의 “the eternal triangle”에 피타고라스의 수에 대하여 더 이상 추가가 어려울 정도로 다양하게 잘 정리해 놓았다.
Loomis 는 석수(벽돌공, mason)이었으며 그렇기 때문에 특히 피타고라스와 그와 같은 종류의 정리에 관심이 많았다.
The Mathematics Teacher에서 1969년 5월호(pp. 357-360) A Heuristic Approach to PYTHAGOREAN TRIPLES, by John Wilson, 1969년 11월호(pp.547-548) The AREA of a PYTHAGOREAN TRIANGLE and the NUMBER SIX, by Robert W. Prielipp 등을 비롯하여 Math Teacher 에 많은 관련 자료들을 찾을 수 있다.

피타고라스의 정리에 대한 새로운 증명들

(1) Hoehn, Larry : The Pythagorean Theorem : An Infinite Number of Proofs. The Mathematics Teacher. 90:6 (Sep 1997), pp.438-441.

(2) Paulus Gerdes : African Pythagoras: A study in culture and mathematics education, Mozambican Ethnomathematics Research Centre, March 31, 2011 (영어번역판) pp. 124

다음은 피타고라스의 정리를 증명하기 위하여 Garfield (James Garfield 미국 20대 대통령(1881-1881))의 증명법으로 사용한 그림이다.

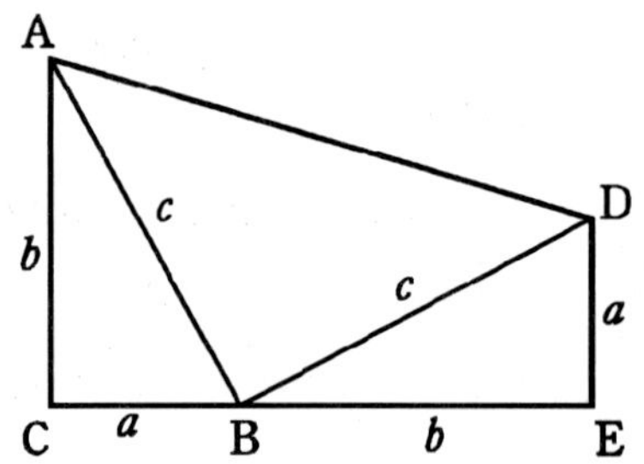

James Garfield는 미국의 20 대 대통령으로 1881년에 취임하여 그 해에 사망하였다. 그가 대통령에 취임하기 전에 피타고라스의 증명법 중 하나를 발견하였다. 이것은 New England Journal of Education (1876년)에서 찾아 볼 수 있다.

페르마의 마지막 정리(Fermat's Last Theorem)

$x^n + y^n = z^n$ $(n > 2)$를 만족하는 양의 정수해 (x, y, z)는 존재하지 않는다.
($x^n + y^n = z^n$ has no nontrivial solutions if $n > 2$.)

페르마(1601-1665)는 프랑스 수학자인 바셰 드 메지리악(Bachet de Méziriac : 1581-1638)이 번역한 그리스 수학자 디오판토스의 책을 공부하던 어느 날 그 책의 여백에 이렇게 썼다. "n이 2보다 큰 자연수일 때, $x^n + y^n = z^n$을 만족시키는 자연수들은 존재하지 않는다. 나는 이 정리에 대해 놀랄만한 증명을 알고 있지만 이 책의 여백이 좁아서 여기에 쓸 수가 없다."

$x^3 + y^3 = z^3$의 자연수 해는 없다 … 오일러(1707-1783)가 증명
$x^4 + y^4 = z^4$의 자연수 해는 없다 … 페르마(1601-1665)가 증명
$x^5 + y^5 = z^5$의 자연수 해는 없다 … 르장드르(1752-1833)와 디리클레(1805-1859)가 증명
$x^7 + y^7 = z^7$의 자연수 해는 없다 … 라메(1795-1870)가 증명

1994년 10월 6일 앤드류 와일즈(Andrew Wiles, 1953- : 영국 수학자)가 7년이 넘는 세월동안 이 문제만을 연구하여 마침내 증명하였다.

#14. 100과 164에 각각 어떤 수를 더했더니 이 수들이 모두 제곱수가 되었다. 더한 수를 구하여라.

답 125를 더하면 각각 15와 17의 제곱수가 된다.

#15. $x^3 + y^3 + z^3 = t^3$의 정수해는

$3^3 + 4^3 + 5^3 = 6^3$
$1^3 + 6^3 + 8^3 = 9^3$
$7^3 + 14^3 + 17^3 = 20^3$
…………

와 같이 무수히 많이 존재함을 보여라.

#16. Euler는 $a^4 + b^4 + c^4 = d^4$을 만족하는 정수해는 없을 것이라고 예측하였다. 그러나 1986년 엘커스(Noam D. Elkies : 1966-)에 의하여

$2682440^4 + 15365639^4 + 18796760^4 = 20615673^4$

이 발견됨으로써 그의 예측은 틀렸다. 그리고 1988년 프라이(Roger Frye)에 의하여

$$95800^4 + 217519^4 + 414560^4 = 422481^4$$

도 알려졌다. 참고로 $27^5 + 84^5 + 110^5 + 135^5 = 144^5$ (1966년 : Lander & Parkin)이다. 이들의 계산을 확인하고 관련된 등식을 몇 개 구하여라.

#17. 드 구아(de Gua)의 정리(3 차원 공간에서의 Pythagoras 정리)를 증명하여라.

O를 직사면체의 꼭짓점이라 하고 A, B, C, D를 각각 P, Q, R, O점들을 마주보는 면의 넓이라고 하면 $A^2 + B^2 + C^2 = D^2$ 이다. O에서 3개의 면은 서로 수직을 이룬다.

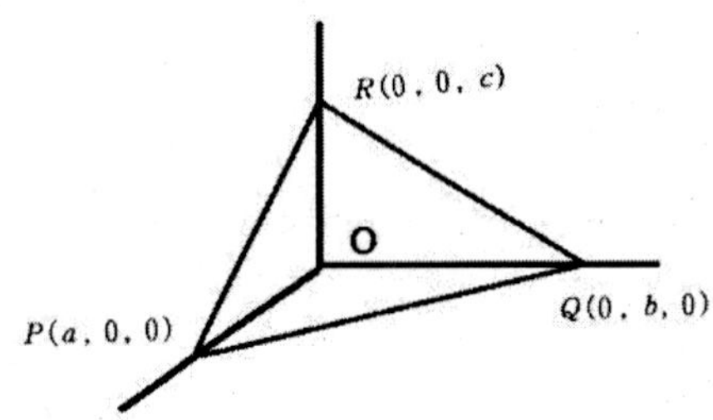

힌트 PQR의 면적이 $\frac{1}{2}\sqrt{a^2b^2 + b^2c^2 + c^2a^2}$ 임을 보인다.

#18. 피타고라스 삼각형의 내접원의 반지름의 길이는 정수값임을 증명하여라.

풀이 밑변을 b, 높이를 a라고 하며, 빗변의 길이를 c라고 할 때, 직각삼각형이므로 $a^2 + b^2 = c^2$ 이다. 또 삼각형의 넓이를 이용하여 $\frac{1}{2}ab = \frac{1}{2}r(a+b+c)$ 임을 알 수 있다. 여기에서 적당한 양의 정수 m, n, k에 대하여

$$a = k(m^2 - n^2),\ b = 2kmn,\ c = k(m^2 + n^2)$$

과 같이 나타낼 수 있다. 이것을 위의 등식에 대입하면 $r = kn(m-n)$. 그러므로 정수이다.

#19. 연속된 두 홀수의 쌍을 이용하여 피타고라스 삼각수를 구하기로 하자.

예를 들어 5 와 7 을 취하면, 그 역수의 합을 구한다.

$\frac{1}{5} + \frac{1}{7} = \frac{12}{35}$ 가 된다. 이때 분자와 분모 12 와 15 는 직각삼각형의 직각을 낀 두변이다. 즉, $12^2 + 35^2 = (37)^2$.

이와 같은 방법을 이용하여 7 과 9 일 경우를 구하여라.

풀이 $16^2 + 63^2 = (65)^2$.

#20. 피타고라스의 수 312 , 459 , 555 를 만족하는 m , n 을 구하여라.
$m = \cos\theta$, $n = \sin\theta$ 를 대입하면 어떤 결과를 얻을 수 있는가?

직각삼각형의 합동조건 : H 빗변, A 예각, S 변

RHS 합동 : 빗변(h)의 길이와 한 변(s)의 크기가 같으면 두 직각삼각형은 합동이다.
RHA 합동 : 빗변(h)의 길이와 한 예각(a)의 크기가 같으면 두 직각삼각형은 합동이다.

#21. 세변의 길이가 모두 100 보다 작은 피타고라스 삼각수는 50개가 있다. 이중 기본(fundamental)인 것은 16개 있다. 이들을 모두 구하여라.

풀이 (3,4,5), (5,12,13), (7,24,25), (8,15,17), (9,40,41), (11,60,61), (12,35,37), (13,84,85), (16,63,65), (20,21,29), (28,45,53), (33,56,65), (36,77,85), (39,80,89), (48,55,73), (65,72,97).

#22. $a^2 + b^2 = c^2$ 이면 $3 \mid ab$ 임을 보여라.

#23. $x^3 + y^3 = z^3$ 이면 x, y, z 중의 하나는 7의 배수가 되어야 함을 보여라.

#24. $abc - 2 = a + b + c$ 를 만족하는 모든 양의 정수해를 구하여라.

#25. $a^2 + b^2 + c^2 = 2abc$ 를 만족하는 모든 정수해를 구하여라.

#26. $a^3 + b^3 = 1995$ 를 만족하는 자연수 a , b 가 존재하지 않음을 보여라.

#27. $(a,\ a+1,\ b)$ 가 피타고라스 삼각형이면 $(3a + 2b + 1,\ 3a + 2b + 2,\ 4a + 3b + 2)$ 도 피타고라스 삼각형임을 보여라.

제15장
제곱수의 합

제15장 제곱수의 합

1부터 99까지의 정수를 두 정수의 제곱의 합으로 나타내 보자. 이 중 두 제곱수의 합으로 나타낼 수 있는 수는 42개가 있다. ? 는 두 제곱수의 합으로 나타낼 수 없음을 표시.

$1 = 1 = 1^2 + 0^2$
$2 = 2 = 1^2 + 1^2$
$3 = 3 = ?$
$4 = 2^2 = 2^2 + 0^2$
$5 = 5 = 2^2 + 1^2$
$6 = 2 \cdot 3 = ?$
$7 = 7 = ?$
$8 = 2^3 = 2^2 + 2^2$
$9 = 3^2 = 3^2 + 0^2$
$10 = 2 \cdot 5 = 3^2 + 1^2$
$11 = 11 = ?$
$12 = 2^2 \cdot 3 = ?$
$13 = 13 = 3^2 + 4^2$
$14 = 2 \cdot 7 = ?$
$15 = 3 \cdot 5 = ?$
$16 = 4^2 = 4^2 + 0^2$

$17 = 17 = 4^2 + 1^2$
$18 = 2 \cdot 3^2 = 3^2 + 3^2$
$19 = 19 = ?$
$20 = 2^2 \cdot 5 = 4^2 + 2^2$
$21 = 3 \cdot 7 = ?$
$22 = 2 \cdot 11 = ?$
$23 = 23 = ?$
$24 = 2^3 \cdot 3 = ?$
$25 = 5^2 = 5^2 + 0^2$
$26 = 2 \cdot 13 = 5^2 + 1^2$
$27 = 3^3 = ?$
$28 = 2^2 \cdot 7 = ?$
$29 = 29 = 5^2 + 2^2$
$30 = 2 \cdot 3 \cdot 5 = ?$
$31 = 31 = ?$
$32 = 2^5 = 4^2 + 4^2$

$33 = 3 \cdot 11 = ?$
$34 = 2 \cdot 17 = 5^2 + 3^2$
$35 = 5 \cdot 7 = ?$
$36 = 2^2 \cdot 3^2 = 6^2 + 0^2$
$37 = 37 = 6^2 + 1^2$
$38 = 2 \cdot 19 = ?$
$39 = 3 \cdot 13 = ?$
$40 = 2^3 \cdot 5 = 6^2 + 2^2$
$41 = 41 = 5^2 + 4^2$
$42 = 2 \cdot 3 \cdot 7 = ?$
$43 = 43 = ?$
$44 = 2^2 \cdot 11 = ?$
$45 = 3^2 \cdot 5 = 6^2 + 3^2$
$46 = 2 \cdot 23 = ?$
$47 = 47 = ?$
$48 = 2^4 \cdot 3 = ?$

$49 = 7^2 = 7^2 + 0^2$
$50 = 2 \cdot 5^2 = 7^2 + 1^2 = 5^2 + 5^2$
$51 = 3 \cdot 17 = ?$
$52 = 2^2 \cdot 13 = 6^2 + 4^2$
$53 = 53 = 7^2 + 2^2$
$54 = 2 \cdot 3^3 = ?$
$55 = 5 \cdot 11 = ?$
$56 = 2^3 \cdot 7 = ?$
$57 = 3 \cdot 19 = ?$
$58 = 2 \cdot 29 = 7^2 + 3^2$
$59 = 59 = ?$
$60 = 2^2 \cdot 3 \cdot 5 = ?$
$61 = 61 = 6^2 + 5^2$
$62 = 2 \cdot 31 = ?$
$63 = 3^2 \cdot 7 = ?$
$64 = 2^6 = 8^2 + 0^2$
$65 = 5 \cdot 13 = 8^2 + 1^2$
$66 = 2 \cdot 3 \cdot 11 = ?$
$67 = 67 = ?$
$68 = 2^2 \cdot 17 = 8^2 + 2^2$
$69 = 3 \cdot 23 = ?$
$70 = 2 \cdot 5 \cdot 7 = ?$
$71 = 71 = ?$
$72 = 2^3 \cdot 3^2 = 6^2 + 6^2$
$73 = 73 = 8^2 + 3^2$
$74 = 2 \cdot 37 = 7^2 + 5^2$
$75 = 3 \cdot 5^2 = ?$
$76 = 2^2 \cdot 19 = ?$
$77 = 7 \cdot 11 = ?$
$78 = 2 \cdot 3 \cdot 13 = ?$
$79 = 79 = ?$
$80 = 2^4 \cdot 5 = 8^2 + 4^2$
$81 = 3^4 = 9^2 + 0^2$
$82 = 2 \cdot 41 = 9^2 + 1^2$
$83 = 83 = ?$
$84 = 2^2 \cdot 3 \cdot 7 = ?$
$85 = 5 \cdot 17 = 9^2 + 2^2$
$86 = 2 \cdot 43 = ?$
$87 = 3 \cdot 29 = ?$
$88 = 2^3 \cdot 11 = ?$
$89 = 89 = 8^2 + 5^2$
$90 = 2 \cdot 3^2 \cdot 5 = 9^2 + 3^2$
$91 = 7 \cdot 13 = ?$
$92 = 2^2 \cdot 23 = ?$
$93 = 3 \cdot 31 = ?$
$94 = 2 \cdot 47 = ?$
$95 = 5 \cdot 19 = ?$
$96 = 2^5 \cdot 3 = ?$
$97 = 9^2 + 4^2$
$98 = 2 \cdot 7^2 = 7^2 + 7^2$
$99 = 3^2 \cdot 11 = ?$

예제 1

$a^3 + b^3 + c^3 = d^3$ 인 자연수 a, b, c, d 한 쌍을 구하여라.

풀이 $3^3 + 4^3 + 5^3 = 6^3$

정리 1	$4n + 1$ 형태의 소수(prime)는 서로 소인 두 수의 제곱의 합으로 나타낼 수 있다. (1754년, Euler) $4n - 1$ 형태의 소수(prime)는 서로 소인 두 수의 제곱의 합으로 나타낼 수 없다. (1747년, Euler)

●●● 예제 2

$$5 = 2^2 + 1^2 = 4 + 1$$
$$29 = 5^2 + 2^2 = 7(4) + 1$$
$$53 = 7^2 + 2^2 = 13(4) + 1$$

이런 소수의 거듭제곱도 같은 성질을 가지고 있다.

$$5^2 = 3^2 + 4^2$$
$$5^3 = 2^2 + 11^2$$
$$5^4 = 7^2 + 24^2$$
$$5^5 = 38^2 + 41^2$$
$$\cdots\cdots\cdots$$

앞으로 이 장에서는 ‘어떤 자연수를 두 개의 정수의 제곱의 합으로 나타낼 수 있는 경우(representable as the sum of two squares of integers)’를 간단히 두 제곱수의 합으로 **나타낼 수 있는**(representable)이라고 하기로 한다.

정리 2	**n 은 두 제곱수의 합으로 나타낼 수 없다.** $\Leftrightarrow$ **n 을 소인수 분해하였을 때 어떤 소수(prime)가 $3 \pmod 4$ 의 홀수 지수를 가지고 있다.**

●●● 예제 3

(1) 45 는 소인수 분해하면 $3^2 \cdot 5$ 이고 소인수 3 은 3 (mod 4) 이지만 짝수지수 2를 가지고 있고, 5 는 3 (mod 4) 가 아니므로 위 정리에 해당되지 않는다. 따라서 45는 $6^2 + 3^2$ 과 같이 두 제곱수의 합으로 나타낼 수 있다.

(2) 54 는 소인수 분해하면 $2 \cdot 3^3$ 이고 소인수 3 은 3 (mod 4) 이며 홀수지수 3을 가지고 있으므로 두 제곱수의 합으로 나타낼 수 없다.

■ **보조정리 1**

(Brahmagupta identity 또는 Fibonacci identity) 모든 정수 a, b, c, d 에 대하여

$$(a^2 + b^2)(c^2 + d^2) = (ac + bd)^2 + (ad - bc)^2 = (ac - bd)^2 + (ad + bc)^2$$

이 성립한다.

참고 모든 실수 a, b, c, d 에 대하여 $(a^2 + b^2)(c^2 + d^2) \geq (ac + bd)^2$ 이 성립한다. 이를 **Cauchy-Schwarz 부등식**이라 한다.

■ **보조정리 2**

n 을 두 제곱수의 합으로 나타낼 수 있으면, 모든 k 에 대해 $k^2 n$ 도 두 제곱수의 합으로 나타낼 수 있다.

■ **증명**

$n = x^2 + y^2$ 이면 $k^2 n = k^2(x^2 + y^2) = (kx)^2 + (ky)^2$.

■ **보조정리 3**

임의의 정수 n 은 $n = k^2 p_1 p_2 \cdots p_r$ 으로 나타낼 수 있다. 여기서 k 는 정수이고, p_i 는 서로 다른 소수(prime)이다.

예제 4

$260 = 2^2 \cdot 5 \cdot 13$ 이고 $5 = 2^2 + 1^2$, $13 = 3^2 + 2^2$ 이므로

$$65 = 5 \cdot 13 = (2^2 + 1^2)(3^2 + 2^2) = (2 \cdot 3 + 1 \cdot 2)^2 + (2 \cdot 2 - 1 \cdot 3)^2$$
$$= 8^2 + 1^2$$

그러므로 $260 = 2^2 \cdot 65 = (8 \cdot 2)^2 + (1 \cdot 2)^2 = 16^2 + 2^2$.

예제 5

$325 = 5^2 \cdot 13$ 이고 $13 = 3^2 + 2^2$ 이므로

$325 = 5^2(3^2 + 2^2) = 15^2 + 10^2$

또 $325 = 17^2 + 6^2$, $325 = 18^2 + 1^2$.

■ **보조정리 1**

$p \equiv 1 \pmod 4$인 모든 소수(prime) p는 두 제곱수의 합으로 나타낼 수 있다.

임의의 자연수 n이 두 제곱수의 합으로 나타내지는 지 확인하려면 먼저 그 수를 소인수분해한다. $n = p^a q^b r^c \cdots$ 이라면, 여기서 $p^a + 1$, $q^b + 1$, $r^c + 1$, $\cdots$ 중 어느 것도 4로 나누어떨어지지 않는다면, 이 수는 제곱수의 합으로 나타낼 수 있다. 이때 나타낼 수 있는 방법은 유일하지 않을 수도 있다. 즉, 두 가지 이상으로 나타낼 수 있는 경우도 있다.

4개의 제곱수의 합(Sums of Four Squares)

■ **보조정리 5**

네 수의 제곱의 합끼리의 곱은 역시 네 수의 제곱의 합으로 나타난다. 즉

$$\begin{aligned}&(a^2+b^2+c^2+d^2)(r^2+s^2+t^2+u^2)\\&=(ar+bs+ct+du)^2+(as-br+cu-dt)^2\\&\quad+(at-bu-cr+ds)^2+(au+bt-cs-dr)^2\end{aligned}$$

또는

$$\begin{aligned}&(a^2+b^2+c^2+d^2)(r^2+s^2+t^2+u^2)\\&=(ar+bs+ct+du)^2+(as-br-cu+dt)^2\\&\quad+(at+bu-cr-ds)^2+(au-bt+cs-dr)^2\end{aligned}$$

●●● **예제 6**

(1) $37 = 6^2 + 1^2 + 0^2 + 0^2$ 이고 $57 = 7^2 + 2^2 + 2^2 + 0^2$ 이므로

$2109 = 57 \cdot 37 = 44^2 + 5^2 + 12^2 + 2^2$

(2) $(1^2 + 4^2)(2^2 + 7^2) = 26^2 + 15^2 = 30^2 + 1^2$

연습문제 15

#1. 481 과 4453을 두 제곱수의 합으로 나타내어라.

힌트 $481 = 13 \cdot 37$ 이고 $13 = 2^2 + 3^2$, $37 = 1^2 + 6^2$

$4453 = 61 \cdot 73$ 이고 $61 = 5^2 + 6^2$, $73 = 3^2 + 8^2$ 이다.

#2. (Fermat) $p + 1$ 이 4로 나누어지지 않을 때 소수 p 는 두 제곱수의 합으로 나타낼 수 있으며 그 방법은 유일하다. 따라서 2, 5, 13, 17, 29, 37, 41 은 두 제곱수의 합으로 나타낼 수 있으며, 3, 7, 11, 19, 23, 31, 43 은 두 제곱수의 합으로 나타낼 수 없다. 이를 확인하여라.

#3. 오일러는 $n > 2$ 에 대하여 그 자체가 n 제곱이 되는 합을 가지려면 적어도 n 개의 n 제곱들이 필요하다고 추측했다. 1966년 랜더(Leon J. Lander)와 파킨(Thomas R. Parkin)은 초고속 컴퓨터를 이용하여 다음을 발견하였다.

$$27^5 + 84^5 + 110^5 + 133^5 = 144^5$$

이 사실을 확인하여라.

정리 (Lagrange) 모든 양의 정수는 4개 이하의 제곱수의 합으로 나타낼 수 있다.

비페리히 (Wieferich)

: 모든 자연수는 9개 이하의 세제곱수의 합으로 나타낼 수 있다고 증명함.
19보다 적은 개수의 네제곱수의 합으로 표현할 수 없는 수는 79 이다.

하디, 리틀우드 (Hardy, Littlewood)

: 모든 자연수는 19개 이하의 네제곱수의 합으로 나타낼 수 있다고 증명함.
9보다 적은 개수의 세제곱수의 합으로 표현할 수 없는 유일한 두 수는 23, 239 이다.
이외의 모든 수는 8개의 세제곱수로 나타낼 수 있다.

#4. 다음 등식을 확인하여라. 이 식들을 적절히 이용하여 제곱수의 합을 구하여라.

(1) $(a^2+b^2+c^2)(x^2+y^2+z^2) - (ax+by+cz)^2 = (bz-cy)^2 + (cx-az)^2 + (ay-bx)^2$

(2) $2(x-y)(x-z) + 2(y-z)(y-x) + 2(z-x)(z-y) = (y-z)^2 + (z-x)^2 + (x-y)^2$

(3) 두 제곱수의 합의 곱을 반복 이용하여 $(a^2+b^2)(c^2+d^2)(e^2+f^2)$ 을 두 제곱수의 합으로 나타낼 수 있는 4가지 방법을 구하여라.

(4) $3(b-c)(c-a)(a-b) = (b-c)^3 + (c-a)^3 + (a-b)^3$

(5) 네 개의 제곱수의 합인 두 수의 곱은 네 개의 제곱수의 합으로 나타낼 수 있다. (Euler)

즉,

$$(a_1{}^2 + a_2{}^2 + a_3{}^2 + a_4{}^2)(b_1{}^2 + b_2{}^2 + b_3{}^2 + b_4{}^2)$$
$$= (-a_1b_1 + a_2b_2 + a_3b_3 + a_4b_4)^2 + (a_1b_2 + a_2b_1 + a_3b_4 - a_4b_3)^2$$
$$+ (a_1b_3 - a_2b_4 + a_3b_1 + a_4b_2)^2 + (a_1b_4 + a_2b_3 - a_3b_2 + a_4b_1)^2$$

#5. $4k+3$ 의 꼴의 자연수는 연속된 두 자연수의 제곱의 합으로 나타낼 수 없음을 보여라.

풀이 연속된 두 자연수를 n , $n+1$ 이라 하면

$n^2 + (n+1)^2 = n^2 + n^2 + 2n + 1 = 2n(n+1) + 1$

여기서 $n(n+1)$ 은 연속된 두 수이므로 2의 배수이다. 따라서 마지막 식은 $4k+1$ 이 된다.

#6. $a^3 + b^4 = c^5$ 을 만족하는 자연수 a , b , c 를 한 쌍을 구하여라.

힌트 $2^{24} + 2^{24} = 2^{25}$ 를 이용한다.

풀이 $(2^8)^3 + (2^6)^4 = (2^5)^5$.

#7. 4개의 연속된 자연수의 곱에다 1을 더하면 제곱수가 됨을 보여라.

힌트 $a(a+b)(a+2b)(a+3b) = (a^2+3ab+b^2)^2 - b^4$ 임을 이용하고 $b=1$ 인 경우를 보인다.

#8. 7804 는 두 제곱수의 합으로 나타낼 수 있는가? 본인의 휴대폰 번호 마지막 네 자리는 두 제곱수의 합으로 나타낸 수 있는가?

#9. 정수 153을 두 제곱수의 차로 나타내어라.

#10. $4m+3$ 형태의 수는 제곱수의 합으로 나타낼 수 없다.

풀이 짝수의 제곱은 $(2k)^2 \equiv 0 \pmod 4$이고 홀수의 제곱은 $(2k+1)^2 \equiv 1 \pmod 4$

이다. 따라서 두 제곱수의 합은 0, 1, 2 (mod 4) 중의 하나가 되므로 3 (mod 4)가 될 수 없다.

#11. 하디가 라마누잔이 입원한 병원으로 찾아가서 번호가 1729인 택시를 타고 왔는데 그 수는 흥미가 없는 수라고 말했을 때, 라마누잔은 1729는 두 가지 서로 다른 방법으로 두 세제곱수로 나타낼 수 있는 가장 작은 수라고 답하였다. 즉 $1729 = 10^3 + 9^3 = 12^3 + 1^3$. 이 사실을 증명하여라.

#12. 세제곱수의 합으로 나타낼 수 없는 자연수가 무수히 많이 있음을 보여라.

힌트 $m, n \geq 0$ 일 때 $4^n(8m+7)$ 의 형태의 정수는 세 제곱수의 합으로 나타낼 수 없다.

#13. $(a^2 - b^2)(c^2 - d^2) = (ac + bd)^2 - (ad + bc)^2$ 임을 보여라.

#14.
$$\begin{aligned}(a^2 + b^2)(c^2 + d^2) &= (a+bi)(a-bi)(c+di)(c-di)\\ &= (a+bi)(c+di)(a-bi)(c-di)\\ &= [(ac-bd)+(ad+bc)i]\,[(ac-bd)-(ad+bc)i]\\ &= (ac-bd)^2 + (ad+bc)^2\end{aligned}$$

임을 보여라.

#15. $(2n+1)^2 + (2n^2+2n)^2 = (2n^2+2n+1)^2$ 임을 보여라.

#16. $x^3 + y^3 = z^3$ 를 만족하는 정수해가 없음을 증명하여라.

풀이 (1859년 : 크로넥커(1823-1891))

$r^3 + s^3 - 1 = 0$ 은 r, s 를 유리수로 하는 해를 가지지 않음을 다음과 같이 증명하였다. 지금 $r = \dfrac{2a}{3b-1}$, $s = \dfrac{3b+1}{3b-1}$ 로 놓으면

$$\begin{aligned}(3b-1)^3(r^3+s^3-1) &= (3b-1)^3\left[\left(\frac{2a}{3b-1}\right)^3 + \left(\frac{3b+1}{3b-1}\right)^2 - 1\right]\\ &= (8a^3 + 54b^2 + 2)\\ &= 2(4a^3 + 27b^2 + 1)\end{aligned}$$

로 되며, 이 식은 $a = -1$, $b = \pm\frac{1}{3}$ 이외의 유리수에 대해서는 결코 0 이어서는 안 되므로 $r^3 + s^3 - 1 = 0$ 은 $r = 1$, $s = 0$ 이외의 유리수해를 가지지 않는다. 즉, $x^3 + y^3 = z^3$ 은 정수해를 가지지 않는다.

#17. 자연수 x, y, z, w 가 $x^2 + y^2 + z^2 = w^2$ 을 만족하면 x, y, z 중 적어도 두 개는 짝수임을 증명하여라.

풀이 (경우 i) x, y, z 중 적어도 두 개가 짝수가 아니라면 $x^2 + y^2 + z^2$ 은 $8n + 3$ 의 꼴이다. 그런데 w^2 은 $8n + 1$ 의 꼴이므로 주어진 식을 만족하는 x, y, z, w 는 존재하지 않는다.

(경우 ii) x, y, z 중 한 개만 짝수이면 w 도 짝수가 되어 $x^2 + y^2 + z^2$ 은 $4n + 2$ 의 꼴이다. 그런데, w^2 은 $4n$ 의 꼴이 되어 주어진 식을 만족하는 x, y, z, w 는 존재하지 않는다. 따라서 $x^2 + y^2 + z^2 = w^2$ 이 성립하려면 x, y, z 중 적어도 두 개는 짝수가 된다.

풀이 보충 (경우 i) 홀수의 제곱은

$$(2k+1)^2 = 4k^2 + 4k + 1 = 4k(k+1) + 1$$
$$= 8n + 1 \quad (\text{단, } n \text{ 은 정수}) \cdots (가)$$

그러므로

$$x^2 + y^2 + z^2 = (8a+1) + (8b+1) + (8c+1)$$
$$= 8(a+b+c) + 3$$
$$= 8n + 3 \quad \cdots (나)$$

(경우 ii) $x = 2a$, $y = 2b + 1$, $z = 2c + 1$ 이라 하면

$$x^2 + y^2 + z^2 = 4a^2 + 4b(b+1) + 1 + 4c(c+1) + 1$$
$$= 4(a^2 + b^2 + c^2 + b + c) + 2$$
$$= 4n + 2 \quad \cdots (다)$$

따라서 w 가 짝수이므로

$$w^2 = (2k)^2 = 4k^2 = 4n \quad \cdots (라)$$

#18. $x^2 + y^2 + z^2 = w^2$ 을 만족하는 무수히 많은 정수해가 있음을 보여라.

#19. $x^2 + y^2 + z^2 = 2xyz$ 을 만족하는 모든 정수해를 구하여라.

답 0 이 아닌 정수해는 없다.

#20. $x^2 + y^2 + z^2 = 1007$ 의 정수해는 존재하지 않음을 보여라.

힌트 mod 8 로 생각하여라. 제곱은 8에 대하여 0, 1, 4 의 경우가 된다.

#21. $x^2 + y^2 + z^2 = 1111$ 을 만족하는 정수해는 없음을 보여라.

힌트 mod 8 에 대해 생각하여라.

#22. $x^4 + y^4 = z^4$ 를 만족하는 정수해가 없음을 증명하여라.

#23. $w = 20a^2 + 10ab - 3b^2$, $x = 12a^2 - 10ab - 5b^2$, $y = 16a^2 + 8ab + 6b^2$, $z = -24a^2 - 8ab - 4b^2$ 이면 $w^2 + x^2 = y^2 + z^2$ 이 성립함을 보여라. 이 사실로부터 $w^2 + x^2 = y^2 + z^2$ 을 만족하는 정수해가 무수히 많음을 알 수 있다.

#24. 1796년에 Gauss는 일기장에 “EYPHKA ! num = △+△+△” 라고 적고 있다. 이것은 무엇을 나타내는가?

풀이 유레카! 모든 자연수는 3개의 삼각수의 합이다.

#25. $8n + 3$ 형태의 모든 수는 3개의 제곱수의 합임을 보여라.

#26. 모든 제곱수는 $4n$ 이거나 $8n + 1$ 의 형태를 가짐을 보여라.

#27. 모든 소수(prime) p 는 네 제곱수의 합으로 나타낼 수 있음을 보여라.

#28. $3m^2 + 2 = (m-1)^2 + m^2 + (m+1)^2 = (3n-2)^2 + (3n-1)^2$ 이 성립함을 보여라. 그리고 이 사실을 이용하여 (1) $n = 5$, $m = 11$ 일 때 (2) $n = 45$, $m = 109$ 일 때 식을 구하여라.

풀이 (1) $365 = 10^2 + 11^2 + 12^2 = 13^2 + 14^2$

(2) $35645 = 108^2 + 109^2 + 110^2 = 133^2 + 134^2$

제16장

연분수와 Pell 방정식

제16장 연분수와 Pell 방정식

연분수(連分數, continued fraction)는 다음과 같은 꼴의 분수를 말한다.

$$x = a_0 + \cfrac{1}{a_1 + \cfrac{1}{a_2 + \cfrac{1}{a_3 + \cdots}}}$$

여기서 a_0 은 정수, a_1, a_2, a_3, $\cdots$ 는 자연수이다. 이것을 간단히

$$x = [a_0 ; a_1, a_2, , a_3, \cdots] \text{ 또는 } x = < a_0 ; a_1, a_2, , a_3, \cdots >$$

이때 [ ] 또는 < > 안의 semicolon 은 colon 으로 나타내기도 한다.

다른 표현방법으로는

$$x = a_0 + \frac{1\,\rfloor}{\lceil\, a_1} + \frac{1\,\rfloor}{\lceil\, a_2} + \frac{1\,\rfloor}{\lceil\, a_3} + \cdots$$ (Pringsheim notation) 또는

$$x = a_0 + \frac{1}{a_1 +}\,\frac{1}{a_2 +}\,\frac{1}{a_3 +}\cdots$$

이 있다. 이는 유한인 경우뿐만 아니라 무한인 경우에도 사용한다.

참고 프링샤임(Alfred Pringsheim : 1850-1941)은 독일 수학자였다.

모든 유한 연분수는 유리수이며, 모든 유리수는 $[2 ; 3, 1] = [2 ; 4] = 9/4 = 2.25$ 처럼 정확히 두 가지 유한 연분수로 나타낼 수 있다. 모든 무한 연분수는 무리수이며,

모든 무리수는 단 한 가지 연분수로만 나타낸다. 무리수는 분수로는 쓸 수 없지만, 무한 연분수로 쓸 수 있다.

무리수를 무한 연분수로 나타내면 처음 몇 항까지 연분수가 좋은 유리수 근삿값이 되는데, 짝수의 근사분수는 실제값보다 작으며, 홀수의 근사분수는 실제값보다 크다.

●●● 예제 1

원주율 π 를 무한연분수로 나타내면 $[3\,;7,\ 15,\ 1,\ 292,\ 1,\ 1,\ \cdots]$ 이 되는 데, 앞에서부터 교대로 하나씩 추가되면, 그 값은 교대로 π 값과 작다 크다를 반복하는 것을 알 수 있다.

연분수의 특징

(1) 단순 연분수는 반드시 수렴한다.

(2) 단순 연분수는 진동한다.

순환 연분수가 2차방정식과의 관계는 순환소수가 1차 방정식과의 관계와 같다.
제곱근으로 나타낸 무리수는 항상 순환 단순 연분수로 나타낼 수 있다.(Euler 증명)
어떤 순환 단순 연분수라도 이차방정식의 해로 나타난다.(위의 역, Lagrange 증명)

$\dfrac{a+b\sqrt{c}}{d}$ $(a,\ b,\ c,\ d \in Z,\ \ d>0\ ,\ \ c>0\ ,\ \ \sqrt{c}$ 는 무리수)인 수를 **이차무리수** (quadratic irrational)라고 한다.

●●● 예제 2

황금비의 연분수 전개

황금비 $\dfrac{\sqrt{5}-1}{2}$ 을 연분수로 나타내기 위해서, 이를 근으로 갖는 이차 방정식을 다음과 같이 나타내자.

$x = \dfrac{\sqrt{5}-1}{2}$ 라 하면 $2x = \sqrt{5}-1$. 따라서 $2x+1 = \sqrt{5}$ 이고 이 식의 양변을 제곱하여 정리하면 $x^2+x-1=0$ 이 된다.

그러므로 $x^2 + x = 1$ 에서 $x(x+1) = 1$.

$$x = \frac{1}{(1+x)},$$

$$x = \frac{1}{(1+x)} = \cfrac{1}{1+\cfrac{1}{(1+x)}},$$

$$x = \frac{1}{(1+x)} = \cfrac{1}{1+\cfrac{1}{(1+x)}} = \cfrac{1}{1+\cfrac{1}{1+\cfrac{1}{(1+x)}}} = \cdots$$

이와 같이, 분모에 있는 x 를 $\frac{1}{1+x}$ 로 계속해서 바꾸면 무리수 $\frac{\sqrt{5}-1}{2}$ 과 $\frac{\sqrt{5}+1}{2}$ 은 다음과 단순한 연분수로 표현된다.

$$\frac{\sqrt{5}-1}{2} = \cfrac{1}{1+\cfrac{1}{1+\cfrac{1}{1+\cfrac{1}{1+\cdots}}}}$$

$$\frac{\sqrt{5}+1}{2} = 1 + \frac{\sqrt{5}-1}{2} = 1 + \cfrac{1}{1+\cfrac{1}{1+\cfrac{1}{1+\cfrac{1}{1+\cdots}}}}$$

분자가 1인 분수들이 포개진 형태로 나타나는 분수를 **(단순)연분수**라고 한다.

예제 3

분수 $\frac{343}{280}$ 을 연분수로 나타내어라.

풀이 $343 = 280 \cdot 1 + 63$

$280 = 63 \cdot 4 + 28$

$63 = 28 \cdot 2 + 7$

$28 = 7 \cdot 4 + 0$

280	343			
1	280			
	63	280		
	4	252		
		28	63	
		2	56	
			7	28
			4	28

$$\frac{343}{280} = 1 + \frac{63}{280}$$

$$\frac{280}{63} = 4 + \frac{28}{63}$$

$$\frac{63}{28} = 2 + \frac{7}{28}$$

$$\frac{28}{7} = 4$$

이므로

$$\frac{343}{280} = 1 + \cfrac{1}{4 + \cfrac{1}{2 + \cfrac{1}{4}}}$$ 이다.

실제로 $\frac{343}{280}$ 은 기약분수가 아니므로 우변은 계산하면 기약분수로 나타난다.

● ● ● 예제 4

분수 $\frac{57}{17}$ 을 연분수로 나타내어라.

풀이 $57 = 17 \times 3 + 6 \quad \rightarrow \quad \frac{57}{17} = 3 + \frac{6}{17}$

$17 = 6 \times 2 + 5 \quad \rightarrow \quad \frac{17}{6} = 2 + \frac{5}{6}$

$6 = 5 \times 1 + 1 \quad \rightarrow \quad \frac{6}{5} = 1 + \frac{1}{5}$ 이므로

$$\frac{57}{17} = 3 + \frac{6}{17} = 3 + \cfrac{1}{\cfrac{17}{6}} = 3 + \cfrac{1}{2 + \cfrac{5}{6}}$$

$$= 3 + \cfrac{1}{2 + \cfrac{1}{\cfrac{6}{5}}} = 3 + \cfrac{1}{2 + \cfrac{1}{1 + \cfrac{1}{5}}}$$

참고 (jigsaw puzzle) 직사각형을 정사각형으로 나누는 방법

위 예에서 $\frac{57}{17}$ 은 $3 + \cfrac{1}{2 + \cfrac{1}{1 + \cfrac{1}{5}}}$ 으로 연분수 전개가 되었다. 이를 57×17 인 직사각형을 17×17 정사각형 3개, 6×6 정사각형 2개, 5×5 정사각형 1개, 1×1 정사각형 5개로 나눌 수 있음을 보일 수 있다.

따라서 $\frac{57}{17} = [3\,;2,\ 1,\ 5] = [3\,;2,\ 1,\ 4,\ 1]$.

●●● 예제 5

같은 방법으로 $\frac{51}{22} = [2\,;3,\ 7] = [2\,;3,\ 6,\ 1]$ 을 얻을 수 있다.

●●● 예제 6

다음 무한 연분수를 구하여라.

(1) $[2\ ;\ 2,\ 2,\ 2,\ \cdots]$

(2) $[1\ ;\ 2,\ 1,\ 2,\ 1,\ \cdots]$

(3) $[2\ ;\ 1,\ 2,\ 1,\ 2,\ \cdots]$

(4) $[1\ ;\ 3,\ 1,\ 2,\ 1,\ 2,\ 1,\ 2,\ \cdots]$

풀이 (1) $[2\ ;\ 2,\ 2,\ 2,\ \cdots] = 2 + \cfrac{1}{2 + \cfrac{1}{2 + \cfrac{1}{\cdots}}} = X$

그러면 $X = 2 + \dfrac{1}{X}$.

$X^2 = 2X + 1$.

$X^2 - 2X - 1 = 0$ 에서 $X = 1 \pm \sqrt{2}$.

$X > 0$ 이므로 $X = 1 + \sqrt{2}$ 이다.

(2) $[1\ ;\ 2,\ 1,\ 2,\ 1,\ \cdots] = 1 + \cfrac{1}{2 + \cfrac{1}{1 + \cfrac{1}{2 + \cdots}}} = X$

그러면 $X = 1 + \cfrac{1}{2 + \cfrac{1}{X}}$.

$2X^2 - 2X - 1 = 0$ 에서 $X = \dfrac{1 \pm \sqrt{3}}{2}$.

$X > 0$ 이므로 $X = \dfrac{1 + \sqrt{3}}{2}$ 이다.

(3) $[2\ ;\ 1,\ 2,\ 1,\ 2,\ \cdots] = 2 + \cfrac{1}{1 + \cfrac{1}{2 + \cfrac{1}{1 + \cdots}}} = X$

그러면 $X = 2 + \cfrac{1}{1 + \cfrac{1}{X}}$.

$X^2 - 2X - 2 = 0$ 에서 $X = 1 \pm \sqrt{3}$.

$X > 0$ 이므로 $X = 1 + \sqrt{3}$ 이다.

(4) $[1\ ;\ 3,\ 1,\ 2,\ 1,\ 2,\ 1,\ 2,\ \cdots] = 1 + \cfrac{1}{3 + \cfrac{1}{1 + \cfrac{1}{2 + \cdots}}} = X$

그러면 $X = 1 + \cfrac{1}{3 + \cfrac{1}{Y}}$, 여기서 (2)에 의해 $Y = 1 + \cfrac{1}{2 + \cdots}$.

$Y = \dfrac{1 + \sqrt{3}}{2}$ 이므로 $X = 1 + \cfrac{1}{3 + \cfrac{2}{\sqrt{3} + 1}} = 3 - \sqrt{3}$.

●●● 예제 7

$\sqrt{2}$ 를 연분수로 나타내면 $[1\,;2,\ 2,\ 2,\ 2,\ 2,\ \cdots\ ]$ 이다. 이의 오차를 살펴보면

$[1] = 1 = 1 = 1$ 오차 $-\ 0.4142135\cdots$

$[1\,;2] = 1 + 1/2 = 3/2 = 1.5$ 오차 $+\ 0.0857864\cdots$

$[1\,;2,\ 2] = 1 + 1/(2 + 1/2) = 7/5 = 1.4$ 오차 $-\ 0.0142135\cdots$

$[1\,;2,\ 2,\ 2] = 1 + 1/(2 + 1/(2 + 1/2)) = 17/12 = 1.416666\cdots$

오차 $+\ 0.0024531\cdots$

$[1\,;2,\ 2,\ 2,\ 2] = 1 + 1/(2 + 1/(2 + 1/(2 + 1/2))) = 41/29 = 1.4137931\cdots$

오차 $-\ 0.0004204\cdots$

$[1\,;2,\ 2,\ 2,\ 2,\ 2] = 99/70 = 1.4142857\cdots$ 오차 $+\ 0.0000721\cdots$

실수를 연분수로 나타내면 다음과 같다.

(1) 어떤 수의 연분수 표현이 유한이면 그 수는 유리수이다.(필요충분조건)

(2) $[a_0\,;a_1,\ \cdots,\ a_n,\ 1] = [a_0\,;a_1,\ \cdots,\ a_n + 1]$ 또는

$[a_0\,;a_1,\ \cdots,\ a_{n-1},\ a_n] = [a_0\,;a_1,\ \cdots,\ a_{n-1},\ a_n - 1,\ 1]$

인 경우를 제외하고는 임의의 유리수에 대한 연분수 표현은 유일하다.

(3) 임의의 무리수에 대한 연분수 표현은 유일하다.

(4) 연분수 항이 반복될 필요충분조건은 정수계수를 가지는 이차방정식의 무리수해일 경우이다.

●●● 예제 8

$x^2 - 5x - 1 = 0$ 을 만족하는 실수근을 연분수로 나타내어라.

풀이 $x^2 - 5x - 1 = 0$ 에서 $x = \dfrac{5 \pm \sqrt{29}}{2}$ 를 얻는다. 그리고 준식은 $x^2 = 5x + 1$ 이고, 양변을 $x\,(x \neq 0\,)$으로 나누면 $x = 5 + \dfrac{1}{x}$ 이 된다. x 대신 $5 + \dfrac{1}{x}$ 를 대입하면

$$x = 5 + \frac{1}{x} = 5 + \cfrac{1}{5 + \cfrac{1}{x}} = 5 + \cfrac{1}{5 + \cfrac{1}{5 + \cfrac{1}{x}}} = \cdots = [5\,;5,\,5,\,5,\,\cdots]$$

다른 근은 $\frac{5-\sqrt{29}}{2} = -\frac{\sqrt{29}-5}{2} = -\left(\frac{5+\sqrt{29}}{2} - 5\right)$

$$= 5 - [5\,;5,\,5,\,5,\,\cdots]$$
$$= -[0\,;5,\,5,\,5,\,\cdots]$$

가 된다.

√n [정수부; Period]	√n [정수부; Period]
√2 1; 2	√27 5; 5,10
√3 1; 1,2	√28 5; 3,2,3,10
√4 2;	√29 5; 2,1,1,2,10
√5 2; 4	√30 5; 2,10
√6 2; 2,4	√31 5; 1,1,3,5,3,1,1,10
√7 2; 1,1,1,4	√32 5; 1,1,1,10
√8 2; 1,4	√33 5; 1,2,1,10
√9 3;	√34 5; 1,4,1,10
√10 3; 6	√35 5; 1,10
√11 3; 3,6	√36 6;
√12 3; 2,6	√37 6; 12
√13 3; 1,1,1,1,6	√38 6; 6,12
√14 3; 1,2,1,6	√39 6; 4,12
√15 3; 1,6	√40 6; 3,12
√16 4;	√41 6; 2,2,12
√17 4; 8	√42 6; 2,12
√18 4; 4,8	√43 6; 1,1,3,1,5,1,3,1,1,12
√19 4; 2,1,3,1,2,8	√44 6; 1,1,1,2,1,1,1,12
√20 4; 2,8	√45 6; 1,2,2,2,1,12
√21 4; 1,1,2,1,1,8	√46 6; 1,3,1,1,2,6,2,1,1,3,1,12
√22 4; 1,2,4,2,1,8	√47 6; 1,5,1,12
√23 4; 1,3,1,8	√48 6; 1,12
√24 4; 1,8	√49 7;
√25 5;	√50 7; 14
√26 5; 10	√51 7; 7,14

$\sqrt{52}$	7; 4,1,2,1,4,14	$\sqrt{76}$	8; 1,2,1,1,5,4,5,1,1,2,1,16
$\sqrt{53}$	7; 3,1,1,3,14	$\sqrt{77}$	8; 1,3,2,3,1,16
$\sqrt{54}$	7; 2,1,6,1,2,14	$\sqrt{78}$	8; 1,4,1,16
$\sqrt{55}$	7; 2,2,2,14	$\sqrt{79}$	8; 1,7,1,16
$\sqrt{56}$	7; 2,14	$\sqrt{80}$	8; 1,16
$\sqrt{57}$	7; 1,1,4,1,1,14	$\sqrt{81}$	9;
$\sqrt{58}$	7; 1,1,1,1,1,1,14	$\sqrt{82}$	9; 18
$\sqrt{59}$	7; 1,2,7,2,1,14	$\sqrt{83}$	9; 9,18
$\sqrt{60}$	7; 1,2,1,14	$\sqrt{84}$	9; 6,18
$\sqrt{61}$	7; 1,4,3,1,2,2,1,3,4,1,14	$\sqrt{85}$	9; 4,1,1,4,18
$\sqrt{62}$	7; 1,6,1,14	$\sqrt{86}$	9; 3,1,1,1,8,1,1,1,3,18
$\sqrt{63}$	7; 1,14	$\sqrt{87}$	9; 3,18
$\sqrt{64}$	8;	$\sqrt{88}$	9; 2,1,1,1,2,18
$\sqrt{65}$	8; 16	$\sqrt{89}$	9; 2,3,3,2,18
$\sqrt{66}$	8; 8,16	$\sqrt{90}$	9; 2,18
$\sqrt{67}$	8; 5,2,1,1,7,1,1,2,5,16	$\sqrt{91}$	9; 1,1,5,1,5,1,1,18
$\sqrt{68}$	8; 4,16	$\sqrt{92}$	9; 1,1,2,4,2,1,1,18
$\sqrt{69}$	8; 3,3,1,4,1,3,3,16	$\sqrt{93}$	9; 1,1,1,4,6,4,1,1,1,18
$\sqrt{70}$	8; 2,1,2,1,2,16	$\sqrt{94}$	9; 1,2,3,1,1,5,1,8,1,5,1,1,3,2,1,18
$\sqrt{71}$	8; 2,2,1,7,1,2,2,16	$\sqrt{95}$	9; 1,2,1,18
$\sqrt{72}$	8; 2,16	$\sqrt{96}$	9; 1,3,1,18
$\sqrt{73}$	8; 1,1,5,5,1,1,16	$\sqrt{97}$	9; 1,5,1,1,1,1,1,1,5,1,18
$\sqrt{74}$	8; 1,1,1,1,16	$\sqrt{98}$	9; 1,8,1,18
$\sqrt{75}$	8; 1,1,1,16	$\sqrt{99}$	9; 1,18

참고 표에서 $\sqrt{14} = [3;\overline{1,2,1,6}]$ 을 간단히 $\sqrt{14}$ 3; 1,2,1,6 으로 나타내었다.

예제 9

(1) 위 표에서 2, 5, 10, 17, 26 에서 어떤 규칙을 얻을 수 있는가?

(2) 위 표에서 3, 6, 11, 18, 27 에서 어떤 규칙을 얻을 수 있는가?

(3) 위 표에서 3, 8, 15, 24, 35 에서 어떤 규칙을 얻을 수 있는가?

(4) 위 표에서 7, 14, 23, 34, 47 에서 어떤 규칙을 얻을 수 있는가?

(5) 위 표에서 12, 39, 84 에서 어떤 규칙을 얻을 수 있는가?

(6) n 이 정수이면 $\sqrt{n} = (b;\overline{c, d, \cdots, d, c, 2b})$ 가 된다.

예제 10

위 표를 이용하여 다음을 확인할 수 있다.

$\sqrt{2}$ = [1; 2, 2, 2, 2, 2, 2, 2, 2, ...] = [1] 다음에 [2]가 반복

$\sqrt{3}$ = [1; 1, 2, 1, 2, 1, 2, 1, 2, ...] = [1] 다음에 [1,2]가 반복

$\sqrt{4}$ = [2]

$\sqrt{5}$ = [2; 4, 4, 4, 4, 4, 4, 4, 4, ...] = [2] 다음에 [4]가 반복

$\sqrt{6}$ = [2; 2, 4, 2, 4, 2, 4, 2, 4, ...] = [2] 다음에 [2,4]가 반복

$\sqrt{7}$ = [2; 1, 1, 1, 4, 1, 1, 1, 4, ...] = [2] 다음에 [1,1,1,4]가 반복

$\sqrt{8}$ = [2; 1, 4, 1, 4, 1, 4, 1, 4, ...] = [2] 다음에 [1,4]가 반복

$\sqrt{9}$ = [3]

$\sqrt{10}$ = [3; 6, 6, 6, 6, 6, 6, 6, 6, ...] = [3] 다음에 [6]이 반복

$\sqrt{11}$ = [3; 3, 6, 3, 6, 3, 6, 3, 6, ...] = [3] 다음에 [3,6]이 반복

$\sqrt{12}$ = [3; 2, 6, 2, 6, 2, 6, 2, 6, ...] = [3] 다음에 [2,6]이 반복

$\sqrt{14}$ 를 연분수로 나타내면 [3; 1,2,1,6, 1,2,1,6, 1,2,1,6, ...]이다.

k 가 2 보다 큰 자연수이면

$\sqrt{k^2-2} = [k-1\,;\overline{1,\,k-2,\,1,\,2(k-1)}]$

가 성립한다. 예를 들어 $p = 4$ 이면 $\sqrt{14} = [3\,;\overline{1,\,2,\,1,\,6}]$ 가 됨을 알 수 있다.

예제 11

다음은 무리수로 $\dfrac{a+b\sqrt{c}}{d}$ 꼴인 이차무리수(quadratic irrational)로 나타나지 않으므로 연분수가 주기적이 아니다. 예를 들어

(1) $e = [2\,;1,2,1,1,4,1,1,6,1,1,8,1,1,10,1,\cdots]$

(2) $\sqrt{e} = [1\,;1,1,1,5,1,1,9,1,1,13,1,1,17,1,1,\cdots]$ (1714년 : Roger Cotes)

(3) $\sqrt[3]{2} = [1\,;3,1,5,1,1,4,1,1,8,1,14,1,10,2,\cdots]$

(4) $\pi = [3\,;7,15,1,292,1,1,1,2,1,3,1,14,2,1,1,2,2,2,2,1,84,\cdots]$

Pell 방정식 $x^2 - Ny^2 = 1$

1657년에 Pierre Fermat 는 다음과 같은 문제를 제시하였다.

"주어진 자연수 d에 대해, $dy^2 + 1$이 완전제곱수가 되는 자연수 y를 구하여라."

이것은 $x^2 - dy^2 = 1$ (d는 자연수)의 해를 구하는 문제가 된다. 이 방정식을 Pell **방정식**이라고 한다. 그 이유는 1759년에 Euler가 뜻하지 않게 Pell 방정식이라고 불렀는데, Pell(영국 수학자 : 1611-1685)은 이 방정식과 아무런 관련이 없다.

N이 자연수일 때, $x^2 - Ny^2 = 1$과 같은 방정식을 Pell 방정식이라고 한다. 사실 정확히는 Fermat 방정식이라고 하는 것이 옳을 것 같다. 이 방정식에서 $x > 1$인 하나의 해를 구하면, 무수히 많은 해를 구할 수가 있다. 이 방정식은 N에 상관없이 언제나 자명한 해 $x = \pm 1$과 $y = 0$인 해를 갖는다.

예제 12

(1) $x^2 - 2y^2 = 1$의 해를 시행착오를 거쳐 구하여라.
(2) $x^2 - 3y^2 = 1$의 해를 시행착오를 거쳐 구하여라.

풀이 (1) $3^2 - 2 \cdot 2^2 = 1$ (2) $2^2 - 3 \cdot 1^2 = 1$

$x^2 - Ny^2 = 1 \Rightarrow x^2 = 1 + Ny^2$, $y = 1, 2, \cdots$.
$N \le -2$이면 해가 없다.
$N = -1$이면 $x = 0$, $y = \pm 1$이다.
따라서 $N > 0$ 뿐만 아니라, N이 제곱수가 아니라고 가정한다. N이 제곱수이면 $N = m^2$에서
$1 = x^2 - m^2 y^2 = (x - my)(x + my)$에서
$x - my = 1$이면서 $x + my = 1$인 해를 구하거나
$x - my = -1$이면서 $x + my = -1$인 해를 구한다. 이때 해는 $x = \pm 1$, $y = 0$이 유일한 해가 된다.
$N > 0$이고 N이 제곱수가 아니라고 가정한다. 그러면 $x^2 - Ny^2 = 1$은 $x = \pm 1$, $y = 0$ 이외의 해를 항상 가진다.

■ **보조정리 1**

$N > 0$ 이고 제곱수가 아니면 $x + y\sqrt{N} = r + s\sqrt{N}$ 일 필요충분조건은 $x = r$ 이고 $y = s$ 이다.

■ **보조정리 2**

a, b, c, d, N 이 정수일 때

$(a^2 - Nb^2)(c^2 - Nd^2) = (ac + Nbd)^2 - N(ad + bc)^2$

무리수 $\alpha = r + s\sqrt{N}$ (r, s 는 정수)가 $x^2 - Ny^2 = 1$ 의 해이다.

$\Leftrightarrow$ $r^2 - Ns^2 = 1$ 이다.

Pell 방정식 $x^2 - Ny^2 = 1$ 의 최소해

N	x	y	N	x	y	N	x	y	N	x	y
2	3	2	29	9801	1820	54	485	66	78	53	6
3	2	1	30	11	2	55	89	12	79	80	9
5	9	4	31	1520	273	56	15	2	80	9	1
6	5	2	32	17	3	57	151	20	82	163	18
7	8	3	33	23	4	58	19603	2574	83	82	9
8	3	1	34	35	6	59	530	69	84	55	6
10	19	6	35	6	1	60	31	4	85	285769	30996
11	10	3	37	73	12	61	1766319049	226153980	86	10405	1122
12	7	2	38	37	6	62	63	8	87	28	3
13	649	180	39	25	4	63	8	1	88	197	21
14	15	4	40	19	3	65	129	16	89	500001	53000
15	4	1	41	2049	320	66	65	8	90	19	2
17	33	8	42	13	2	67	48842	5967	91	1574	165
18	17	4	43	3482	531	68	33	4	92	1151	120
19	170	39	44	199	30	69	7775	936	93	12151	1260
20	9	2	45	161	24	70	251	30	94	2143295	221064
21	55	12	46	24335	3588	71	3480	413	95	39	4
22	197	42	47	48	7	72	17	2	96	49	5
23	24	5	48	7	1	73	2281249	267000	97	62809633	6377352
24	5	1	50	99	14	74	3699	430	98	99	10
26	51	10	51	50	7	75	26	3	99	10	1
27	26	5	52	649	90	76	57799	6630	101	201	20
28	127	24	53	66249	9100	77	351	40	102	101	10

● ● ● 예제 13

(1) $3+2\sqrt{2}$ 는 $x^2-2y^2=1$ 의 해이다.
(2) $8+3\sqrt{7}$ 는 $x^2-7y^2=1$ 의 해이다.

● ● ● 예제 14

$\alpha=2+\sqrt{3}$ 이 $x^2-3y^2=1$ 의 해일 때 다른 해를 (2개 이상) 구하여라.

풀이 $(2+\sqrt{3})^2=7+4\sqrt{3}\ \rightarrow\ (7,\ 4)$
$(2+\sqrt{3})^3=26+15\sqrt{3}\ \rightarrow\ (26,\ 15)$

● ● ● 예제 15

$3+2\sqrt{2}$ 가 $x^2-2y^2=1$ 의 해가 됨을 알고 다른 해를 (2개 이상) 구하여라.

풀이 $(3+2\sqrt{2})^2=17+12\sqrt{2}\ \rightarrow\ (17,\ 12)$
$(3+2\sqrt{2})^3=99+70\sqrt{2}\ \rightarrow\ (99,\ 70)$

■ **보조정리 3**

α 가 $x^2-Ny^2=1$ 의 하나의 해라면 $\dfrac{1}{\alpha}$ 도 해가 된다.

■ **보조정리 4**

α 와 β 가 $x^2-Ny^2=1$ 의 해라면 $\alpha\beta$ 도 해가 된다.

● ● ● 예제 16

$x^2-8y^2=1$ 의 두 해가 $(x,\ y)=(3,\ 1),\ (17,\ 6)$ 일 때, 다른 해를 구하여라.

풀이 $N = 8$ 이므로

$$(3 + \sqrt{8})(17 + 6\sqrt{8}) = 51 + 18\sqrt{8} + 17\sqrt{8} + 48$$
$$= 99 + 35\sqrt{8}$$

에서 $(99, 35)$ 를 얻는다.

Pell 방정식의 풀이

$x^2 - Dy^2 = 1$ 에서 D 가 자연수이고 제곱수가 아니면 이 방정식은 양수해 (x, y) 를 가진다. 먼저 $\sqrt{D}$ 를 연분수로 전개한다. 이 연분수가 주기 p 가 짝수이면 p 번째에서, 홀수이면 $2p$ 번째에서 해에 수렴한다.

●●● 예제 17

$\sqrt{13} = [3; 1, 1, 1, 1, 6, 1, 1, \cdots]$ 은 주기 $p = 5$ 이다. 따라서 10번째에서 $x = 649$ 와 $y = 180$ 을 얻는다. $(649 + 180\sqrt{13})^n$ 에서 다른 해를 얻을 수 있다.

단계	연분수	0	1
		1	0
1	3	3	1
2	1	4	1
3	1	7	2
4	1	11	3
5	1	18	5
6	6	119	33
7	1	137	38
8	1	256	71
9	1	393	109
10	1	649	180

첫 줄에 0과 1을 적는다. 다음 줄에 1과 0을 적는다.
매 단계마다 연분수에서 나온 값과 그 바로 위 줄에 있는 값을 곱한 값과 그 두 줄 위에 있는 값을 더하여 적는다. 이와 같은 방법을 계속하여 10 번째까지 구한다.

● ● ● 예제 18

$x^2 - 41y^2 = 1$ 을 만족하는 최소 양의 정수해를 구하고, 두 번째로 작은 해를 구하여라.

풀이 $\sqrt{41} = [6;\overline{2, 2, 12}]$ 이므로 주기는 3이다. 따라서

단계	연분수	0	1
		1	0
1	6	6	1
2	2	13	2
3	2	32	5
4	12	397	62
5	2	826	129
6	2	2049	320
7	12	25414	3969
8	2	52877	8258
9	2	131168	20485
10	12	1626893	254078
11	2	3384954	528641
12	2	8396801	1311360

그러므로 $(x, y) = (2049, 320)$ 이 $x^2 - 41y^2 = 1$ 을 만족하는 최소의 양의 정수해이므로 $2049 + 320\sqrt{41}$ 은 $x^2 - 41y^2 = 1$ 의 **생성원**(generator) 이다.
따라서 $x^2 - 41y^2 = 1$ 의 모든 해는 집합
$\{(a_n, b_n) \mid (2049 + 320\sqrt{41})^n = a_n + b_n\sqrt{41}, n \in N\}$ 이다. 두 번째 최소인 해는 $(8396801, 1311360)$ 이다.

참고 위 예제에서 각 단계마다 x 와 y 의 값을 대입하여 $x^2 - 41y^2$ 의 값을 구하여 $x^2 - 41y^2 = 1$ 을 만족하는 값을 구할 수 있다.

참고 $x^2 - 1000099y^2 = 1$ 을 만족하는 해 중 최소의 자연수 x 는 1118자리수가 된다.

연습문제 16

#1. 이 장의 마지막 예제에서 다른 해를 더 구하여라.

#2. $nx^2 + 1 = y^2$ 의 정수해는 $x = \dfrac{2nt}{t^2 - n}$, $y = \dfrac{t^2 + n}{t^2 - n}$ 임을 보여라.

#3. 다음 몇 가지 수에 대한 연분수전개를 확인하여라.

(1) $\sqrt{2} = 1 + \cfrac{1}{2 + \cfrac{1}{2 + \cfrac{1}{2 + \cfrac{1}{\cdots}}}} \approx 1.4142$

(2) $\log_{10} 2 = \cfrac{1}{3 + \cfrac{1}{3 + \cfrac{1}{9 + \cdots}}} \approx 0.301$

(3) $\ln 2 = \cfrac{1}{1 + \cfrac{1}{2 + \cfrac{1}{3 + \cfrac{1}{\cdots}}}} \approx 0.693$

(4) $\sin \dfrac{\pi}{3} = \cfrac{1}{1 + \cfrac{1}{6 + \cfrac{1}{2 + \cfrac{1}{\cdots}}}} \approx 0.866$

(5) $e^2 = 7 + \cfrac{1}{2 + \cfrac{1}{1 + \cfrac{1}{1 + \cdots}}} \approx 7.389$

(6) $\pi = 3 + \cfrac{1}{7 + \cfrac{1}{15 + \cfrac{1}{1 + \cdots}}} \approx 3.142$ $\quad \pi = 3 + \cfrac{1^2}{6 + \cfrac{3^2}{6 + \cfrac{5^2}{6 + \cfrac{7^2}{6 + \cfrac{9^2}{6 + \cfrac{11^2}{\cdots}}}}}}$

(7) $\sqrt{\pi} = 1 + \cfrac{1}{1 + \cfrac{1}{3 + \cfrac{1}{2 + \cdots}}} \approx 1.772$

#4. $\dfrac{s^2 + s + 1}{s^3 + s^2 + 2s + 1}$ 을 연분수 전개하여라.

풀이 $(s^3 + s^2 + 2s + 1) \div (s^2 + s + 1) = s + \dfrac{s + 1}{s^2 + s + 1}$

$(s^2 + s + 1) \div (s + 1) = s + \dfrac{1}{s + 1}$ 이므로 준식은

$$\cfrac{1}{s + \cfrac{1}{s + \cfrac{1}{s + 1}}}$$

이 된다.

#5. 다음을 확인하여라.

(1) $\sqrt{2} = 1 + \dfrac{1}{2+} + \dfrac{1}{2+} + \dfrac{1}{2+} + \dfrac{1}{2+} + \dfrac{1}{2+} \cdots$

(2) $\dfrac{1 + \sqrt{5}}{2} = 1 + \dfrac{1}{1+} + \dfrac{1}{1+} + \dfrac{1}{1+} + \dfrac{1}{1+} + \dfrac{1}{1+} \cdots$

(3) $\sqrt{3} = 1 + \dfrac{1}{1+} + \dfrac{1}{2+} + \dfrac{1}{1+} + \dfrac{1}{2+} + \dfrac{1}{1+} + \dfrac{1}{2} + \cdots$

(4) $\sqrt{5} = 2 + \dfrac{1}{4+} + \dfrac{1}{4+} + \dfrac{1}{4+} + \dfrac{1}{4+} + \dfrac{1}{4+} \cdots$

(5) $e = 2 + \dfrac{1}{1+} + \dfrac{1}{2+} + \dfrac{1}{1+} + \dfrac{1}{1+} + \dfrac{1}{4+} + \dfrac{1}{1+} + \dfrac{1}{1+} + \dfrac{1}{6+} + \dfrac{1}{1+} + \dfrac{1}{1+} + \dfrac{1}{8+} \cdots$

(6) $\pi = 3 + \dfrac{1}{7+} + \dfrac{1}{15+} + \dfrac{1}{1+} + \dfrac{1}{292+} + \cdots$

참고 $e \approx \dfrac{878}{323}$, $\pi \approx \dfrac{355}{113}$

참고 π 에 대한 몇 가지 연분수를 생각할 수 있다. 이를 비교하여라.

(1) $$\pi = 3 + \cfrac{1}{7 + \cfrac{1}{15 + \cfrac{1}{1 + \cfrac{1}{292 + \cfrac{1}{1 + \cfrac{1}{1 + \cfrac{1}{1 + \cfrac{1}{2 + \cfrac{1}{\ddots}}}}}}}}}$$

(2) $$\pi = \cfrac{4}{1 + \cfrac{1}{3 + \cfrac{4}{5 + \cfrac{9}{7 + \cfrac{16}{9 + \cfrac{25}{11 + \cfrac{36}{13 + \cfrac{49}{\ddots}}}}}}}}$$

(3) $$\pi = 3 + \cfrac{1}{6 + \cfrac{9}{6 + \cfrac{25}{6 + \cfrac{49}{6 + \cfrac{81}{6 + \cfrac{121}{6 + \cfrac{169}{\ddots}}}}}}}$$

#6. $\frac{25}{16}, \frac{49}{36}, \frac{81}{64}, \frac{121}{100}, \cdots, \frac{(2n+1)^2}{(2n)^2}$ 을 연분수 전개하여라. 여기서 어떤 공통점을 찾을 수 있는가? $\frac{3^2}{2^2}$ 는 위의 결과를 따르는가?

#7. $\frac{36}{25}, \frac{64}{49}, \frac{100}{81}, \frac{144}{121}$ 에 대해 연분수 전개를 하여라.

#8. $\frac{(n+1)^2}{n^2}$, $n = 2, 3, 4, \cdots$ 일 때 이를 연분수로 나타내어라.

#9. $\dfrac{f_{n+1}}{f_n}$ 을 연분수 전개하여라. 단 여기서 f_n 은 n 번째 피보나치 수라고 한다.

#10. 다음을 확인하여라.

(1) $\dfrac{1}{7} = [0;7] = [0;6,1]$

(2) $\dfrac{2}{7} = [0;3,2] = [0;3,1,1]$

(3) $\dfrac{3}{7} = [0;2,3] = [0;2,2,1]$

(4) $\dfrac{4}{7} = [0;1,1,3] = [0;1,1,2,1]$

(5) $\dfrac{5}{7} = [0;1,2,2] = [0;1,2,1,1]$

(6) $\dfrac{6}{7} = [0;1,6] = [0;1,5,1]$

(7) $\dfrac{1}{8} = [0;8] = [0;7,1]$

(8) $\dfrac{2}{8} = [0;4] = [0;3,1]$

(9) $\dfrac{3}{8} = [0;2,1,2] = [0;2,1,1,1]$

(10) $\dfrac{4}{8} = [0;2] = [0;1,1]$

(11) $\dfrac{5}{8} = [0;1,1,1,2] = [0;1,1,1,1,1]$

(12) $\dfrac{6}{8} = [0;1,3] = [0;1,2,1]$

(13) $\dfrac{7}{8} = [0;1,7] = [0;1,6,1]$

#11. 다음을 구하여라.

(1) $[1;1,1,1,1,\cdots] = \tau$ (**황금비** : golden ratio)

(2) $[2;2,2,2,2,\cdots]$

(3) $[3;3,3,3,3,\cdots]$

(4) $[4;4,4,4,4,\cdots]$

(5) $[k; k, k, k, k, \cdots]$ 단, k는 자연수

답 (1) $\frac{1+\sqrt{5}}{2}$ (2) $1+\sqrt{2}$ (3) $\frac{3+\sqrt{13}}{2}$ (4) $2+\sqrt{5}$

참고 재미있는 몇 가지 연분수의 예

(1) $\sqrt{e} = [1; 1, 1, 1, 5, 1, 1, 9, 1, 1, 13, 1, 1, 17, 1, 1, \cdots]$

(2) $e^{\frac{1}{n}} = [1; n-1, 1, 1, 3n-1, 1, 1, 5n-1, 1, 1, 7n-1, 1, 1, 9n-1, 1, 1, \cdots]$

(3) $\frac{e-1}{e+1} = [0; 2, 6, 10, 14, \cdots]$

(4) $\frac{e^{\frac{2}{k}}-1}{e^{\frac{2}{k}}+1} = [0; k, 3k, 5k, 7k, 9k \cdots]$

제17장
소수분포

제17장 소수분포

여러 수학자 들이 소수의 분포에 대하여 많은 기여를 하였다. 소수의 분포에 대하여 자세히 알기를 원하면 Beiler[3] 의 20장 Among the Himalayas (pp.211-229)를 참조하면 도움이 될 것 같다. 마치 눈이 덮여 앞이 잘 안 보이는 히말라야 산을 오르는 느낌이지만 이런 결과를 얻은 수학자의 노력에 감탄할 따름이다.

소수의 개수 n 이 자연수일 때, n 이하의 소수의 개수를 $\pi(n)$ 으로 나타낸다. 그러면

$\pi(10) = 4$

$\pi(10^2) = 25$

$\pi(10^3) = 168$

$\pi(10^4) = 1229$

$\pi(10^5) = 9592$

$\pi(10^6) = 78498$

$\pi(10^7) = 664579$

$\pi(10^8) = 5761455$

$\pi(10^9) = 50847534$

따라서 소수의 분포는

1과 10사이에 4개 (40%)의 소수가 있고,
1과 100사이에는 25개 (25%)
1과 1000사이에는 168개 (16.8%)
1과 10000사이에는 1229개 (12.3%)
1과 100000사이에는 9592개 (9.5%)
1과 1000000사이에는 78498개 (7.8%)
…………

1부터 점점 커 감에 따라 소수의 백분율은 점차 감소하지만, 가장 큰 소수란 존재하지 않으며 무한히 많은 소수가 존재한다는 사실이 증명되었다. (Euclid, B.C. 300년경)

10,000,000 과 10,000,100 사이에 있는 소수는 두 개 밖에 없다. 그것은 10,000,019 와 10,000,079 이다.

1845년 프랑스 수학자 Bertrand 는 어떤 수와 그 두 배되는 수 사이에는 적어도 하나의 소수가 존재한다. 이 가설은 러시아 수학자 Tchebyshev 에 의해 증명되었다.

이탈리아 수학자 Bonolis 는 x 와 $\frac{3}{2}x$ 사이의 소수의 개수를 구하는 근사공식을 얻었다. 이에 따르면 100,000,000 과 150,000,000 사이에는 백만개 보다 많은 소수가 있다.

$\pi_1(x)$ 를 x 보다 작거나 같은 $4n+1$ 의 형태의 모든 소수라 하고, $\pi_3(x)$ 를 x 보다 작거나 같은 $4n+3$ 의 형태의 모든 소수라 하면 $x = 26{,}849$ 에서 같고, $x < 26{,}861$ 에 대해 $\pi_1(x) \le \pi_3(x)$ $x = 26{,}861$ 일 때 $\pi_1(x) = 1473$, $\pi_3(x) = 1472$ 이다.

$\pi_1(x) < \pi_3(x)$ 와 $\pi_1(x) > \pi_3(x)$ 로 무한 번 반복이 일어난다고 한다.
(1914년, Littlewood가 증명함)

구간별 소수의 개수		
부터	까지	개수
1	10,000	1229
10,001	20,000	1033
20,001	30,000	983
30,001	40,000	958
40,001	50,000	930
50,001	60,000	924
60,001	70,000	878
70,001	80,000	902
80,001	90,000	876
90,001	100,000	879

누적 소수의 개수				
1 부터	n 까지	$\pi(n)$ 개수	$\frac{n}{\ln n}$	$\frac{\pi(n)}{\left\{\frac{n}{\ln n}\right\}}$
1	10	4	4.3	0.93
1	100	25	21.7	1.15
1	1000	168	144.9	1.16
1	10,000	1229	1,086	1.11
1	100,000	9592	8,686	1.10
1	1,000,000	78,498	72,464	1.08
1	10,000,000	664,579	621,118	1.07
1	100,000,000	5,761,455	5,434,780	1.06
1	1,000,000,000	50,847,534	48,309,180	1.05

소수정리 $\pi(n)$ 을 정수 n 보다 작거나 같은 소수의 개수라 하자. 이때, n 이 증가함에 따라 $\frac{n}{\pi(n)}$ 은 점점 $\ln(n)$ 에 가까워진다.

즉, 소수정리에서 $\pi(n) \sim \frac{n}{\ln n}$ 을 **소수분포함수**(prime distribution function)이라고 한다. 이를 두 프랑스 수학자 Hadamard 와 Vallée-Poussin 이 독립적으로 증명하였다.

n	10	100	1000	10,000	십만	백만	천만	억	십억
$\pi(n)$	4	25	168	1229	9592	78498	664579	5761455	50847534
Gauss	6.1	29.99	177.4	1245.9	9629.6	78627.5	664918.6	5762209.6	50849235.2
error	2	5	9	17	38	129	840	755	1681

골드바흐의 추측(Goldbach's Conjecture)

"2보다 큰 임의의 짝수는 두 소수의 합으로 나타낼 수 있다."이며 참이라고 믿어지지만 아직 증명되지 않았다.

다음은 소수를 생성하는 정수계수의 다항식은 존재하는가? 예를 들어 $n^2 - n + 41$ 은 n 이 1 부터 40 까지를 대입하면 모두 prime 이지만 $n = 41$ 일 때는 41^2 이 되어 prime 이 아니다. 그리고 $n^2 - 79n + 1601$ 의 경우도 n 이 1 부터 80 까지를 대입하면 모두 prime 이지만 $n = 81$ 일 때는 $1763 = 41 \cdot 43$ 이 되어 prime 이 아니다.

정리 1	**단지 소수만을 생성할 수 있는 (다항)식은 존재하지 않는다.**

■ **증명**

(Euler) 소수만을 생성하는 다항식이 존재한다면 그것은 일반적으로 다음과 같은 형태가 될 것이다.

$a + bx + cx^2 + dx^3 + \cdots$ 단 계수 중에는 0 이 되는 경우도 있을 수 있다.

이때 $x = m$ 일 때 이 다항식의 값을 s 라 하자. 즉

$s = a + bm + cm^2 + dm^3 + \cdots$

같은 방법으로 $x = m + ns$ 일 때 이 다항식의 값을 t 라 하면

$t = a + b(m + ns) + c(m + ns)^2 + d(m + ns)^3 + \cdots$

이다. 이것은 다음과 같이 쓸 수가 있다.

$t = (a + bm + cm^2 + dm^3 + \cdots) + A$ 여기서 A 는 s 의 배수가 됨을 알 수 있다. 따라서 $t = s + sA_1$ 으로 t 는 s 의 배수가 되므로 소수가 아니다. 결론적으로 소수만을 생성할 수 있는 다항식은 존재하지 않는다.

●●● 예제 1

$f(n) = n^2 - 79n + 1601$ 일 때 $n = 0, 1, 2, , \cdots, N$ 이 연속적으로 소수가 되는 값을 구하여라. 이때 $f(n) = f(79 - n)$ 이 성립한다.

풀이 0, 1, 2, $\cdots$, 79 이다. $n = 80$ 이면 $f(80) = 1681 = 41 \times 41$ 이다.

소수의 역수의 합에 대한 결과

(1) $\displaystyle\sum_{p\text{는 소수}} \frac{1}{p}$ 는 발산한다.

1737년에 오일러(Euler)는 소수의 역수를 합한 값, 즉 아래 주어진 무한급수가

$$\frac{1}{2} + \frac{1}{3} + \frac{1}{5} + \frac{1}{7} + \frac{1}{11} + \frac{1}{13} + \frac{1}{17} + \cdots$$

이 발산함을 증명했다. 그는 또한 이 급수가 함수 $\log\log n$ 과 유사한 속도로 발산한다고 주장했다. 이 급수는 너무도 느리게 증가하기 때문에 3보다 큰 값을 얻기 위해서는 360,000개 이상의 항이 필요하다.

(2) 소수 역수의 교대급수는 수렴한다. 이유는 그 유한 합이 항상 0과 $\frac{1}{2}$ 사이에 놓여 있기 때문이다.

$$\frac{1}{2} - \frac{1}{3} + \frac{1}{5} - \frac{1}{7} + \frac{1}{11} - \frac{1}{13} + \frac{1}{17} - + \cdots \approx 0.2696$$

(3) 소수 역수의 제곱을 더한 값도 수렴하며 그 값은 ≈ 0.452247 이다. (Finch 2003)

(4) $\displaystyle\sum_{q\text{는 쌍둥이 소수}} \frac{1}{q}$ 는 수렴한다. (1921년, Viggo Brun) 즉

$$\frac{1}{3} + \frac{1}{5} + \frac{1}{7} + \frac{1}{11} + \frac{1}{13} + \frac{1}{17} + \frac{1}{19} + \cdots \approx 1.92016\cdots < \infty$$

(5) $\displaystyle\sum_{x=1}^{p-1} \frac{1}{x} \equiv 0 \pmod{p}$ 여기서 p 는 홀수인 소수 이다.

연습문제 17

#1. 소수에 관련된 다른 미해결 문제를 조사하여라.

풀이 수론 특히 소수에는 아직까지 해결되지 않은 문제들이 많이 있으니 각자 보충하기로 한다. 그중 중요한 몇 가지를 나열하면

(1) 쌍둥이 소수가 무수히 많은지는 미해결이다.

(2) 4 이상의 짝수는 두 소수의 합으로 나타낼 수 있는지는 미해결이다.
(Goldbach 의 추측, 1742년)

(3) 어떤 소수 p 에 대해, p 와 $p+2$ 와 $p+6$ 가 모두 소수인 p 의 개수는 무한 인가? 아직 미해결 문제이다.

(4) 자연수 n 에 대해 n^2+1 의 형태의 소수의 무한이 많을까?
예를 들어, $2,\ 5,\ 17,\ 37,\ \cdots,\ 65537,\ \cdots$. 인 소수가 무한이 많은지는 아직 미해결이다.
그러나 x^2+y^2 , x^2+y^2+1 , $x^2+y^2+z^2+1$ 형태의 소수는 무수히 많다는 것이 증명되었다.

(5) $n \geq 1$ 일 때, n^2 과 $(n+1)^2$ 사이에 항상 적어도 하나의 소수가 존재할까?
$n \geq 1$ 일 때, n^2 과 n^2+n 사이에 적어도 하나의 소수가 존재할까?
n 과 $2n$ 사이에는 소수가 존재한다는 것은 체비세프에 의하여 증명되었다.

(6) 페르마 소수는 무한이 많을까?

(7) 251, 257, 263, 269는 4항으로 된 소수의 등차수열이다. 소수로 된 3항이 등차수열을 이루는 그런 소수들의 집합은 무한이 많을까?

(8) p_n 을 n 번째 소수라 할 때 $p_1 p_2 \cdots p_n + 1$ 형의 소수는 무한이 많을까?

(9) $n!+1$ 형의 소수와 $n!-1$ 형의 소수는 각각 무한이 많을까?
참고로 $1 \leq k \leq 30$ 일 때
$k!+1$ 은 $k=2,\ 3,\ 11,\ 27$ 일 때 prime 이고
$k!-1$ 은 $k=3,\ 4,\ 6,\ 7,\ 12,\ 14,\ 30$ 일 때 prime 이다.

(10) p 가 소수라면 2^p-1 은 소수의 제곱을 약수로 가질까?

(11) 피보나치수열은 무한이 많은 소수를 가질까?

(12) $1111\cdots1111$ 형태의 소수가 무수히 많이 존재할까?

(13) 메르센느소수 가 무수히 많이 존재할까?

(14) 합성수인 메르센느수가 무수히 많이 존재할까?

(15) 합성수인 페르마수는 무수히 많이 존재할까?

#2. Carmichael number, prime impostor를 조사하여라.

#3. 1792년 Gauss(1777-1855)는 상당히 큰 자연수 a 와 b 사이의 소수의 개수는 $\int_a^b \frac{1}{\ln x}\,dx$ 와 근사적으로 같다고 가설을 하였다. 이 식을 이용하여 150,000 과 160,000 사이의 소수의 개수를 근사적으로 구하여라. 참고로 $a = 90{,}000$ 이고 $b = 100{,}000$ 일 때 참값은 879개이다.

#4. $4n - 1$ 의 형태의 소수가 무수히 많음을 보여라.

■ **증명**

$4n - 1$ 의 꼴의 소수인 $3, 7, 11, \cdots$ 을 크기대로 마지막인 p 까지 (즉 유한개라고 가정하고)를 $a = 4(3 \cdot 7 \cdot 11 \cdot p) - 1$ 을 만든다.

① a 가 소수이면 : $a = 4m - 1$ 의 꼴이고 $a > p$ 이다.

② a 가 합성수이면 : a 는 $4m - 1$ 의 꼴의 소수를 하나는 갖는다.

$$(4m+1)(4n+1) = 16mn + 4m + 4n + 1 = 4(mn + m + n) + 1$$
$$(4m+1)(4n-1) = 16mn - 4m + 4n - 1 = 4(mn - m + n) - 1$$
$$(4m-1)(4n-1) = 16mn - 4m - 4n + 1 = 4(mn - m - n) + 1$$

왜냐하면 모든 소수는 $4n + 1$ 또는 $4n - 1$ 의 꼴이기 때문이다. 이때 $4m - 1 = q$ 라 하면 a 는 $3, 7, 11, \cdots, p$ 로 나눠지지 않으므로 $q > p$ 이다. 이것은 모순이다.

#5. $6n - 1$ 의 꼴을 가진 소수가 무수히 많음을 증명하여라. (즉, $5, 11, 17, 23, \cdots$ 는 무수하다.)

힌트 $a = 6(5 \cdot 11 \cdot 17 \cdot 23 \cdots p) - 1$ 이라 놓고 $6n + 1$ 의 형태의 곱은 $6n + 1$ 의 꼴이 되는 사실을 이용한다.

#6. $4n + 1$ 의 형태의 소수가 무수히 많음을 증명하여라.

힌트 $p \mid x^2 + 1 \Rightarrow x^4 \equiv 1 \pmod p$

풀이 $a = (2 \cdot 5 \cdot 13 \cdots p)^2 + 1$

$x^2 + 1$ 의 형태의 수는 2 또는 $4n + 1$ 의 소수를 소인수로 갖는다.

#7. $y = 1,\ 2,\ 3,\ 4,\ 5,\ \cdots$ 일 때 $a^{2x} - a^x + 1$ 이 소수인지 아닌지를 조사하여라.

#8. $n^2 + n + 1$ 에서 $n = 0, 1, 2, 3, \cdots, 39$ 를 대입하면 모두 소수가 된다. 이것보다 많은 수를 대입했을 때 소수가 되는 다항함수를 찾아보라. 주어진 다항함수는 오일러에 의하여 발견되었다.

#9. 소수의 분포를 보이는 흥미 있는 울람(Ulam)의 나선을 조사하여라.

#10. $3n + 2$ 의 꼴의 소수가 무수히 많음을 보여라.

풀이 $p_1 = 2$, $p_2 = 5$, $p_3 = 11$, $\cdots$ 로 p_s 를 $3n+2$ 꼴의 모든 소수라고 하자. (유한하다고 가정) 그러면 $k = p_1 p_2 p_3 \cdots p_s - 1$ 이라는 수를 생각할 수 있다.

이때 k 는 3 으로 나누어떨어지지 않으며 p_1, p_2, p_3, $\cdots$, p_s 의 어느 것으로도 나누어떨어지지 않는다. k 의 모든 소인수를 3 으로 나눈 나머지가 1 이라면, k 를 3 으로 나눈 나머지는 1 이다. 그런데 $k = p_1 p_2 p_3 \cdots p_s - 1$ 은 3 으로 나눈 나머지가 2 이므로 모순이다. 따라서 k 는 $3n+2$ 인 형태의 소인수 q 를 가진다. q 는 p_1, p_2, p_3, $\cdots$, p_s 와는 다른 소수이므로 가정이 모순됨을 알 수 있다.

#11. $4k+3$ 꼴의 소수가 무한히 많음을 증명하여라.

풀이 $4k+3$ 꼴의 소수가 유한개뿐이라고 가정하여, 그러한 소수를p_1, p_2, p_3, $\cdots$, p_n 라고 하자.

$m = 4p_1 \cdot p_2 \cdot p_3 \cdot \cdots \cdot p_n - 1$ 을 생각해보자.

$m = 4(p_1 \cdot p_2 \cdot p_3 \cdot \cdots \cdot p_n - 1) + 3$ 으로 표현할 수 있으며, m 은 홀수이므로 m 을 나누는 소수들도 모두 홀수, 즉 모두 $4k+1$ 또는 $4k+3$ 의 꼴이다.

그런데 이것들이 모두 $4k + 1$ 꼴이라면, m 역시 $4k+1$ 꼴이어야 하므로 모순이 된다. 따라서 m 은 적어도 하나의 $4k+3$ 꼴의 소수를 약수로 가진다. 그것을 p 라고 하면, p 는 p_1, p_2, p_3, $\cdots$, p_n 중의 하나이므로 $p \mid (4p_1 p_2 p_3 \cdots p_n)$.

한편, $p \mid m = 4p_1 \cdot p_2 \cdot p_3 \cdots p_n - 1$ 이므로 $p \mid 1$, 모순이 된다. 따라서 $4k+3$ 꼴의 소수는 무한히 많다.

#12. $8n-1$ 의 꼴의 소수가 무한히 많음을 보여라.

힌트 (귀류법) $8n-1$ 의 꼴의 소수가 유한하다고 가정하고 그런 소수를 q_1, q_2, $\cdots$, q_s 라고 하고 모순을 보인다.

제18장
추가 문제

제18장 추가 문제

이 장은 연습문제를 위주로 필요에 따라 정리와 종합적인 문제 등을 학습할 수 있도록 구성하였다.

#1. (Euler) n 을 임의의 자연수라 하고, p 와 q 를 서로 다른 소수라 하자.
그러면 $n^{(p-1)(q-1)+1} - n$ 은 pq 의 배수가 된다. 이를 보여라.

#2. 두 수의 곱과 합이 같은 두 정수를 구하여라.

풀이 두 수를 a, b 라 하면

$$ab = a + b$$

$$ab - a - b = 0$$

$$ab - a - b + 1 = 1$$

$$(a-1)(b-1) = 1$$

$$a - 1 = 1 \ \wedge \ b - 1 = 1 \text{ 또는 } a - 1 = -1 \ \wedge \ b - 1 = -1$$

$$a = 2 \ \wedge \ b = 2 \text{ 또는 } a = 0 \ \wedge \ b = 0 .$$

#3. $100!$, 100^{100}, 2^{100}, $(50!)^2$ 을 작은 것부터 크기 순서대로 나열하여라.

풀이 $2^{100} < (50!)^2 < 100! < 100^{100}$.

#4. 직접 계산하지 말고 다음을 증명하여라.

$10! = 6!7!$

$16! = 14!5!2!$

$10! = 7!5!3!$

$9! = 7!3!3!2!$

힌트 $6! = 1!3!5!$ 이고 $10! = 1!3!5!7!$ 임을 이용한다.

#5. $x! + y! = z!$ 를 만족하는 모든 양의 정수해를 구하여라.

풀이 $x = y = 1$, $z = 2$.

#6. n 이 양수일 때, $n! \le n^n$ 임을 보여라.

풀이 ① $1! \le 1^1 = 1$

② $$\begin{aligned}(n+1)! = (n+1)n! &\le (n+1)n^n \\ &< (n+1)(n+1)^n \\ &< (n+1)^{n+1}\end{aligned}$$

#7. 다음을 증명하여라.

(1) 3개의 연속된 정수의 곱은 6의 배수이다.

(2) 4개의 연속된 정수의 곱은 24의 배수이다.

#8. $5^{999999} = x \pmod 7$ 을 구하여라. 참고로 $999999 = 3^3 \times 7 \times 11 \times 13 \times 37$ 이다.

풀이 $x = 6$

#9. $n^n > 1 \cdot 3 \cdot 5 \cdot 7 \cdots (2n-1)$ 임을 보여라.

풀이 $n = \dfrac{n^2}{n} = \dfrac{1+3+5+7+\cdots+(2n-1)}{n} > [1 \cdot 3 \cdot 5 \cdot 7 \cdots (2n-1)]^{\frac{1}{n}}$

이다. 위에서 부등호의 좌변은 산술평균이고 우변은 기하평균이다. 그러므로

$n > [1 \cdot 3 \cdot 5 \cdot 7 \cdots (2n-1)]^{\frac{1}{n}}$

이다. 양변을 n 제곱하면

$n^n > 1 \cdot 3 \cdot 5 \cdot 7 \cdots (2n-1)$.

#10. 자연수 n 을 한 개 이상의 자연수의 합으로 나타낸 뒤, 이것들의 역수의 합이 1 이 되면 n 을 좋은 수라 하자. 1 은 좋은 수이고, $4 = 2 + 2$ 이고 $\frac{1}{2} + \frac{1}{2} = 1$ 이므로 4 도 좋은 수이고, $9 = 3 + 3 + 3$ 이므로 $\frac{1}{3} + \frac{1}{3} + \frac{1}{3} = 1$ 이므로 9 도 좋은 수이다. 그렇다면, 75 는 좋은 수인가?

답 좋은 수이다.

#11. $n > 0$ 인 정수일 때 $9^{n+1} \equiv 8n + 9 \pmod{64}$ 임을 보여라.

풀이 $9^{n+1} = (1 + 8)^{n+1}$

$$= 1 + (n+1)8 + \frac{(n+1)n}{2!}8^2 + \cdots + 8^{n+1}$$

#12. $p \geq 5$ 인 소수(prime)이면 $p^2 \equiv 1 \pmod{24}$ 임을 보여라.

풀이 모든 정수는 $3k$, $3k \pm 1$ 의 형태이며

$p^2 - 1 = (p - 1)(p + 1)$ 이므로 $p^2 - 1$ 은 3 의 배수이며,

모든 정수는 $4k$, $4k \pm 1$, $4k \pm 2$ 의 형태이며 $p^2 - 1$ 은 8 의 배수

#13. $n^{13} - n \equiv 0 \pmod{2730}$, n 은 정수, 임을 보여라.

참고 $n = 1$ 일 때 $1 - 1 = 0$

$n = 2$ 일 때 $8192 - 2 = 8190 = 3 \times 2730$

$n = 3$ 일 때 $1594323 - 3 = 1594320 = 584 \times 2730$

$n = 4$ 일 때 $67108864 - 4 = 67108860 = 24582 \times 2730$

풀이 $n^{13} - n \equiv 0 \pmod{13}$.

또 $n^2 - n$, $n^3 - n$, $n^5 - n$, $n^7 - n$ 은

$n^{13} - n$ 의 약수이며, $13 \cdot 2 \cdot 3 \cdot 5 \cdot 7 = 2730$.

#14. m , n 이 소수(prime)이면 $m^{n-1} - n^{m-1} \equiv 1 \pmod{mn}$ 임을 보여라.

풀이 $m^{n-1} \equiv 0 \pmod{\square}$

$$n^{m-1} \equiv 1 \pmod{\square}.$$

#15. $540 \equiv -123 \pmod{m}$ 인 모든 m 을 구하여라?

풀이 $540 + 123 = 663 = 3 \times 13 \times 17$ 의 약수이다.

$\therefore \ m = 1, 3, 13, 17, 3 \times 13, 3 \times 17, 3 \times 13 \times 17$

#16. $1993^{2001} \equiv 333^{2001} \pmod{10}$ 임을 보여라.

힌트 1993^{2001} 의 끝자리 수와 333^{2001} 의 끝자리 수가 같음을 보여라.

#17. a 를 임의의 자연수라 할 때, $a^{2001} - a^{1997}$ 는 10 의 배수임을 증명하여라.

힌트 a 가 끝자리 수가 어떤 수이든지 네제곱하면 끝자리 수가 반복되는 사실을 이용한다.

#18. 다음을 구하여라.

(1) $N = 99999^{9999^{999^{99^{9}}}}$ 의 마지막 자릿수는 얼마인가?

(2) $100!$ 은 끝에 0 이 몇 개가 붙는가?

(3) $\mathrm{N} = \dfrac{7^{1968^{1978}} - 3^{68^{78}}}{1978 - 1968}$ 이 정수가 되는 것을 보여라.

(4) $n \geq 0$ 인 정수에 대해 $11^{n+2} + 12^{2n+1}$ 이 133 의 배수인 것을 보여라.

풀이 (1) 9

(2) 24 개 – (2 의 지수가 5 의 지수보다 크므로 5 의 몇 제곱인가 조사한다.)

(3) 분자가 10 의 배수임을 보이면 된다.

(4) 생략

단위분수에 의한 분수의 표기

린드 파피루스에 있는 기록에 따르면 고대 이집트인은 0 과 1 사이에 있는 분수를 예를 들면 $\dfrac{2}{29} = \dfrac{1}{24} + \dfrac{1}{58} + \dfrac{1}{174} + \dfrac{1}{232}$ 와 같이 단위분수의 합으로 나타내었다. 이 문제는 중세의 수학자 피보나치(Fibonacci)에 의하여 다시 연구되었다. 그리고 그 후 영국의 수학자 실베스터에 의하여 더욱 깊게 연구되었다. 분수를 단위분수로 표시하는 피보나치의 알고리듬을 보자. 먼저 0 과 1 사이에 분수 $\frac{a}{b}$ 가 주어져 있다고 하자. 먼저 (※) $\frac{1}{n_1} \leq \frac{a}{b} < \frac{1}{(n_1 - 1)}$ 를 만족하는 자연수 n_1 을 선택하자.

그러면 $\frac{a}{b} = \frac{1}{n_1} + \frac{a_1}{b_1}$ 이 된다. 여기서 (※)로 부터 $n_1 a - b = a_1 < a$ 가 성립한다. 이제 $a_1 = 1$ 이면 이 과정은 끝이 나고 그렇지 않으면 $\frac{a_1}{b_1}$ 에 대하여 같은 절차를 진행한다.

#19. $\frac{13}{20}$ 을 단위분수의 합으로 나타내어라.

풀이 $\left[\frac{20}{13}\right] = 1$ 이므로 $n = 1$ 이다.

$$\frac{13}{20} = \frac{1}{1+1} + \frac{(1+1)\cdot 13 - 20}{(1+1)\cdot 20} = \frac{1}{2} + \frac{3}{20}$$

$\left[\frac{20}{3}\right] = 6$ 이므로 $n = 6$ 이다.

$$\frac{3}{20} = \frac{1}{6+1} + \frac{(6+1)\cdot 3 - 20}{(6+1)\cdot 20} = \frac{1}{7} + \frac{1}{140}$$

그러므로 $\frac{13}{20} = \frac{1}{2} + \frac{1}{7} + \frac{1}{140}$.

#20. $\frac{2}{19}$ 에 대하여 위의 알고리즘을 적용하여라.

풀이 $9 < \frac{19}{2} < 10$ 이므로 $n_1 = 10$ 이다. 따라서 $\frac{2}{19} - \frac{1}{10} = \frac{1}{190}$ 이다.

따라서 $\frac{2}{19} = \frac{1}{10} + \frac{1}{190}$.

#21. 다음 분수를 단위분수의 합으로 나타낸 것을 확인하여라.

(1) $\frac{2}{17} = \frac{1}{12} + \frac{1}{51} + \frac{1}{68}$

(2) $\frac{2}{7} = \frac{1}{5} + \frac{1}{13} + \frac{1}{115} + \frac{1}{10465}$

(3) $\frac{2}{9} = \frac{1}{5} + \frac{1}{45}$

(4) $\frac{2}{5} = \frac{1}{3} + \frac{1}{15}$

(5) $\frac{5}{13} = \frac{1}{3} + \frac{1}{21} + \frac{1}{273}$

(6) $\frac{1}{3} = \frac{1}{4} + \frac{1}{16} + \frac{1}{48}$

(7) $\frac{2}{31} = \frac{1}{20} + \frac{1}{124} + \frac{1}{155}$

(8) $\frac{2}{5} = \frac{1}{3} + \frac{1}{15} = \frac{1}{4} + \frac{1}{7} + \frac{1}{140} = \frac{1}{5} + \frac{1}{6} + \frac{1}{30}$

#22. 다음을 두 개 이상의 단위 분수의 합으로 나타내어라.

(1) $\frac{1}{2}$, (2) $\frac{1}{6}$, (3) $\frac{1}{42}$

답 (1) $\frac{1}{2} = \frac{1}{3} + \frac{1}{6}$, (2) $\frac{1}{6} = \frac{1}{7} + \frac{1}{42}$, (3) $\frac{1}{42} = \frac{1}{8} + \frac{1}{56}$

단위반복수(repunit number) 여기서 repunit 는 repeated unit 를 줄인 것이다.

R_n 은 1 이 n 개 연속되는 수로 단위반복수(repunit number)라 한다. 따라서 $R_1 = 1$, $R_2 = 11$, $R_3 = 111$, $\cdots$, $R_n = 111\cdots1$ 등으로 나타난다. 이중에서 소수(prime)로 확인된 것은 R_2, R_{19}, R_{23}, R_{317}, R_{1031} 의 5개이다. 그런데 R_{49081}, R_{86453}, R_{109297}, R_{270343} 은 probable prime (PRP : 소수 가능성이 높은 수)으로 이는 모든 소수(prime)가 만족하는 특별한 조건들은 만족하지만 그러나 대부분의 합성수가 만족하지 않는 특별한 조건을 만족하는 정수를 말한다. probable prime 이 합성수가 될 수 있는데 이를 pseudoprime 이라고 한다.

1, 11, 111, 1111, 11111, $\cdots$ 등과 같이 1로만 이루어진 수가 소수(prime)인지 아닌지에 대하여 많은 연구가 있었다. $R_n = \frac{10^n - 1}{9}$ 라고 나타내자. 그러면 1, 11, 111, 1111 은 차례대로 $n = 1$, $n = 2$, $n = 3$, $n = 4$ 에 대응된다. 그러면 이 n 값을 모

두 다 조사할 필요없이 단지 prime 인 n 의 값만 확인하면 된다. 왜냐하면 2 를 제외한 짝수인 n 은 모두 11 의 배수가 되고, $n = 9$, 즉 111111111 는 3의 배수 … 등등이 되기 때문이다.

$n = 1$ 일 때 소수(prime)도 아니고 합성수(composite)도 아님

$n = 2$ 일 때 소수(prime)

$n = 3$ 일 때 $111 = 37 \times 3$

$n = 5$ 일 때 41 곱하기 271

$n = 7$ 일 때 239 곱하기 4649

$n = 11$ 일 때 21649 곱하기 513239

$n = 13$ 일 때 53, 79, 265371653 의 세 수의 곱이다.

$n = 17$ 일 때 2071723 이 이 수를 나눌 수 있는 최소의 소수(prime)이다. 2071723 × 5363222357 이다.

$n = 19$ 일 때 소수(prime)

$n = 23$ 일 때 소수(prime)

$n = 29$ 일 때 3191 이 가장 작은 소인수이다.

$n = 31$ 일 때 2791 을 가장 작은 소인수로 갖는다.

$n = 47$ 일 때 소수(prime)인지 아닌지 판명 안 됨.

$n = 317$ 일 때 소수(prime)이다.

n 이 커지면 컴퓨터를 이용하더라도 소인수 분해가 쉽지 않게 된다.

$111{,}111 = 5{,}291 \times 21 = 10{,}101 \times 11 = 8{,}547 \times 13 = 15{,}873 \times 7 = 37037 \times 3$

$111 \cdots 111 = 65{,}359{,}477{,}124{,}183 \times 17$ (1 이 16 개)

$11 \cdots 11 = 12{,}345{,}679 \times 9$ (1 이 9 개)

#23. 11, 111, 1111, 11111, … 로 이루어지는 수열에는 제곱수가 없음을 보여라.

힌트 홀수의 제곱은 4로 나누면 나머지가 1이고, 짝수의 제곱은 4로 나누면 나머지가 0임을 주목하여라.

#24. $6^2 - 5^2 = 11$, $56^2 - 45^2 = 1111$, $556^2 - 445^2 = 111111$, $5556^2 - 4445^2 = 11111111$, ……… 에서 규칙을 찾아라.

#25. R_n ($n \geq 2$)는 제곱수가 아님을 증명하여라. 즉, 11, 111, 1111, ⋯ 에서는 제곱수가 없다.

Farey 수열(Farey sequence)

임의의 양의 정수 N에 대해 이에 대응하는 파레이수열이 존재하며 이를 $F(N)$ 으로 나타낸다. $F(N)$ 은 분모가 기껏해야 N인 진분수(실제로는 분수가 아닌) 추가적인 '분수' 1/1 로 이루어지며, 이 분수들을 증가하는 순서로 나열한다.

$F(1)$ 은 1/1
$F(2)$ 는 1/2, 1/1
$F(3)$ 은 1/3, 1/2, 2/3, 1/1
$F(4)$ 는 1/4, 1/3, 1/2, 2/3, 3/4, 1/1
$F(5)$ 는 1/5, 1/4, 1/3, 2/5, 1/2, 3/5, 2/3, 3/4, 4/5, 1/1

#26. Farey 수열을 구하는 프로그램을 작성하여라.

참고 (1) Farey 수열에서 연속인 세 분수를 $\frac{a}{d}$, $\frac{b}{e}$, $\frac{c}{f}$ 라 하면

$$\frac{b}{e} = \frac{a+c}{d+f}$$

이다. 여기서 $(b, e) = 1$ 이다.

(2) Farey 수열에서 연속된 두 분수를 $\frac{a}{c}$ $\frac{b}{d}$ 라 하면 $bc - ad = 1$ 이다.

#27. 31 , 331 , 3331 , 33331 , 333331 , 3333331 , ⋯ 은 각각 소수(prime)이다. 그러면 이런 것들은 모두 소수(prime)가 되는가?

풀이 아니다. 반례로 $333{,}333{,}331 = 17 \times 19{,}607{,}843$ 이다.

정리 1 에서 n까지의 연속된 자연수의 곱을 나눌 수 있는 소수 p의 최대지수(즉 $n!$ 속에 있는 소수 p의 개수)는

$$\sum_{k=1}^{\infty}\left[\frac{n}{p^k}\right] = \left[\frac{n}{p}\right] + \left[\frac{n}{p^2}\right] + \left[\frac{n}{p^3}\right] + \cdots \text{ 이다.}$$

여기서 $[x]$는 x를 넘지 않는 최대의 정수이다.

■ **증명**

$1, 2, 3, \cdots, n$ 중에서 p 의 배수의 개수는 $\left[\dfrac{n}{p}\right]$ 개이고, $1, 2, 3, \cdots, n$ 중에서 p^2 의 배수의 개수는 $\left[\dfrac{n}{p^2}\right]$ 개이고, p^3 의 배수의 개수는 $\left[\dfrac{n}{p^3}\right]$ 개이다. 같은 방법으로 하면 $n!$ 속에 있는 소수 p 의 개수는 $\left[\dfrac{n}{p}\right] + \left[\dfrac{n}{p^2}\right] + \left[\dfrac{n}{p^3}\right] + \cdots$ 이 된다.

#28. $1000!$ 은 10^{249} 로 나누어떨어짐을 보여라.

힌트 가우스 함수를 이용한다. $1000! = 2^{745} \cdot 10^{249} \cdot k$ (k 는 정수)임을 보인다.

#29. $12!$ 을 소인수로 분해하여라.

	m_1	m_2	m_3	$m_1 + m_2 + m_3$
2	6	3	1	10
3	4	1		5
5	2			2
7	1			1
11	1			1

그러므로 $12! = 2^{10} \cdot 3^5 \cdot 5^2 \cdot 7 \cdot 11$.

참고 여기서 $12!$ 의 약수의 총합을 구할 수도 있다.

#30. n 개의 연속된 정수의 곱은 $n!$ 의 배수임을 보여라.

#31. $\alpha + \beta + \cdots + r \le n$ 일 때, $n!$ 은 $\alpha!, \beta!, \cdots, \gamma!$ 로 나누어떨어짐을 보여라.

마지막 자리수를 이용한 문제

정의 n 을 임의의 자연수라 하면, $u(n)$ 를 n 의 마지막자리의 수로 나타낸다.

예를 들어 $u(2^8) = u(16) = 6$ 이 된다.

#32. $u(p^{4k+i}) = u(p^i)$, $i = 0, 1, 2, 3$ 임을 보여라.

풀이 이 문제는 매 4번째마다 끝자리의 수가 같다는 것을 의미한다. 문제를 간단히 하기 위하여 $u(p^5) = u(p)$ 임을 보이기로 한다. 즉

$$\begin{aligned} p^5 - p &= p(p^4 - 1) \\ &= p(p-1)(p+1)(p^2+1) \\ &= (p-1)p(p+1)[(p-2)(p+2)+5] \\ &= (p-2)(p-1)p(p+1)(p+2) + 5(p-1)p(p+1) \end{aligned}$$

여기서 마지막 식의 앞의 항은 연속된 5개의 수이므로 5의 배수이고 또 짝수이므로 10의 배수이다. 뒤의 식은 역시 10의 배수가 된다. 따라서 p^5 와 p 의 끝자리는 같다.

#33. $3^{1001} \times 7^{1002} \times 13^{1003}$ 의 일의 자리수를 구하여라.

풀이 $3^4 \equiv 1 \pmod{10}$

$7^4 \equiv 1 \pmod{10}$

$13^4 \equiv 1 \pmod{1}$

이므로 $3^{1001} \times 7^{1002} \times 13^{1003} = (3^4)^{250} \cdot 3 \times (7^4)^{250} \cdot 7^2 \times (13^4)^{250} \cdot 13^3$

$$\equiv 3 \times 7^2 \times 13^3$$

$$\equiv 9 \pmod{10}.$$

따라서 구하는 일의 자릿수는 9 이다.

#34. $1993^{1995} - 1992^{1995}$ 의 일의 자리수를 구하여라.

풀이 1993^{1995} 의 일의 자릿수는 7 이고 1992^{1995} 의 일의 자릿수는 8 이다.

$1993^{1995} > 1992^{1995}$ 이므로 $1993^{1995} - 1992^{1995}$ 의 일의 자릿수는 $17 - 8 = 9$ 이다.

#35. $a_n = u(n^2) - u(n)$ 일 때, $a_1 + a_2 + \cdots + a_{98}$ 을 구하여라.

힌트 $a_1 = a_{11} = a_{21} = \cdots$,

$a_2 = a_{12} = a_{22} = \cdots$, 을 이끌어 낸다.

답 8

#36. 1 부터 n 까지의 자연수의 합을 $S(n)$ 이라 하면, $u(S_n)$ 은 2, 4, 7, 9 가 될 수 없음을 보여라.

#37. $F_n = 2^{2^n} + 1$, $n = 0, 1, 2, \cdots$ 의 형태의 수는 $n \geq 2$ 이면 끝자리가 모두 7임을 보여라.

풀이 $n \geq 2$ 이면 2^n 은 4의 배수이다. 따라서

$$F_n = 2^{2^n} + 1 = 2^{4t} + 1 = 16^t + 1$$
$$\equiv 6^t + 1 \equiv 7 \pmod{10}$$

#38. $2^{21701} - 1$ 은 몇 자리 수인가? (여기서 21701은 소수(prime)이다.)

풀이 $\log_{10}(2^{21701} - 1) \approx \log_{10} 2^{21701}$

$$= 21701 \times \log_{10} 2$$
$$\approx 21701 \times 0.30103 = 6532.65203$$

그러므로 6533 자릿수이다.

#39. 단위 길이를 한 변으로 하는 정사각형으로 이루어진 평면상에서 (0,0)에서 (16,14)를 잇는 직선상에 걸치는 정사각형의 개수는 몇 개인가?

#40. 연속된 4개의 정수의 곱은 제곱수가 되지 않음을 보여라.
연속된 4개의 정수의 곱에 1을 더한 수는 완전수임을 보여라.

풀이 $n(n+1)(n+2)(n+3) + 1 = (n^2 + 3n)(n^2 + 3n + 2) + 1$

$$= [(n^2 + 3n + 1) - 1][(n^2 + 3n + 1) + 1] + 1$$
$$= (n^2 + 3n + 1)^2$$

배수판정법

$N = a_n \cdot 10^n + a_{n-1} \cdot 10^{n-1} + \cdots + a_1 \cdot 10 + a_0$ 에 대하여

($0 \leq a_i \leq 9$ 인 정수, 특히 $a_n \neq 0$, $i = 0,, 1, 2, \cdots, n$)

1) N 은 2의 배수 $\Leftrightarrow$ a_0 는 2의 배수

2) N 은 3의 배수 $\Leftrightarrow$ $(a_n + a_{n-1} + \cdots + a_0)$는 3의 배수

3) N 은 4의 배수 $\Leftrightarrow$ $(a_1 \cdot 10 + a_0)$는 4의 배수 $\Leftrightarrow$ $2a_1 + a_0$ 가 4의 배수

4) N 은 5의 배수 $\Leftrightarrow$ $a_0 = 0$ 또는 $a_0 = 5$

5) N 은 6의 배수 $\Leftrightarrow$ N 은 2의 배수이면서 동시에 N 은 3의 배수

6) N 은 7의 배수 $\Leftrightarrow$ 7의 배수는 N 의 a_i 를 사용하여 판정하기가 곤란하다.

한 가지 방법으로 N 을 8진법의 수로 고쳐서

$N = b_m \cdot 8^m + b_{m-1} \cdot 8^{m-1} + \cdots + b_1 \cdot 8 + b_0$

$(0 \le b_i \le 7$ 인 정수, 특히 $b_m \ne 0$, $i = 0, 1, 2, \cdots, m)$로 쓸 수 있으므로

N 은 7의 배수 $\Leftrightarrow$ $(a_2 \cdot 10^2 + a_1 \cdot 10 + a_0\, b_m + b_{m-1} + \cdots + b_0)$는 7의 배수

7) N 은 8의 배수 $\Leftrightarrow$ $a_2 \times 10^2 + a_1 \times 10 + a_0$ 는 8의 배수

8) N 은 9의 배수 $\Leftrightarrow$ $(a_n + a_{n-1} + \cdots + a_0)$는 9의 배수

9) N 은 10의 배수 $\Leftrightarrow$ $a_0 = 0$

10) N 은 11의 배수 $\Leftrightarrow$ $a_0 - a_1 + a_2 - \cdots + (-1)^n \cdot a_n$ 이 11의 배수

$N = a_n \cdot 10^n + a_{n-1} \cdot 10^{n-1} + \cdots + a_1 \cdot 10 + a_0$ 을 간단히 $a_n a_{n-1} a_{n-2} \cdots a_2 a_1 a_0$ 으로 나타내자. 그러면

$ab = 10a + b$, $abc = 100a + 10b + c$, $abcd = 1000a + 100b + 10c + d$, $\cdots$

과 같이 나타낼 수 있다.

그러면 다음과 같은 결과를 얻을 수 있다.

(7의 배수 찾는 방법)

어떤 수가 7의 배수인가를 확인하는 방법은

① 마지막 자리를 2배하여 원래의 수에서 마지막 자리를 제외한 수에서 뺀다. 그 수가 7의 배수이면 원래의 수는 7의 배수이다. 이 방법을 계속 반복해서 적용할 수 있다.

② 마지막 자리를 떼어내어 5배를 하고 나머지 앞부분을 자릿수를 맞춰 더하여 7의 배수가 되는가를 확인하면 된다. 이것은

$10x + y \equiv 5(10x + y) \equiv x + 5y \pmod 7$

이기 때문이다.

#41. 7 의 배수

$abc - 2d$ 가 7 의 배수이면, $abcd$ 는 7 의 배수임을 보여라.

풀이 $abcd$ 의 끝자리를 없애면 $abc = 100a + 10b + c$.

따라서 $abc - 2d = 100a + 10b + c - 2d$.

이것이 7의 배수이면 $100a + 10b + c - 2d = 7m$ (m 은 정수)꼴로 나타낼 수 있다.

양변에 10을 곱하면 $1000a + 100b + 10c - 20d = 70m$.

양변에 $21d$ 를 더하면 $1000a + 100b + 10c + d = 70m + 21d$.

따라서 $abcd = 7(10m + 3d)$.

따라서 $abbd$ 는 7의 배수이다.

#42. 13 의 배수

$abc + 4d$ 가 13 의 배수이면, $abcd$ 는 13의 배수임을 보여라.

풀이 $abcd$ 의 끝자리를 없애면 $abc = 100a + 10b + c$.

따라서 $abc + 4d = 100a + 10b + c + 4d$.

이것이 13 의 배수이면 $100a + 10b + c + 4d = 13m$ (m 은 정수) 꼴로 나타낼 수 있다.

양변에 10 을 곱하면 $1000a + 100b + 10c + 40d = 130m$

양변에 $39d$ 를 빼면 $1000a + 100b + 10c + d = 130m - 39d$.

따라서 $abcd = 13(10m - 3d)$.

따라서 $abcd$ 는 13 의 배수이다.

#43. 17 의 배수

$abc - 5d$ 가 17 의 배수이면, $abcd$ 는 17 의 배수임을 보여라.

풀이 $abcd$ 의 끝자리를 없애면 $abc = 100a + 10b + c$.

따라서 $abc - 5d = 100a + 10b + c - 5d$.

이것이 17 의 배수이면 $100a + 10b + c - 5d = 17m$ (m 은 정수) 꼴로 나타낼 수 있다.

양변에 10 을 곱하면 $1000a + 100b + 10c - 50d = 170m$.

양변에 $51d$ 를 더하면 $1000a + 100b + 10c + d = 170m + 51d$.

따라서 $abcd = 17(10m + 3d)$.

따라서 $abcd$ 는 17 의 배수이다.

#44. 19 의 배수

$abc + 2d$ 가 19 의 배수이면, $abcd$ 는 19 의 배수임을 보여라.

풀이 $abcd$ 의 끝자리를 없애면 $abc = 100a + 10b + c$.

따라서 $abc + 2d = 100a + 10b + c + 2d$.

이것이 19 의 배수이면 $100a + 10b + c + 2d = 19m$ (m 은 정수)꼴로 나타낼 수 있다.

양변에 10 을 곱하면 $1000a + 100b + 10c + 20d = 190m$.

양변에 $19d$ 를 빼면 $1000a + 100b + 10c + d = 190m - 19d$.

따라서 $abcd = 19(10m - d)$.

따라서 $abcd$ 는 19 의 배수이다.

#45. 50,504,793 이 19의 배수인가를 위의 방법을 반복 이용하여 조사하여라.

풀이 50,504,793 의 마지막 자리를 제거한 수에 제거한 수의 두 배가 되는 수를 더한다.

$$5{,}050{,}479 + 3 \times 2 = 5{,}050{,}485$$

5,050,485 의 마지막 자리를 제거한 수에 제거한 수의 두 배가 되는 수를 더한다.

$$505{,}047 + 5 \times 2 = 505{,}058$$

505,058 의 마지막 자리를 제거한 수에 제거한 수의 두 배가 되는 수를 더한다.

$$50{,}504 + 8 \times 2 = 50{,}521$$

50,521 의 마지막 자리를 제거한 수에 제거한 수의 두 배가 되는 수를 더한다.

$$5{,}050 + 1 \times 2 = 5{,}054$$

5,054 의 마지막 자리를 제거한 수에 제거한 수의 두 배가 되는 수를 더한다.

$$505 + 4 \times 2 = 513$$

513 의 마지막 자리를 제거한 수에 제거한 수의 두 배가 되는 수를 더한다.

$$51 + 3 \times 2 = 57$$

57 의 마지막 자리를 제거한 수에 제거한 수의 두 배가 되는 수를 더한다.

$$5 + 7 \times 2 = 19$$

마지막에 19의 배수가 나오므로 주어진 50,504,793 은 19의 배수가 된다.

주의 이 경우 나머지가 나오면 19 의 배수가 아니지만 원래 주어진 수를 19 로 나누었을 때의 나머지와는 수치적으로 서로 같지는 않다.

10진법의 어떤 수가 r 의 배수인가를 조사하는 방법은 (1) $r+1$ 진법으로 고쳐서 그 각 숫자의 합이 r 의 배수이면 처음 수는 r 의 배수가 된다. (2) $r-1$ 진법으로 고쳐서 끝에서부터 홀수번 째 수의 합에서 짝수번 째 수의 합을 뺀 값이 r 의 배수이면 처음 수는 r 의 배수가 된다.

7의 배수 – 그림을 이용한 판정

David Wilson 에 의해서 소개된 방법으로 그래프를 이용하여 7로 나누었을 때의 나머지를 간단히 구할 수 있다. 먼저 다음과 같은 평면그래프를 생각하자.

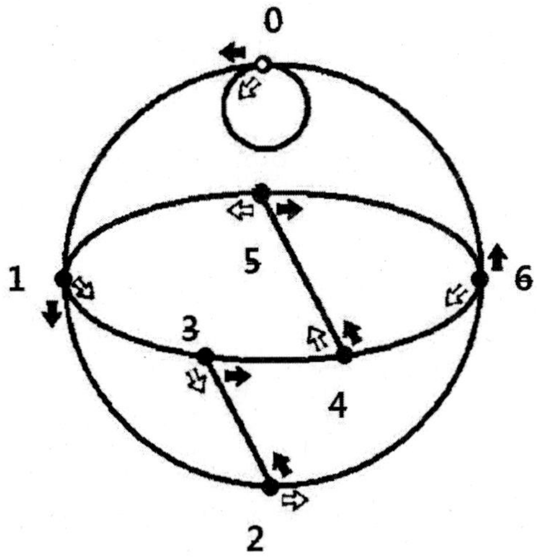

어떤 수가 주어졌을 경우 먼저 0에서 출발하여 최고자릿수 만큼 검정화살표를 따라 진행한다. 그리고 다음 자릿수로 가기 전에 하양화살표를 따라 한번 이동한다. 다음 자릿수만큼 검정화살표를 따라 이동한 다음, 그 다음 자릿수가 없으면 그 값에 적힌 수가 7로 나눈 나머지이고, 그렇지 않으면 이와 같은 방법을 반복하여 적용한다.

#46. 1245 가 7의 배수인가를 위의 그림을 이용하여 확인하여라.

풀이 천의 자리가 1 이므로 0에서 검정화살표를 따라 1 만큼 이동하여 1 위치로 온다. 오른쪽 자리(백의 자리)가 있으므로 현 위치 1에서 하양화살표를 따라 1 만큼 이동하면 3 위치에 오게 된다. 다음 백의 자리수가 2이므로 검정화살표를 따라 2 만큼 이동하면 5 위치에 있게 된다. 오른쪽 자리(십의 자리)가 있으므로 하양화살표를 따라 1 만큼 이동하면 1 위치에 오게 되고 십의자리가 4이므로 검정화살표를 따라 4 만큼 이동하면 5 위치에 오게 된다. 오른쪽 자리(일의 자리)가 있으므로 하양화살표를 따라 1 만큼 이동하면 1 위치에 오게 된다. 1의 자리수가 5 이므로 검정화살표를 따라 5 만큼 이동하면 6 위치에 오게 된다. 더 이상 오른쪽에 자릿수가 없으므로, 이 결과 6 이 1245를 7로 나눈 나머지가 된다.

참고 거듭제곱수의 마지막 자리표

마지막자리	1	2	3	4	5	6	7	8	9	0
제곱수	1	4	9	6	5	6	9	4	1	0
세제곱수	1	8	7	4	5	6	3	2	9	0
네제곱수	1	6	1	6	5	6	1	6	1	0
다섯제곱수	1	2	3	4	5	6	7	8	9	0

#47. n 이 자연수일 때, $n(n+1)(2n+1)$ 이 6 의 배수임을 (수학적 귀납법으로) 증명하여라.

#48. $x^2 - 23y^2 = \pm 1$ 을 만족하는 최소 양의 정수해를 구하여라.

#49. $\Phi = \dfrac{1+\sqrt{5}}{2}$ 라 하면 $\dfrac{1}{\Phi} = \dfrac{1-\sqrt{5}}{2}$ 이다. 다음을 확인하여라.

(1) $\Phi = 1 + \dfrac{1}{\Phi}$

(2) $\Phi = \sqrt{1+\Phi}$

가 성립한다. 따라서 (1)과 (2)의 우변에 좌변의 식을 반복대입하면

$$\Phi = 1 + \frac{1}{\Phi} = 1 + \cfrac{1}{1+\cfrac{1}{\Phi}} = 1 + \cfrac{1}{1+\cfrac{1}{1+\cfrac{1}{\Phi}}}$$

$$= 1 + \cfrac{1}{1+\cfrac{1}{1+\cfrac{1}{1+\cfrac{1}{1+\cfrac{1}{1+\cdots}}}}}$$

$$\Phi = \sqrt{1+\Phi} = \sqrt{1+\sqrt{1+\Phi}} = \sqrt{1+\sqrt{1+\sqrt{1+\Phi}}}$$

$$= \sqrt{1+\sqrt{1+\sqrt{1+\sqrt{1+\sqrt{1+\cdots}}}}}$$

#50. $\sqrt{2}$ 를 연분수 전개하여라.

풀이 $\sqrt{2} = 1 + \dfrac{1}{y}$ 이라 하면

$$y = 1 + \sqrt{2} = 2 + \frac{1}{y}$$

따라서 $\sqrt{2} = 1 + \cfrac{1}{2 + \cfrac{1}{2 + \cfrac{1}{2 + \cfrac{1}{2 \cdots}}}}$ 이다.

#51. 다음을 보여라. $x^2 - my^2 = -1$ 에서

(1) $m = 10 = 2 \cdot 5$ 이면 $x = 3$, $y = 1$ 의 해를 가진다.

(2) $m = 34 = 2 \cdot 17$ 이면 정수해를 가지지 않는다.

(3) $m = 65 = 5 \cdot 13$ 이면 $x = 8$, $y = 1$ 의 해를 가진다.

(4) $m = 221 = 17 \cdot 13$ 이면 정수해를 가지지 않는다.

#53. 모든 자연수 n 에 대해 $1^n + 2^n + 3^n + 4^n$ 이 5 로 나누어질 필요충분조건은 n 이 4 로 나누어떨어지지 않을 경우이다. 이를 증명하여라.

#54. 모든 자연수 n 에 대해 $1^n + 2^n + 3^n + 4^n$ 이 10 로 나누어질 필요충분조건은 n 이 4 로 나누어떨어지지 않을 경우이다. 이를 증명하여라.

#55. 모든 자연수 n 에 대해, $\frac{n^3}{3} + \frac{n^2}{2} + \frac{n}{6}$ 이 정수가 됨을 보여라.

#56. 양의 약수가 6개인 자연수는 어떤 형태인가를 보여라.

풀이 $6 = 2 \cdot 3$ 이므로 p^5 이거나 $p^2 q$ 형태로 나타난다. 여기서 p 와 q 는 임의의 소수이다.

#57. 다음을 증명하여라.

(1) 임의의 홀수의 제곱은 마지막 자리가 홀수이고, 10의 자리는 짝수가 된다.

(2) 일의 자리가 4 또는 6인 수의 제곱수는 10의 자리는 홀수가 된다.

#58. $m!n! = s!t!$ 을 만족하는 정수해가 존재하는가?

풀이 $5!3! = 1!6!$ 인 해가 존재한다.

#59. $n > 1$ 인 홀수 n 에 대하여 다음을 답하여라.

(1) n 이 소수이면 n 은 세 개 이상의 연속한 자연수의 합으로 나타낼 수 없음을 보여라.

(2) n 이 세 개 이상의 연속인 자연수의 합으로 나타낼 수 없으면 n 은 소수임을 보여라.

#60. $2x + 3y$ 가 17의 배수이면 $9x + 5y$ 도 17의 배수가 됨을 보여라. 그 역도 성립함을 보여라.

풀이 $17 \mid 2x + 3y \Rightarrow 17 \mid 13(2x + 3y) \Rightarrow 17 \mid 9x + 5y$

$17 \mid 9x + 5y \Rightarrow 17 \mid 4(9x + 5y) \Rightarrow 17 \mid 2x + 3y$

이므로 성립한다.

#61. $111^{333} + 333^{111}$ 이 7의 배수임을 보여라.

풀이 $111 \equiv -1 \pmod 7 \Rightarrow 111^{333} \equiv (-1)^{333} \equiv -1 \pmod 7$

$333 \equiv -3 \pmod 7 \Rightarrow 333^{111} \equiv (-3)^{111} \equiv -(3^3)^{37} \equiv -(-1)^{37} \equiv 1 \pmod 7$

그러므로 $111^{333} + 333^{111} \equiv 0 \pmod 7$ 이므로 7의 배수가 된다.

#62. 자연수 p 에 대하여 p^3 이 3 의 배수이면 p 도 3 의 배수임을 보여라.

#63. $2a + ab + \frac{a}{b} = 243$ 을 만족하는 자연수 a 와 b 를 구하여라.

풀이 양변에 b 를 곱한 다음 좌변을 a 로 인수분해하면

$a(b^2 + 2b + 1) = 243b$

이것은 $a(b+1)^2 = 243b$ 이고 여기로 부터

$a = 54$, $b = 2$ 를 얻을 수 있다.

#64. 다음을 일반화하여라.

$\frac{1}{1} + \frac{1}{3} = \frac{4}{3} \rightarrow 4^2 + 3^2 = 5^2$

$\frac{1}{3} + \frac{1}{5} = \frac{8}{15} \rightarrow 8^2 + 15^2 = 17^2$

$$\frac{1}{5} + \frac{1}{7} = \frac{12}{35} \quad \rightarrow \quad 12^2 + 35^2 = 37^2$$

… …

#65. 23^2, 233^2, 2333^2, 23333^2, … 에서 어떤 규칙을 찾을 수 있는가?

#66. 1부터 100까지의 수 중에서 양의 약수의 개수가 12인 자연수를 모두 구하여라.

풀이 p, q, r 을 서로 다른 소수라 하면

양의 약수가 12개가 되려면 다음 중 하나이어야 한다.

(1) p^{11} (2) p^5q (3) p^3q^2 (4) p^2qr

(1)의 형태는 없다. (왜냐하면 $2^{11} > 100$ 이므로)

(2)의 형태는 $3 \cdot 2^5 = 96$ (왜냐하면 $3^5 \cdot 2 > 100$)

(3)의 형태는 $3^2 \cdot 2^3 = 72$ (왜냐하면 $2^2 \cdot 3^3 > 100$)

(4)의 형태는 $2^2 \cdot 3 \cdot 5 = 60$, $2^2 \cdot 3 \cdot 7 = 84$, $3^2 \cdot 2 \cdot 5 = 90$

따라서 약수의 개수가 12개인 100까지의 자연수는

96, 72, 60, 84, 90 이다.

#67. $n \equiv 3 \pmod 4$ 이면 $x^2 + y^2 = n$ 은 해를 가지지 않음을 보여라.

풀이 $0^2 \equiv 0$, $1^2 \equiv 1$, $2^2 \equiv 0$, $3^2 \equiv 1 \pmod 4$ 이므로 $x^2 + y^2$ 은 $0,1,2 \pmod 4$ 이다.

#68. $x^2 + y^2 = 10007$ 의 모든 해를 구하여라.

답 해가 없다.

#69. 부정방정식 $x^2 + y^2 = 1999$ 의 정수해 (x, y) 는 존재하지 않음을 보여라.

풀이 어떤 것의 제곱은 mod 4 에 대하여 0 또는 1이다. (그 이유는 홀수일 때 제곱하면 4로 나눈 나머지 1 , 짝수일 때 제곱하여 4로 나누면 나머지 0) 그런데 1999는 4로 나누면 나머지가 3이다. x , y 의 제곱이 각각 0 또는 1이므로 이것을 아무리 더하여도 4에 대하여 나올 수 있는 경우는 0, 1, 2 뿐이고 3은 안 된다. 그러므로 이것을 만족하는 정수해는 존재하지 않는다.

#70. $17p + 1$ 이 제곱수가 되는 p (소수)를 구하여라.

#71. $\dfrac{3^2 + 4^2 + 5^2 + 6^2 + 7^2 + 8^2 + 9^2}{1^2 + 2^2 + 3^2 + 4^2 + 5^2 + 6^2 + 7^2} = 2$ 임을 보여라.

#72. n 개의 수로 이루어진 집합에서 임의의 두수 a , b 를 택하여 $ab + a + b$ 를 구한다음 두수 a , b 대신 $ab + a + b$ 와 나머지 수로 이루어진 $n - 1$ 개의 수로 이루어진 집합을 얻는다. 이와 같은 방법을 반복하여 한자리 수가 얻어질 때까지 계속할 경우 마지막에 얻어지는 수는 얼마인가.

풀이 n 개의 수를 $a_1, a_2, a_3, \cdots, a_n$ 이라 하면, 중간에 어떤 두 수를 이용하더라도, 마지막에 얻어지는 수는 $(a_1 + 1)(a_2 + 1)(a_3 + 1) \cdots (a_n + 1) - 1$ 이 된다.

#73. 0부터 9까지 10장의 카드를 순서대로 나열하여 가장 큰 소수를 만들려고 한다. 이 10장을 모두 임의로 나열하더라도 소수가 만들어지지 않음을 보여라. 그러면 어느 카드를 제외시키면 9장으로 가장 큰 소수를 만들 수 있겠는가? 만약 9장으로도 안 되면 8장으로는 가능하겠는가?

힌트 0부터 9까지의 수를 모두 더하면 45가 되고 이는 3의 배수이므로 10장을 모두 이용하여서는 소수가 만들어지지 않는다.

#74. 2와 3을 제외한 모든 소수는 6의 배수보다 1만큼 크거나 작다. 그러나 그 역은 성립되지 않는다.

#75. 방정식 $m^2 + 1954 = n^2$ 을 만족하는 정수 m , n 이 존재하는가?

풀이 주어진 방정식을 만족하는 정수 m , n 이 존재한다고 가정하면

$1954 = n^2 - m^2$

$1954 = (n+m)(n-m)$

$n + m$ 과 $n - m$ 은 언제나 홀짝수성이 같은데

1954 가 짝수이므로 $n + m$ 과 $n - m$ 은 둘 다 모두 짝수이다.

따라서 좌변 $(n+m)(n-m)$ 은 4의 배수이다.

그런데 우변 1954 는 4의 배수가 아니므로 모순이다.

따라서 주어진 방정식을 만족하는 정수 m , n 은 존재하지 않는다.

#76. $2016! = a \times 10^n$ 을 만족하는 자연수 n 의 최댓값을 구하여라.

$ax + by + cz = k$ 인 부정방정식을 풀기 위해서는 a, b, c 중 계수가 큰 값을 먼

저 기준으로 잡아서 계산하는 것이 편하다.

#77. 부정방정식 $4x + 6y + 15z = 37$ 의 정수해를 구하여라.

풀이 $4x + 6y + 15z = 37 \quad \cdots$ (*) 라 하자.

$4x + 6y + 15z \equiv 37 \pmod 3$ 에서 $x \equiv 1 \pmod 3$.

그러므로 $x = 3t + 1$, $t \in Z \quad \cdots$ ①

$4x + 6y + 15z \equiv 37 \pmod 2$ 에서 $z \equiv 1 \pmod 2$.

따라서 $z = 2s + 1$, $s \in Z \quad \cdots$ ②

①, ②를 식 (*)에 대입하면, $4(3t+1) + 6y + 15(2s+1) = 37$ 에서 $y = 3 - 2t - 5s$.

따라서 $(x, y, z) = (3t+1, 3-2t-5s, 2s+1) \quad s, t \in Z$.

#78. $21x + 14y + 12z = 1$ 의 해를 구하여라.

힌트 먼저 14와 21의 최대공약수를 구하면 7이다. 여기서 $3x + 2y = u$ 라고 하면 주어진 방정식은

$7u + 12z = 1 \quad (1)$

로 표현할 수 있다. 여기서 7과 12의 최대공약수는 1로서 1을 나누므로 (1)은 정수해를 가진다. 특수해를 구하면 $u = 5$, $z = 3$ 을 얻는다. 이것을 통해 (1)의 일반해를 구하면

$$\begin{cases} u = -5 + 12k \\ z = 3 - 7k \end{cases} \quad (k \in Z)$$

가 된다. 이제

$3x_0 + 2y_0 = 1 \quad (2)$

의 해를 구하면

$$\begin{cases} x_0 = 1 + 2l \\ y_0 = -11 - 3l \end{cases} \quad (l \in Z)$$

이다. (2)의 양변에 $-5 + 12k$ 를 곱하면

$3(-5+12k)x_0 + 2(-5+12k)y_0 = -5 + 12k$

이므로 구하는 x, y 는

$x = (1+2l)(-5+12k)$, $y = (-1-3l)(-5+12k)$

가 됨을 알 수 있다. 이로서 방정식

$21x + 14y + 12z = 1$ 의 일반해는

$$\begin{cases} x = (1+2l)(-5+12k) \\ y = (-1-3l)(-5+12k) \quad (k,\ l \in Z) \\ z = 3-7k \end{cases}$$

가 된다.

#79. 연속된 네 자연수를 곱에 1 을 더하면 완전제곱수가 되는가?

풀이 제일 작은 수를 a 라고 하고 $a(a+1)(a+2)(a+3)+1$ 이 완전제곱수가 되는가를 조사한다.

$$\begin{aligned} a(a+1)(a+2)(a+3)+1 &= a(a+3)(a+1)(a+2)+1 \\ &= (a^2+3a)(a^2+3a+2)+1 \\ &= (a^2+3a)^2+2(a^2+3a)+1 \\ &= (a^2+3a+1)^2 \end{aligned}$$

a 가 자연수이므로 $(a^2+3a+1)^2$ 은 자연수의 완전제곱수가 된다.

#80. 연속된 네 짝수(혹은 홀수)의 곱에 16 을 더한 것이 완전제곱수가 되는가?

#81. $a + \dfrac{a}{b} = 91$ 을 만족시키는 자연수 a , b 를 모두 구하여라.

힌트 $\dfrac{a}{b} = k$ (자연수) 라고 하면 $bk + k = 91$ 이다. 즉 $k(b+1) = 91$.

답 a, b 의 쌍은 $a = 90$, $b = 90$ 또는 $a = 84$, $b = 12$ 또는 $a = 78$, $b = 6$.

#82. 모든 자연수 n 에 대하여 $5^{n+1} + 6^{2n-1}$ 이 31 의 배수가 됨을 보여라.

풀이 $(6,\ 31) = 1$ 이므로 $A = 5^{n+1} + 6^{2n-1}$ 라 놓고 $6A = 6(5^{n+1} + 6^{2n-1})$ 가 31 의 배수가 됨을 보이면 된다. 그러면 A 도 31의 배수가 됨을 알 수 있다.

$6(5^{n+1} + 6^{2n-1}) = 30 \cdot 5^n + 36^n = 31 \cdot 5^n + 36^n - 5^n$ 이고

$36^n - 5^n = (36-5)(36^{n-1} + 36^{n-2} \cdot 5 + \cdots + 5^{n-1})$ 이므로 $36^n - 5^n$ 도 31 의 배수이다.

그러므로 $5^{n+1} + 6^{2n-1}$ 은 31 의 배수가 된다.

#83. $5^6 - 1,\ 5^{21} - 1$ 의 최대공약수와 최소공배수는?

풀이 $5^6-1=(5-1)(5^5+5^4+5^3+5^2+5+1)$,

$$5^{21}-1 = (5-1)(5^{20}+5^{19}+\cdots+1)$$
$$=(5-1)[5^{15}(5^5+5^4+\cdots+1)+5^9(5^5+5^4+\cdots+1)+5^3(5^5+5^4+\cdots+1)+5^2+5+1]$$
$$=(5-1)[(5^5+5^4+\cdots+1)(5^{15}+5^9+5^3)+5^2+5+1]$$

한편, $5^5+5^4+5^3+5^2+5+1=(5^2+5+1)(5^3+1)$

이므로 유클리드 호제법에 의하여 주어진 두 수의 최대공약수는

$(5-1)(5^2+5+1)=124$.

따라서 최소공배수는 $\dfrac{(5^6-1)(5^{21}-1)}{(5-1)(5^2+5+1)}=(5^3+1)(5^{21}-1)$.

#84. 다음 두 부정방정식을 동시에 만족하는 정수해를 구하여라.

$7x+23y=1$, $5x+2y+7z=46$

풀이 7과 23을 유클리드 호제법을 이용하여 일반해를 구한다.

$x=10+23t$, $y=-3-7t$ $(t\in Z)$

이것을 오른쪽 식에 대입하면 $101t+7z=2$ 이다. 이것을 또 유클리드 호제법을 이용하여 일반해를 구하면

$t=-4+7s$, $z=58-101s$ $(s\in Z)$

t 의 값을 x , y 에 대입하여 s 에 대한 일반해를 구한다.

#85. 모든 정수 n 에 대하여 n^5-n 이 5 로 나누어떨어짐을 보여라.

풀이 연속한 5개의 숫자의 곱은 5로 나누면 나누어떨어진다.

$$\begin{aligned} n^5-n &= n(n^4-1)\\ &= n(n^2-1)(n^2+1)\\ &= n(n-1)(n+1)(n^2+1)\\ &\equiv n(n-1)(n+1)(n^2-1) \pmod 5\\ &\equiv (n-2)(n-1)n(n+1)(n+2) \pmod 5\\ &\equiv 0 \pmod 5 \end{aligned}$$

#86. n 이 정수일 때, n^7-n 이 7 로 나누어떨어짐을 보여라.

#87. 모든 자연수 n 에 대하여 $n^7 - n$ 는 42의 배수임을 증명하여라.

풀이 $A = n^7 - n = n(n^6 - 1) = n(n^2 - 1)(n^4 + n^2 + 1)$

$= (n-1)n(n+1)(n^4 + n^2 + 1)$

(i) 연속한 두 자연수의 곱은 2의 배수이고 연속한 세 자연수의 곱은 3의 배수이다. 따라서 2, 3은 서로소이므로 $(n-1)n(n+1)$ 은 6의 배수이다. 즉 A는 6의 배수이다.

(ii) $m = 7k$ 이면 n 는 7의 배수이다.

$n = 7k \pm 1$ 이면 $(n-1)(n+1)$ 은 7의 배수

$n = 7k \pm 2$ 이면 $n^4 + n^2 + 1 = 7N + 2^4 + 2^2 + 1 = 7N + 21$ 인 꼴의 수이므로 $n^4 + n^2 + 1$ 은 7의 배수

$n = 7k \pm 3$ 이면 $a^4 + a^2 + 1 = 7M + 3^4 + 3^2 + 1 = 7M + 91$ 인 꼴의 수이므로 $n^4 + n^2 + 1$ 은 7의 배수

(i)(ii)에서 6, 7은 서로소이므로 A는 $6 \times 7 = 42$ 의 배수이다.

#88. 부정방정식 $x^2 + y^2 = 1999$ 의 정수해 (x, y) 는 존재하지 않음을 보여라.

풀이 어떤 것의 제곱은 mod 4 에 대하여 0 또는 1이다. (그 이유는 홀수일 때 제곱하면 4로 나눈 나머지 1 , 짝수일 때 제곱하여 4로 나누면 나머지 0) 그런데 1999는 4로 나누면 나머지가 3이다. x , y 의 제곱이 각각 0 또는 1이므로 이것을 아무리 더하여도 4에 대하여 나올 수 있는 경우는 0, 1, 2 뿐이고 3은 안 된다. 그러므로 이것을 만족하는 정수해는 존재하지 않는다.

#89. 31^{11} 과 17^{14} 는 어느 것이 큰가?

풀이 $31^{11} < 32^{11} = (2^5)^{11} = 2^{55} < 2^{56} = (2^4)^{14} = 16^{14} < 17^{14}$

#90. $(100!)^{101}$ 과 $(101!)^{100}$ 는 어느 것이 더 큰가?

#91. $p^2 + 2$ 가 prime 이기 위한 모든 prime p 를 구하여라.

#92. 2,3,4,6 으로 나누면 나머지가 1이고, 11로 나누면 나머지가 0인 가장 작은 수는?

답 121

#93. 두 다항식 $x^m - 1$ 과 $x^n - 1$ 의 최대공약수를 구하여라.

풀이 $d = (m, n)$ 이라 하면 $x^d - 1$ 이 최대공약수이다.

#94. 두 다항식 $x^m + a^m$ 과 $x^n + a^n$ 의 최대공약수를 구하여라.

풀이 $d = (m, n)$ 이라할 때

(경우 1) $\frac{m}{d}$ 와 $\frac{n}{d}$ 가 모두 홀수이면 $x^d + a^d$ 이 최대공약수이다.

(경우 2) $\frac{m}{d}$ 와 $\frac{n}{d}$ 중 하나라도 짝수이면 1 이 최대공약수이다.

#95. $x^{2m} + x^m + 1$ 이 $x^2 + x + 1$ 로 나누어질 조건을 구하여라.

답 $3 \nmid m$ (m 은 3으로 나누어떨어지지 않는다.)

#96. $2xy - 3x + 4y - 11 = 0$ 를 만족하는 정수의 순서쌍 (x, y) 를 모두 구하여라.

풀이 $2xy - 3x + 4y - 11 = 0$

$x(2y-3) + 2(2y-3) - 5 = 0$

$(2y-3)(x+2) = 5$ 에서 $2y - 3$, $x + 2$ 는 5 의 약수

(a) $2y - 3 = 1$, $x + 2 = 5$ 일 때 $x = 3$, $y = 2$

(b) $2y - 3 = 5$, $x + 2 = 1$ 일 때 $x = -1$, $y = 4$

(c) $2y - 3 = -1$, $x + 2 = -5$ 일 때 $x = -7$, $y = 1$

(d) $2y - 3 = -5$, $x + 2 = -1$ 일 때 $x = -3$, $y = -1$

#97. $m, n \geq 1$ 이면 (1) $\frac{m}{(m, n)} \,\Big|\, \binom{m}{n}$ 이고 (2) $\frac{m-n+1}{(m+1, n)} \,\Big|\, \binom{m}{n}$ 임을 보여라. 여기서 (m, n) 은 m 과 n 의 최대공약수를 나타내고, $\binom{m}{n}$ 은 이항계수로 m 개에서 n 개를 선택하는 조합을 나타낸다.

풀이 (1) $d = (m, n)$ 이라 하자. 그러면 $d = Am + Bn$ 인 정수 A 와 B 가 존재한다. 이 양변에 $\binom{m}{n}$ 을 곱하면

$$d\binom{m}{n} = Am\binom{m}{n} + Bn\binom{m}{n} = m\left[A\binom{m}{n} + B\binom{m-1}{n-1}\right] = nC$$

이다. 여기서 C 는 정수이므로 $\frac{m}{d} \,\Big|\, \binom{m}{n}$ 이다. 따라서 $\frac{m}{(m, n)} \,\Big|\, \binom{m}{n}$.

(2) $d = (m+1,\ n)$ 이라 하자.

그러면 $d = P(m+1) + Qn = (m-n+1)P + n(P+Q)$

인 정수 P와 Q가 존재한다.

$$d \cdot \frac{m!}{n!\,(m-n+1)!} = \binom{m}{n}P + \binom{m}{n-1}(P+Q)$$

이때 우변을 간단히 S라 놓으면

$$d\binom{m}{n} = (m-n+1)S$$

그래서

$$\frac{m-n+1}{d} \,\Big|\, \binom{m}{n}$$

따라서

$$\frac{m-n+1}{(m+1,\ n)} \,\Big|\, \binom{m}{n}$$ 을 얻는다.

위 문제의 (1)에 의해서 $m = 2n$ 으로 놓으면 $n \geq 1$ 일 때 $\binom{2n}{n}$ 는 짝수가 된다.

위 문제의 (2)에 의해서 $m = 2n$ 으로 놓으면 $(2n+1,\ n) = 1$ 이므로 $n+1 \,\Big|\, \binom{2n}{n}$ 를 얻을 수 있다. 이때 정수값 $C_n = \frac{1}{n+1}\binom{2n}{n}$ 을 Catalan **수** 라고 한다.

#98. $23p + 1$ 이 완전제곱수가 되는 소수 p 가 존재하지 않음을 증명하여라.

풀이 $23p + 1$ 이 완전제곱수가 되는 소수 p 가 존재한다면 어떤 자연수 n 에 대하여 $23p + 1 = n^2$ 꼴로 나타낼 수 있다.

$23p = (n-1)(n+1)$ … ①

23 이 소수이므로 $n-1$ 과 $n+1$ 중 적어도 하나는 23 의 배수이다.

(i) $n-1$ 이 23 의 배수일 때,

$n-1 = 23s$ (s 는 자연수)로 놓고 이 식을 ①에 대입하면

$p = s(23s+2)$ … ②

그런데 p 가 소수이므로 $s = 1$.

이 값을 ②에 대입하면, $p = 25$.

그러므로 p 는 소수가 아니다.

(ii) $n+1$ 이 23 의 배수일 때,

$n+1 = 23t$ (t 는 자연수)로 놓고 이 식을 ①에 대입하면

$p = t(23t-2)$ $\cdots$ ③

그런데 p 가 소수이므로 $t = 1$.

이 값을 ③에 대입하면, $p = 21$.

그러므로 p 는 소수가 아니다.

따라서 $23p + 1$ 이 완전제곱수가 되는 소수 p 가 존재하지 않는다.

#99. $0 < x < y$, $\sqrt{1984} = \sqrt{x} + \sqrt{y}$ 를 만족하는 정수쌍 (x, y) 은 몇 개 있는가?

풀이 $\sqrt{1984} = \sqrt{x} + \sqrt{y}$ 이면 $\sqrt{y} = \sqrt{1984} - \sqrt{x}$ 이다.

이 양변을 제곱하면 $y = 1984 + x - 2\sqrt{1984x}$.

y 가 정수이려면 $1984x$ 가 완전제곱수이어야 한다.

$1984 = 2^6 \cdot 31$ 이므로 $x = 31 \cdot t^2$ 의 꼴이다.

$x < 1984$ 이므로 $1 \leq t \leq 7$.

$t > 3$ 이면 $y \leq x$ 가 되어 안 된다.

$t = 1, 2, 3$ 일 때, (x, y) 는 $(31, 1519)$, $(124, 1116)$, $(279, 775)$ 의 3개가 있다.

#100. $3p+1$ 이 제곱수가 되는 소수 p 를 모두 구하여라.

풀이 $3p+1 = a^2$ 이라고 하자.

그러면 $3p = a^2 - 1 = (a+1)(a-1)$ 이 된다.

만약 $a-1 = 1$, $a+1 = 3p$ 이라면, $p = 1$ 이므로 모순

$a-1 = p$, $a+1 = 3$ 이라면, $a = 2$ 이고 따라서 $p = 1$. 이는 무순이다.

$a-1 = 3$, $a+1 = p$ 라면, $a = 4$ 이고 따라서 $p = 5$.

그 이외의 다른 경우는 생기는 않는다.

그러므로 $p = 5$.

#101. $p \neq 3$ 인 소수일 때, $p^2 + 2$ 는 항상 합성수임을 보여라.

풀이 $p \neq 3$, $p^2 + 2 = p^2 - 1 + 3 = (p+1)(p-1) + 3$.

p 는 3 의 배수가 아니므로, $p = 3k+1$ 또는 $p = 3k+2$ 의 형태이다.

따라서 $p-1$ 또는 $p+1$ 이 3 의 배수이다.

그러므로 $3 \mid p^2+2$.

$p^2 + 2 \neq 3$ 이므로 $p^2 + 2$ 는 합성수이다.

#102. $p \neq 2$, $p \neq 5$ 인 소수일 때, $10 \mid (p^2 - 1)$ 또는 $10 \mid (p^2 + 1)$ 임을 보여라.

풀이 $p \neq 2$, 5 이므로 $p = 10k+1$, $10k+3$, $10k+7$, $10k+9$ $(k \geq 1)$

그러므로 $p^2 = 10n + 1$, $10n + 9$.

만약 $p^2 = 10n + 1$ 이라면, $10 \mid (p^2 - 1)$

$p^2 = 10n + 9$ 라면, $10 \mid (p^2 + 1)$.

#103. 임의의 자연수 $n > 2$ 에 대하여, $n < p < n!$ 을 만족시키는 소수 p 가 존재함을 보여라.

풀이

$n! - 1$ 이 소수이면 자명하다.

$n! - 1$ 이 소수가 아니라고 하자. 그러면

$p \mid (n! - 1)$ 인 소수 p 가 존재한다. 물론 $p < n! - 1 < n!$.

만약 $p \leq n$ 이라면, $p \mid n!$ 이다. 따라서 $p \mid 1$ 이므로 모순이다.

따라서 $p > n$ 이고, 따라서 $n < p < n!$ 이다.

#104. 모든 정수 n 에 대하여 $4 \nmid (n^2 + 2)$ 가 성립함을 보여라.

풀이 n 은 정수이므로 홀수와 짝수 중의 하나이다.

$n = 2k+1$ (k 는 정수)일 때는

$n^2 + 2 = (2k+1)^2 + 2 = 4k^2 + 4k + 3$ 이고,

$4 \nmid (4k^2 + 4k + 3)$ 이므로 $4 \nmid (n^2 + 2)$ 이다.

$n = 2k$ (k 는 정수)일 때는 $n^2 + 2 = 4k^2 + 2$ 이고,

$4 \mid 4k^2$, $4 \nmid 2$ 이므로 $4 \nmid (4k^2 + 2)$. 즉 $4 \nmid n^2 + 2$.

#105. 정수 a 가 $2 \nmid a$, $3 \nmid a$ 이면, $24 \mid (a^2 - 1)$ 임을 보여라.

풀이 $2 \nmid a$ 이고 $3 \nmid a$ 이므로 a 는 6 으로 나누었을 때, 나머지가 1이나 5인 수이다.

즉, $a = 6k+1$ (k 는 정수) 또는 $a = 6k+5$ (k 는 정수)의 형태이다.

1) $a = 6k+1$ 일 때,

$a^2 - 1 = (6k+1)^2 - 1 = 24k^2 + 12k(k+1)$.

여기에서 k 와 $k+1$ 중에 하나는 반드시 짝수이므로

$24 \mid (a^2 - 1)$.

2) $a = 6k + 5$ 일 때,

$a^2 - 1 = (6k+5)^2 - 1 = 36k(k+1) + 24(k+1)$

여기에서 k 와 $k+1$ 중에 하나는 반드시 짝수이므로

$36k(k+1)$ 는 24의 배수이다.

그러므로 $24 \mid (a^2 - 1)$.

1)과 2)에서 $24 \mid (a^2 - 1)$.

#106. a, b, c 가 모두 0 이 아닌 정수일 때, $ac \mid bc$ 이면 $a \mid b$ 임을 증명하여라. 또 $a \mid b$ 이면 $ac \mid bc$ 임을 증명하여라.

풀이 1) $ac \mid bc$ 라면, $bc = kac$ 를 만족하는 어떤 정수 k 가 존재한다.

$c \neq 0$ 이므로, 양변을 c 로 나누면, $b = ka$ 가 성립한다.

따라서, b 는 a 의 배수가 된다. 즉 $a \mid b$ 가 된다.

2) $a \mid b$ 라면, $b = ka$ 를 만족하는 어떤 정수 k 가 존재한다. 양변에 $c\ (\neq 0)$ 를 곱해도 등식은 성립하므로 $bc = kac$ 가 된다.

따라서 bc 는 ac 의 배수가 된다. 즉, $ac \mid bc$ 가 성립한다.

#107. 양의 정수 a 와 b 중에서 $a + b = ab$ 를 만족시키는 경우는 $a = b = 2$ 뿐이다.

풀이 $a + b = ab$ 에서 ab 를 이항하면, $a + b - ab = 0$.

양변에 -1 을 하면, $a - ab + b - 1 = -1$.

분배법칙을 적용하면 $a(1-b) - (1-b) = -1$.

$(a-1)(1-b) = -1$

곱해서 -1 이 되는 두 정수는 1 과 -1 뿐이므로

$a - 1 = 1$, $1 - b = -1$.

그러므로 $a = b = 2$ 이다.

#108. m 이 제곱수 1^2 , 2^2 , 3^2 , 4^2 ,$\cdots$ 이 아니면 $\sqrt{m}$ 은 무리수임을 보여라.

풀이 결론을 부정하여 $\sqrt{m}$ 이 유리수라고 가정하자. 그러면 $\sqrt{m} = \dfrac{a}{b}$ (a 와 b 는 서로 소인 자연수, $b \neq 0$)꼴로 나타낼 수 있다. 양변을 제곱하고 정리하면 $a^2 = mb^2$ 이다. 여기서 만일 $b = 1$ 이면 $m = a^2$ 이 되어 m 이 제곱수가 아니

라는 가정에 어긋난다. 따라서 b 는 1 보다 큰 수이다. 따라서 b 는 어떤 소수로 나누어떨어진다. 그 소수를 p 라고 하자. 그러면 b^2 도 p 로 나누어떨어진다. 따라서 좌변의 a^2 도 p 로 나누어떨어진다. 따라서 a 도 p 로 나누어떨어진다. 따라서 p 는 a 와 b 의 공약수이다. 그러나 이것은 a 와 b 가 서로 소라는 사실에 모순이다. 따라서 $\sqrt{m}$ 은 무리수이다.

#109. 모든 소수(prime)의 제곱근은 무리수임을 보여라.

#110. $2^{2k}-1$ 은 3 의 배수임을 보여라.

풀이 수학적 귀납법을 이용한다.

1) 기본단계 : $n = 1$ 일 경우 $2^2 - 1 = 3$ 이므로 3 의 배수이다.

2) 귀납단계 : $2^{2k}-1$ 이 3 의 배수라고 가정하면 $2^{2(k+1)}-1$ 도 3 의 배수가 되는 것을 보인다.

$2^{2(k+1)-1} = 2^{2k+2}-1 = 4 \cdot 2^{2k}-1 = 4(2^{2k}-1)+3 = 4 \cdot 3p+3 = 3(4p+1)$
(p 는 정수. 귀납가설에 의하여)
즉 $2^{2(k+1)}-1$ 도 3의 배수이므로 귀납단계도 참이다.
기본단계와 귀납단계가 참이므로 증명되었다.

#111. 다음을 증명하여라.

(1) $13 \mid (n^{13}-n)$ 임을 보여라. 단 n 은 자연수이다.

(2) $17 \mid (3 \cdot 5^{2n+1}+2^{3n+1})$ 임을 보여라. 단 n 은 자연수이다.

(3) $24 \mid (2 \cdot 7^n + 3 \cdot 5^n - 5)$ 임을 보여라. 단 n 은 자연수이다.

(4) n 이 홀수이면, n^2-1 은 8의 배수임을 보여라.

#112. (1) 제곱수의 마지막 두 자리가 될 수 없는 모든 두 자리수를 구하여라.

(2) $x^2 \equiv 0$ 또는 $1 \pmod 8$ 임을 보여라.

(3) $a \equiv b \pmod m$ 이면 $(a, m) = (b, m)$ 임을 보여라.

(4) $x^3 \equiv x \pmod 3$, $x^5 \equiv x \pmod 5$ 임을 보여라. 그리고 이 결과를 확장할 수 있는가?

#113. 다음 규칙을 보고 일반화시킬 수 있는지 설명하여라.

$1 = 1^3$

$2 + 3 + 4 = 1^3 + 2^3$

$5 + 6 + 7 + 8 + 9 = 2^3 + 3^3$

$10 + 11 + \cdots + 16 = 3^3 + 4^3$

…………

$1 = 1^3$

$3 + 5 = 2^3$

$7 + 9 + 11 = 3^3$

$13 + 15 + 17 + 19 = 4^3$

$21 + 23 + \cdots + 29 = 5^3$

…………

#114. 모든 홀수의 제곱은 $8q+1$ 의 꼴이다.(단 q 는 정수) 이를 증명하여라.

풀이 모든 홀수는 $2k+1$ 의 꼴이므로

$(2k+1)^2 = 4k^2 + 4k + 1 = 4k(k+1) + 1$

이다. 한편, k 와 $k+1$ 중 하나는 짝수이므로 $q = \dfrac{k(k+1)}{2}$ 로 놓으면,

q 는 정수이고 $(2k+1)^2 = 8q+1$ 이다.

#115. n 이 임의의 정수일 때, $n(n^2+1)$ 은 항상 짝수가 됨을 보여라.

#116. $n^{200} < 5^{300}$ 을 만족하는 최대의 정수 n 을 구하여라.

풀이 $n^{200} < 5^{300} \Rightarrow n^2 < 5^3 = 125$ 이므로

125 보다 작은 최대의 완전제곱수는 $121 = 11^2$. 그러므로 $n = 11$ 이다.

#117. 마지막 두 자리가 11 인 세자리 이상의 자연수

111, 211, 311, 411, ⋯ , 1111, 1211, 1311, ⋯

중에서 제곱수는 몇 개가 있는가?

풀이 마지막 두 자리가 모두 11인 수는

$100n + 11,\ n \geq 1$

로 나타낼 수 있다. 즉 이들은

$$100n + 11 = 4(25n + 2) + 3,\ n \geq 1$$

이다. 따라서 문제의 수들은 4 로 나누었을 때 나머지가 3 인 수이다.

그런데 모든 자연수는 홀수, 짝수로 나타낼 수 있으므로

(짝수)^2 = $(2n)^2 = 4n^2$, 즉 4 로 나누어떨어진다.

(홀수)^2 = $(2n+1)^2 = 4n^2 + 4n + 1$, 즉 4 로 나누었을 때 나머지가 1 이다.

따라서 어떤 정수의 제곱을 4 로 나누면 나머지가 0 또는 1 이고, 나머지가 3 인 경우는 없다. 그러므로 마지막 두 자리가 11인 제곱수는 존재하지 않는다.

#118. $(2 + \sqrt{3})^5$ 을 넘지 않는 최대의 정수를 구하여라.

풀이 $x = 2 + \sqrt{3}$, $y = 2 - \sqrt{3}$ 이라 하면

$0 < y < 1 \Rightarrow 0 < y^5 < 1$ 이다.

$x^5 = (2 + \sqrt{3})^5 = 362 + 209\sqrt{3}$, $y^5 = 362 - 209\sqrt{3}$

그러므로 $x^5 + y^5 = 724$.

그러므로 $x^5 = 723 + (1 - y^5)$

$[x^5] = 723$

그러므로 $[(2 + \sqrt{3})^5] = 723$ 이다.

#119. $abc = a + b + c$ 를 만족하는 양의 정수 a , b , c 를 모두 구하여라.

#120. 어떤 수의 3제곱이 9로 나누어떨어지지 않는다면, 그 수는 9로 나누면 나머지가 1 또는 8이 됨을 보여라.

#121. n 이 7로 나누어떨어지지 않는다면, $n^3 - 1$ 이나 $n^3 + 1$ 둘 중에 하나가 7의 배수가 됨을 보여라.

#122. 모든 n 에 대해서, $3n + 2$ 는 제곱수가 될 수 없음을 보여라.

#123. 소수 p 가 $11p + 9$ 를 제곱수가 되도록 할 때, 그와 같은 p 를 모두 구하여라.

#124. 모든 소수 p 에 대해 $2^p + p^2$ 이 역시 소수가 되는 p 를 모두 구하여라.

풀이 $p = 3$ 이면 $2^p + p^2 = 17$ 이므로 소수이다. $p > 3$ 이면 $p = 6k+1$ 또는 $p = 6k-1$ 이므로 $2^p = 3n-1$ 이고 $p^2 = 3m+1$ 이 된다. 따라서 $2^p + p^2$ 는 $p > 3$ 이면 3의 배수가 되므로 $p = 3$ 이 유일한 해가 된다.

#125. (페르마의 '26의 증명') 26은 5의 제곱인 25와 3의 3제곱인 27사이에 끼어있는 수다. 페르마는 이렇게 제곱수와 세제곱수 사이에 끼어있는 수가 자연수를 통틀어 26 밖에 없다는 사실을 증명하였다. 이것은 생각보다 쉬운 문제가 아니다.

#126. $2^4 + 5^4 = 2^7 \cdot 5 + 1 = 641$ 이다. $2^{32} + 1 \equiv 0 \pmod{641}$임을 보여라.

참고 (1) 73939133 은 앞에서부터 차례대로 prime 이 되는 현재까지 알려진 가장 큰 소수(prime)이다.

(2) 49, 4489, 444889, 44448889, … 로 이루어지는 모든 수는 제곱수이다. 이들은 7, 67, 667, 6667, … 의 제곱수이다.

(3) $[\sqrt{44}]$, $[\sqrt{4444}]$, $[\sqrt{444444}]$, … 를 구하여라. [ ] 는 가우스기호이다.

풀이 차례대로 6 , 66 , 666 , … 이다.

(4) 모든 자연수 n 에 대해, $[\sqrt{n} + \sqrt{n+1}] = [\sqrt{4n+2}]$ 이 성립한다.

#127. 1,2,2,3,3,3,4,4,4,4,5,5,5,5,5,… 의 일반항을 구하여라.

#128. $(a+b+c)^5 - (a+b-c)^5 - (a-b+c)^5 - (-a+b+c)^5 = 80abc(a^2+b^2+c^2)$ 임을 보여라.

소피 제르맹(Sophie Germain) 소수

q 와 $2q+1$ 이 모두 소수가 될 때 q 를 소피 제르맹 소수라고 부른다. 이 소수는 p 가 소피 제르맹 소수일 때 x, y, z 가 0 이 아닌 정수이고 또한 p 의 배수가 아니면 $x^p + y^p = z^p$ 을 만족하지 않는다는 사실을 즉 페르마의 마지막 정리의 첫 번째 경우를 증명했다.

q 와 $2q+1$ 이 동시에 소수가 되는 그런 p 를 나열하면 다음과 같다.

2, 3, 5, 11, 23, 29, 41, 53, 83, 89, 113, 131,……

오일러(Euler)와 라그랑지(Lagrange)는 소피 제르맹 소수가 다음을 따른다는 것을 증명하였다.

만약 $p \equiv 3 \pmod 4$ 이고 $p > 3$ 이면, 소수 $2p + 1$ 은 메르센느 수 M_p 를 나눈다.

소피 제르맹 소수는 암호학과도 관련되어 있다. 만일 p 와 $2p + 1$ 이 모두 소수이면 $q = 2p + 1$ 을 보안 소수라고 하는데 그 이유는 $q - 1$ 의 인수 가운데 작은 크기는 많지 않기 때문에 이 수를 인수분해 하기가 쉽지 않고 그에 따라 암호화는 보다 높은 안전성을 갖게 되기 때문이다.

$3x + 1$ 문제 : 우박수 (hailstone numbers), 콜라츠의 추측

1937년 독일 수학자 로타르 콜라츠(Lothar Collatz, 1910-1990)는 아주 단순하면서도 재미있는 문제를 제시하였다. 자연수 n 에 대해

$$g(n) = \begin{cases} \dfrac{n}{2} & (n \text{ 은 짝수}) \\ 3n + 1 & (n \text{ 은 홀수}) \end{cases}$$

이 궁극적으로 1 에 도달할 것이라는 가설을 제안하였다. 현재 미해결 문제이다. 예를 들어

$n = 3$ 이면 7단계에서 1이 된다.

$n = 7$ 이면 16단계에서 1이 된다.

$n = 25$ 이면 23단계에서 1에 도달한다.

$n = 26$ 이면 26, 13, 40, 20, 10, 5, 16, 8, 4, 2, 1 로 10단계에서 1에 도달한다.

$n = 27$ 이면 77번째 단계에서 무려 9232가 되어, 급격하게 작아지기 시작하여 30단계를 더 나아간 111번째 단계에서 1이 된다. 즉

27→82(1단계)→41(2단계)→··· →2(110단계)→1(111단계)

$n = 28$ 은 18단계에서 1에 도달한다.

$n = 29$ 는 18단계에서 1에 도달한다.

$n = 30$ 은 18단계에서 1에 도달한다.

1억까지의 수 중에서 가장 긴 것은 63,728,127 이다. 이것은 949 단계에서 1에 도달한다.

317×10^{15} 까지 계산 결과 모든 수가 1에 도달한다.

콜라츠가 제기한 이후, 많은 사람들이 반례를 찾기 위해 노력하였다. 컴퓨터의 도움을 받아 최근에는 5.48×10^{18} 보다 작은 모든 수에 대해 콜라츠 추측이 성립함이 확인되었다.

참고 콜라츠 추측에서 만일 $3n + 1$ 대신 $3n - 1$ 로 계산한다면 어떻게 될까? 즉, 짝수는 2 로 나누고, 홀수는 세 배한 다음 1 을 뺀다. $n = 5$ 에서 시작하면

$5 \to 14 \to 7 \to 20 \to 10 \to 5$

다섯 단계 만에 다시 처음 숫자인 5가 나온다.
17에서 시작하면, 18번째 단계에 다시 17이 된다.

1500편이 넘는 논문을 발표하였던 헝가리의 위대한 수학자 폴 에어디시(Paul Erdös, 1913-1996)가 콜라츠 추측에 대해 “우리의 수학은 아직 이 문제를 풀 준비가 되어 있지 않았다.”는 말을 남겼다.

복면산(alphametic : 覆面算)은 수학 퍼즐의 한 종류로, 문자를 이용하여 표현된 수식에서 각 문자가 나타내는 숫자를 알아내는 문제이다. 숫자 대부분을 문자로 숨겨서 나타내므로 숫자가 “복면”을 쓰고 있는 연산이라는 뜻에서 복면산이라 이름 지어졌다.

복면산의 예로는 헨리 어니스트 듀드니(Henry Dudeney : 1857-1930)가 1924년 7월에 Strand Magazine 에 발표한 다음 문제가 특히 유명하다.

```
   S E N D
+  M O R E
------------
 M O N E Y
```

복면산 문제는 특별한 언급이 없는 한, 같은 문자는 같은 숫자를 나타내고 서로 다른 문자는 서로 다른 문자를 나타내는 것으로 생각하며, 첫 번째 자리의 숫자는 0이 아니라고 한다. 대개의 경우 복면산 문제의 답은 유일해야 한다.

#129. 다음 복면산 문제를 풀이하여라.

(1) WRONG + WRONG = RIGHT　답 25938 + 25938 = 51876
(2) FORTY + TEN + TEN = SIXTY　답 29786 + 850 + 850 = 31486
(3) LYNDON * B = JOHNSON　답 570140 * 6 = 3420840
(4) FLY + FOR + YOUR = LIFE　답 598 + 507 + 8047 = 9152
(5) SEND + MORE = MONEY　답 9567 + 1085 = 10652
(6) SIX + SIX + SIX = NINE + NINE　답 942 + 942 + 942 = 1413 + 1413
(7) FOUR + ONE + THREE + THREE = ELEVEN

정수론의 재미있는 문제들

(1) 1, 2, 4를 제외하고 $n^n + 1$ 을 prime 으로 만들 수 있는 n 이 존재하는가? Sierpinski 는 만약 그와 같은 n 이 있다면 $10^{30,000}$ 보다 크다는 것을 보였다.

(2) $n! + 1$ 이 제곱수가 되는 것은 n 이 4, 5, 7일 때이다. 이 이외의 다른 n 에 대해서 이런 결과를 얻을 수 있는가?

(3) $x^3 + y^3 + z^3 = 3$ 을 만족하는 정수해는 지금까지 알려진 것$(1, 1, 1)$ 으로는 과 $(4, 4, -5)$ 뿐이다. 여기서 순서는 무시한다.

(4) $x^3 + y^3 + z^3 = 30$ 을 만족하는 정수해는 알려진 해가 없다.

(5) $x^3 + y^3 + 2z^3$ 의 형태로 모든 자연수를 나타낼 수 있는가? 답은 75까지는 가능하지만 76은 어떤가? 다음으로 알려지지 않은 것은 99 이다.

#130. 다음을 소인수 분해하여라.

(1) 2345

(2) 34560

#131. 다음 문제에서 최소잉여를 구하여라.

(1) $1789 \pmod{4}$

(2) $1789 \pmod{101}$

#132. (1) 연속된 두 수의 세제곱의 차이는 3으로 나눠질 수 없음을 보여라.

(2) 연속된 두 수의 세제곱의 차이는 5로 나눠질 수 없음을 보여라.

#133. 다음을 구하여라.

(1) $314^{162} \pmod{163}$

(2) $314^{162} \pmod{165}$ 주의 165 는 소수가 아니다.

#134. 아래 주어진 n 에 대하여 $d(n)$, $\sigma(n)$, $\phi(n)$ 을 각각 구하여라.

(1) $n = 2016$

(2) $n = 5400$

(3) $n = 5 \cdot 7 \cdot 17^2$

(4) $n = 2^2 \cdot 3^2 \cdot 281$

#135. 다음을 확인하여라.

$a^2 + 2ab + b^2 = (a+b)^2$ 로 제곱이 된다. 그러나 $a^2 + 3ab + b^2$ 은 완전제곱이 되지 않지만 $a = 7$ 이고 $b = 3$ 이면 완전제곱수가 된다.

따라서 4개의 등차수열의 곱에다가 그 공차의 네제곱을 더하면 즉,

$a(a+b)(a+2b)(a+3b) + b^4 = (a^2+3ab+b^2)^2$

이 되므로 경우에 따라 네제곱수가 될 수 있다.

#136. 다음을 확인하여라.

일의 자리와 십의 자리가 같지 않은 두 자리수와 그것을 교환한 두 수의 곱은 결코 제곱수가 될 수 없다. 즉, $27 \times 72 = 1944$ 이고 1944는 제곱수가 아니다.

그러나 이 결과는 세 자릿수 이상의 경우에는 성립하지 않는다.

$169 \times 961 = 162409 = 403^2$

$1089 \times 9801 = 10673289 = 3267^2$

#137. 다음을 확인하여라.

641 이 소수(prime)이고, $641 = 2^4 + 5^4 = 1 + 5 \times 2^7$ 임을 주목하여라.

$5 \cdot 2^7 \equiv -1 \pmod{641}$

$2^7 \equiv -\frac{1}{5} \pmod{641}$

$2^8 \equiv -\frac{2}{5} \pmod{641}$

$2^{32} \equiv \left(-\frac{2}{5}\right)^4 \equiv \frac{2^4}{5^4} \equiv -1 \pmod{641}$ 이므로 $641 \mid (2^{32}+1)$

#138. 다음을 확인하여라.

10의 자리가 1의 자리보다 큰 임의의 두 자리수를 적은 다음, 그 수를 큰 순서로 만들고 반대로 작은 순서로 만들어 뺀다. 여기서 나온 수에 대해서도 순서를 바꾸어 가장 큰 수와 가장 작은 수를 만들어 빼는 작업을 계속하면 결과는 9 가 된다.

같은 방법을 임의 세 자리 수에 대해 적용하면 495 가 되고, 네 자릿수에서는 6,174 가 되며, 다섯 자리 수에 대해서는 82,962 또는 83,952 가 된다.

#139. 정수론에서 나타나는 Lucas-Lehmer test 에 대해 조사하여라.

#140. 자연수 중에서 1 을 포함하고 자기 자신을 포함하지 않는 약수 전체의 총합이 자기 자신과 같은 자연수를 완전수라고 한다. 다음을 보여라.

(1) p , q 가 서로 다른 소수일 때 pq 꼴인 완전수는 6 이외는 없음을 보여라.

(2) $p^2 q$ 꼴의 완전수를 구하여라.

#141. 자연로그의 밑수인 e 라는 수는 다음과 같이 나타날 수 있다. 이들이 서로 동치임을 보여라.

① 수열의 극한으로 $e = \lim_{n \to \infty} \left(1 + \frac{1}{n}\right)^n$

② 급수의 극한으로 $e = 1 + \frac{1}{1!} + \frac{1}{2!} + \frac{1}{3!} + \cdots$

③ 연분수로 $e = [2.\ 1\ 2\ 1\ 1\ 4\ 1\ 1\ 6\ 1\ 1\ 8\ 1\ \cdots]$

#142. $\tau^2 = \tau + 1$ 이면

$\tau^3 = \tau^2 + \tau$ 이므로 $\tau^3 = (\tau + 1) + \tau = 2\tau + 1$

$\tau^4 = \tau^3 + \tau^2 = 3\tau + 2$

$\tau^5 = \tau^4 + \tau^3 = 5\tau + 3$

이와 같이하여 일반화시킬 수 있는가?

#143. $p \equiv 1 \pmod 4$가 소수(prime)이면 $x^2 - py^2 = -1$ 은 정수해 x , y 를 가짐을 보여라.

#144. $x^2 - my^2 = -1$ 또는 -4 는, m 이 $q \equiv -1 \pmod 4$의 소인수를 가지면 정수해를 가지지 않음을 보여라.

참고 m 이 단지 $1 \pmod 4$ 의 소인수를 가지거나 2를 소인수로 가지면 정수해를 가지는지 가지지 않는지를 결정적으로 말할 수 없다.

#145. (1) p 가 홀수인 소수(odd prime)이면, $x^2 \equiv -1 \pmod p$는 $p \equiv 1 \pmod 4$ 일 때 정수해 x 가 존재함을 보여라. 그러나 이 역은 성립하지 않는다.

(2) p 가 홀수인 소수(odd prime)이면, $x^2 \equiv 2 \pmod p$는 $p \equiv \pm 1 \pmod 8$ 일 때

정수해 x 가 존재함을 보여라. 그리고 이 역도 성립한다.

#146. $9x \equiv 4 \pmod{2401}$ 을 풀어라.

#147. (1) 제곱수는 mod 9 에 대해서 어떤 값을 가지는가?

(2) 314,159,267,144는 제곱수가 되는가?

#148. $2^5 \mid m$ 이고 $3^5 \mid m+1$ 을 만족하는 최소의 자연수를 구하여라.

#149. p 와 q 가 소수일 때 $pq \neq 6$ 을 제외하고는 pq 는 부족수임을 보여라.

#150. $\phi(2n) = \phi(3n)$ 을 만족하는 모든 n 을 구하여라.

답 2 의 지수에 3과 서로 소인 정수의 곱으로 된 수. 즉 $n = 2^k q$, $(3, q) = 1$.

#151. (1) 10 을 원시근으로 가지는 가장 작은 소수(prime)를 구하여라.

(2) 10 을 원시근으로 가지는 모든 소수(prime)를 구하여라.

답 (1) 17

#152. 2 는 31 의 원시근이 아님을 보여라.

#153. $p \equiv 1 \pmod 4$ 이면 $\left(\frac{a}{p}\right) = \left(\frac{-a}{p}\right)$ 임을 보여라.

#154. m^3 은 $m^2 - m + 1$ 부터 $m^2 + m - 1$ 까지의 m 개의 홀수를 합한 것이 된다. 예를 들어 $m = 6$ 이면 $6^3 = 31 + 33 + \cdots + 41 = 216$ 이다. 이를 보여라.

#155. 주사위트릭 3개의 주사위를 던져서 나오는 숫자를 임의의 순서대로 적고, 그 주사위의 반대면(합해서 7이 되는 수이므로 앞에 적은 순서대로 7에서 뺀 수)의 수를 적어 6자리 수를 만든다. 그리고 이 수를 37로 나눈 다음, 다시 3으로 나눈다. 그리고 7을 뺀 다음에 9로 나누면 처음 수가 된다. 이유를 설명하여라.

#156. $38x + 42y = -2$ 를 만족하는 정수해를 구하여라.

#157. $3n+2$ 형태의 소수가 무수히 많음을 보여라.

힌트 $3n+1$ 형태의 정수의 곱은 $3n+1$ 형태가 됨을 이용하여라.

#158. $2016!$ 을 35^n 으로 나누면 n 의 최댓값은 얼마가 되는가?

힌트 5 의 최대 지수를 구하고, 7 의 최대 지수를 구한 다음, 이들 중 작은 값을 취하면 된다.

#159. n 이 2 또는 5 로 나누어지지 않는 자연수라고 하면, 1, 11, 111, 1111, $\cdots$, $111\cdots111$ 중 적어도 한 수는 n 의 배수이다. 이것은 2 또는 5 로 나누어지지 않는 자연수는 모든 자리수가 1 인 배수를 가짐을 보여라.

힌트 비둘기집 원리를 이용한다.

풀이 1, 11, 111, $\cdots$, $111\cdots1$ 이 모두 n 의 배수가 아니라고 가정하자. 수의 개수가 n 이므로 이 수 중 적어도 나머지가 같은 수 두 개가 존재한다. (비둘기집 원리에 의해)

이 두 수를 $11\cdots1$ (1 이 i 개), $111\cdots1$ (1 이 j 개) $i<j$ 라 하고, 두 수를 빼면 $11\cdots100\cdots00$ [즉, $j-i$ 개의 1 다음에 i 개의 0 이 나오는 수]를 얻는다.

$11\cdots1$ 이 n 의 배수가 아니라고 가정했으므로 10^i 는 n 의 배수가 되어야 한다. 그런데 이것은 n 이 2 또는 5 로 나누어진다는 가정에 모순이다.

#160. $a^2+b^2+c^2+d^2=a^2b^2c^2$ 을 만족시키는 음이 아닌 정수해의 쌍 (a, b, c, d) 를 모두 구하여라.

풀이 (a, b, c, d) 를 구하려는 정수해의 쌍이라고 하자.

x 가 정수일 때 x^2 을 8 로 나눈 나머지는 0, 1 또는 4 뿐이므로 a, b, c 가 모두 홀수라 하면 $a^2 \equiv b^2 \equiv c^2 \equiv 1 \pmod 8$

$$\therefore\ a^2+b^2+c^2+d^2 \equiv 3+d^2 \pmod 8,\ a^2b^2c^2 \equiv 1 \pmod 8$$

$$\therefore\ d^2+3 \equiv 1 \pmod 8,\ \text{곧 } d^2 \equiv 6 \pmod 8$$

이것은 모순이므로 a, b, c 중 적어도 하나는 짝수이다.

a 를 짝수라 하면 $a^2 \equiv 0 \pmod 4$ 이므로 $b^2+c^2+d^2 \equiv 0 \pmod 4$

인데 b, c, d 중 어느 하나라도 홀수이면 불가능하므로 a, b, c, d 는 모두 짝수이다. 즉, $\frac{a}{2}, \frac{b}{2}, \frac{c}{2}, \frac{d}{2}$ 는 정수이다.

지금 $\frac{a}{2^n}, \frac{b}{2^n}, \frac{c}{2^n}, \frac{d}{2^n}$ 가 정수라 하자. (n 일 때 성립한다고 가정하자.)

주어진 방정식은

$$\left(\frac{a}{2^n}\right)^2+\left(\frac{b}{2^n}\right)^2+\left(\frac{c}{2^n}\right)^2+\left(\frac{d}{2^n}\right)^2=2^{4n}\left(\frac{a}{2^n}\right)^2\left(\frac{b}{2^n}\right)^2\left(\frac{c}{2^n}\right)^2$$

와 동치이므로

$$\left(\frac{a}{2^n}\right)^2+\left(\frac{b}{2^n}\right)^2+\left(\frac{c}{2^n}\right)^2+\left(\frac{d}{2^n}\right)^2\equiv 0 \pmod 8)$$

앞에서 논한 바와 같이 $\frac{a}{2^n}, \frac{b}{2^n}, \frac{c}{2^n}, \frac{d}{2^n}$ 는 모두 짝수이다. 따라서

$\frac{a}{2^{n+1}}\ \frac{b}{2^{n+1}}\ \frac{c}{2^{n+1}}\ \frac{d}{2^{n+1}}$ 는 모두 정수이다. 수학적 귀납법에 의하여 $n \geq 1$ 인 모든 자연수 n 에 대하여 $\frac{a}{2^n}, \frac{b}{2^n}, \frac{c}{2^n}, \frac{d}{2^n}$ 는 모두 정수이다. 이러한 경우는

$(a, b, c, d) = (0, 0, 0, 0)$

뿐이다.

정리 **(삼각수 판정법)** 어떤 수가 삼각수가 아닌가를 알아보는 간단하고 확실한 방법이 있는 데, 이 방법으로는 어떤 수가 삼각수인가를 판정하지 못한다.

(1) 각 자릿수를 더하여 한 자리로 될 때까지 만든 다음 그 수가 2 , 4 , 5 , 7 , 8 이면 삼각수가 반드시 아니지만, 그 이외의 경우는 삼각수가 될 수도 있고 안 될 수도 있다.

(2) 삼각수의 마지막 자릿수에는 2 , 4 , 7 , 9 가 결코 나타날 수 가없다.

#161. 35 , 36 , 37 , 38 , 39 , 40 , 41 에서 삼각수가 아닌 수를 구하여라.

풀이 35 는 $3+5=8$ 이므로 삼각수가 아니다.

36 은 $3+6=9$ 이므로 판정이 안 된다.

37 은 $3+7=10$ 이고 $1+0=1$ 이므로 판정이 안 된다.

38 은 $3+8=11$ 이고 $1+1=2$ 이므로 삼각수가 아니다.

39 는 $3+9=12$ 이고 $1+2=3$ 이므로 판정이 안 된다.

40 은 $4+0=4$ 이므로 삼각수가 아니다.

41 은 $4+1=5$ 이므로 삼각수가 아니다.

#162. 짝수인 모든 완전수는 삼각수이며, 6 이외의 짝수인 모든 완전수는 연속된 홀수의 세제곱의 합임을 보여라.

#163. $\begin{cases} 4x \equiv 2 \pmod{11} \\ 3x \equiv 5 \pmod{25} \end{cases}$ 를 구하여라.

답 $x \equiv 160 \pmod{275}$

#164. 2016 ! 을 2017 로 나누면 나머지는 얼마인가?

힌트 2017 이 소수이므로 Wilson 정리를 이용

답 $-1 \equiv 2016 \pmod{2017}$

#165. 다음을 만족하는 정수해는 몇 가지가 있는가?

$c_1+c_2+c_3+c_4=13$, $c_1, c_2, c_3, c_4 \geq 0$.

#166. 부정방정식 $a_1+a_2+\cdots+a_n=k$ 에서 다음을 증명하여라.

(1) 음이 아닌 정수해의 개수는 ${}_nH_k = \binom{n+k-1}{r}$ 개다.

(2) 양의 정수해의 개수는 ${}_nH_{k-n} = \binom{k-1}{k-n}$ 개이다. 단, $k \geq n$.

#167. 다음을 증명하여라.

(1) 모든 자연수는 최대 3개의 삼각수의 합으로 나타낼 수 있다. (Gauss)

(2) 모든 자연수는 최대 4개의 사각수의 합으로 나타낼 수 있다. (Lagrange)

(3) 모든 자연수는 최대 5개의 오각수의 합으로 나타낼 수 있다.

(4) 모든 자연수는 최대 n 개의 n 각수의 합으로 나타낼 수 있다.

#168. n 명의 사람이 모여 있을 때, 이들이 서로서로 악수를 하게 되면 그 악수의 총합은 $n-1$ 번째 삼각수 T_{n-1} 이 됨을 보여라.

#169. 71 부터 80 까지 자연수를 각각 최대 3개의 삼각수의 합으로 나타내어라.

#170. 삼각수이면서 동시에 사각수인 수는 1 , 36 , 1,225 , 41,616 , 1,413,721 등이 있다는 사실을 오일러가 1730년 이전에 이미 알았고, 그와 같은 수가 무수히 많이 있으며, 점화식으로 $a_n = 34a_{n-1} - a_{n-2} + 2$ 로 주어진다고 하였다. 그 일반항을 구하여라.

풀이 $a_n = \dfrac{(17 + 12\sqrt{2})^n + (17 - 12\sqrt{2})^n - 2}{32}$

#171. 6, 66, 666 은 삼각수인가? 6666 과 66666 은 삼각수인가?

답 $6 = T_3$, $66 = T_{11}$, $666 = 1 + 2 + 3 + \cdots + 36 = \sum_{i=1}^{36} i$ 이므로 $666 = T_{36}$ 이다.

#172. $n > 1$ 일 때, $1 + \frac{1}{2} + \frac{1}{3} + \cdots + \frac{1}{n}$ 은 정수가 아님을 보여라.

수와 자릿수

10 !	7 자리
6백만 번째 prime	9자리
F_7	39자리
F_8	78자리
googol	100자리
1000 !	2568자리
$2^{11213} - 1$	3376자리
F_{17}	약 4만 자리
F_{36}	약 200억 자리
Googolplex	10^{100} 자리
F_{1945}	약 10^{600} 자리
100 !	158 자리
9^{9^9}	369,693,100자리

#173. $n = \dfrac{7^{1968^{1978}} - 3^{68^{78}}}{1978 - 1968}$ 이 정수임을 보여라.

#174. $6^n \mid 100!$ 을 만족하는 최대 자연수 n 을 구하여라.

답 48

#175. $3^{3^3} = 3^{(3^3)}$ 은 $(3^3)^3$ 의 몇 배가 되는가?

#176. $4^{4^4} = 4^{(4^4)}$ 은 $(4^4)^4$ 의 몇 배가 되는가?

#177. $2^{11}\,14^{11} \pmod{11}$ 를 구하여라.

답 페르마 소정리를 이용하면 6을 얻을 수 있다.

#178. $x^2 + x + 30$ 이 완전제곱수가 되는 자연수 x 를 모두 구하여라.

풀이 모든 자연수 x 에 대하여 $x^2 + x + 30 > x^2$ 이므로 적당한 자연수 n 을 더하여 $(x+n)^2$ 과 $x^2 + x + 30$ 이 같은 되는 x 를 구하면 된다. 즉

$x^2 + x + 30 = x^2 + 2nx + n^2$

$3 - n^2 = (2n-1)x$

그러므로 $x = \dfrac{30 - n^2}{2n-1}$.

x 가 자연수이고, $2n - 1 > 0$ 이므로 $30 - n^2 < 0$.

즉, $n^2 < 30$ 이므로 $n = 1, 2, 3, 4, 5$ 이다.

$n = 1$ 이면 $x = 29$

$n = 4$ 이면 $x = 2$.

$n = 2, 3, 5$ 일 때는 x 가 정수가 되지 않으므로 자연수 x 는 2 와 29 이다.

#179. 다항식 $(x+1)(x+3)(x+5)(x+7) + a$ 가 이차다항식의 완전제곱 꼴이 되도록 a 의 값을 정하여라.

풀이 $(x+1)(x+3)(x+5)(x+7) + a$

$= (x+1)(x+7)(x+3)(x+5) + a$

$= (x^2 + 8x + 7)(x^2 + 8x + 15) + a$

$x^2 + 8x = A$ 로 놓으면

(준식)$= (A+7)(A+15) + a$

$= A^2 + 22A + 105 + a$

$= (A+11)^2 - 16 + a$.

따라서 $a = 16$ 일 때 이차식 $x^2 + 8x + 11$ 의 완전제곱식이 된다.

#180. 다음을 구하여라.

(1) $3^{2009} \pmod{10}$

(2) $9^{2011} \pmod{10}$

(3) $29! - 1 \pmod{10}$

(4) $4^{7022} \pmod{10}$

(5) $2^{6543} \pmod{10}$

(6) $3^{11707} \pmod{10}$

(7) $8^{8985} \pmod{10}$

#181. 다음을 구하여라.

(1) $\sum_{n=1}^{2017} n! \pmod{10}$

(2) $\sum_{n=1}^{2017} n! \pmod{100}$

(3) $\sum_{n=1}^{2017} n! \pmod{1000}$

부록

부록

p 가 1부터 100까지 25개의 소수에 대해 $2^p - 1$ 의 소인수 분해 형태

(1) $2^p - 1$ 이 소수인 경우

#	p	$M_p = 2^p - 1$
1	2	3
2	3	7
3	5	31
4	7	127
5	13	8191
6	17	131071
7	19	524287
8	31	2147483647
9	61	2305843009213693951
10	89	618970019642690137449562111

(2) $2^p - 1$ 이 소수가 아닌 경우

#	p	$M_p = 2^p - 1$ 의 인수분해
1	11	23 × 89
2	23	47 × 178,481
3	29	233 × 1,103 × 2,089
4	37	223 × 616,318,177
5	41	13,367 × 164,511,353
6	43	431 × 9,719 × 2,099,863
7	47	2,351 × 4,513 × 13,264,529
8	53	6,361 × 69,431 × 20,394,401
9	59	179,951 × 3,203,431,780,337 (13 digits)
10	67	193,707,721 × 761,838,257,287 (12 digits)
11	71	228,479 × 48,544,121 × 212,885,833
12	73	439 × 2,298,041 × 9,361,973,132,609 (13 digits)
13	79	2,687 × 202,029,703 × 1,113,491,139,767 (13 digits)
14	83	167 × 57,912,614,113,275,649,087,721 (23 digits)
15	97	11,447 × 13,842,607,235,828,485,645,766,393 (26 digits)

1 부터 40 까지 모든 자연수에 대한 원시근

n	개수	primitive roots (mod n)	order
1		0	1
2	1	1	1
3	1	2	2
4	1	3	2
5	2	2, 3	4
6	1	5	2
7	2	3, 5	6
8			4
9	2	2, 5	6
10	2	3, 7	4
11	4	2, 6, 7, 8	10
12			4
13	4	2, 6, 7, 11	12
14	2	3, 5	6
15			8
16			8
17	8	3, 5, 6, 7, 10, 11, 12, 14	16
18	2	5, 11	6
19	6	2, 3, 10, 13, 14, 15	18
20			8
21			12
22	4	7, 13, 17, 19	10
23	10	5, 7, 10, 11, 14, 15, 17, 19, 20, 21	22
24			8
25	8	2, 3, 8, 12, 13, 17, 22, 23	20
26	4	7, 11, 15, 19	12
27	6	2, 5, 11, 14, 20, 23	18
28			12
29	12	2, 3, 8, 10, 11, 14, 15, 18, 19, 21, 26, 27	28
30			8
31	8	3, 11, 12, 13, 17, 21, 22, 24	30
32			16
33			20
34	8	3, 5, 7, 11, 23, 27, 29, 31	16
35			24
36			12
37	12	2, 5, 13, 15, 17, 18, 19, 20, 22, 24, 32, 35	36
38	6	3, 13, 15, 21, 29, 33	18
39			24
40			16

41 부터 73 까지 모든 자연수와 74 부터 100 까지 prime 에 대한 원시근 (9 의 제곱인 81 을 포함)

n	개수	primitive roots (mod n)	order
41	16	6,7,11,12,13,15,17,19,22,24,26,28,29,30,34,35	40
42			12
43	12	3,5,12,18,19,20,26,28,29,30,33,34	42
44			20
45			24
46	10	5,7,11,15,17,19,21,33,37,43	22
47	22	5,10,11,13,15,19,20,22,23,26,29,30,31,33,35,38,39,40,41,43,44,45	46
48			16
49	12	3,5,10,12,17,24,26,33,38,40,45,47	42
50	8	3,13,17,23,27,33,37,47	20
51			32
52			24
53	24	2,3,5,8,12,14,18,19,20,21,22,26,27,31,32,33,34,35,39,41,45,48,50,51	52
54	6	5,11,23,29,41,47	18
55			40
56			24
57			36
58	12	3,11,15,19,21,27,31,37,39,43,47,55	28
59	28	2,6,8,10,11,13,14,18,23,24,30,31,32,33,34,37,38,39,40,42,43,44,47,50,52,54, 55,56	58
60			16
61	16	2,6,7,10,17,18,26,30,31,35,43,44,51,54,55,59	60
62	8	3,11,13,17,21,43,53,55	30
63			36
64			32
65			48
66			20
67	20	2,7,11,12,13,18,20,28,31,32,34,41,44,46,48,50,51,57,61,63	66
68			32
69			44
70			24
71	24	7,11,13,21,22,28,31,33,35,42,44,47,52,53,55,56,59,61,62,63,65,67,68,69	70
72			24
73	24	5,11,13,14,15,20,26,28,29,31,33,34,39,40,42,44,45,47,53,58,59,60,62,68	
81	18	2,5,11,14,20,23,29,32,38,41,47,50,56,59,65,68,74,77	72
79	24	3,6,7,28,29,30,34,35,37,39,43,47,48,53,54,59,60,63,66,68,70,74,75,77	78
83	40	2,5,6,8,13,14,15,18,19,20,22,24,32,34,35,39,42,43,45,46,47,50,52,53,54,55,56,57, 58,60,62,66,67,71,72,73,74,76,79,80	82
89	40	3,6,7,13,14,15,19,23,24,26,27,28,29,30,31,33,35,38,41,43,46,48,51,54,56,58, 59,60,61,62,63,65,66,70,74,75,76,82,83,86	88
97	32	5,7,10,13,14,15,17,21,23,26,29,37,38,39,40,41,56,57,58,59,60,68,71,74,76,80, 82,83,84,87,90,92	96

참고문헌

참고문헌

[1] Marie Berrondo, Mathematical Games, Prentice-Hall, Englewood Cliffs, NJ (1983).

[2] 황혜정 외 1인, 수학의 묘미, 경문사 (2004).

[3] Albert H. Beiler, Recreations in the Theory of Numbers, Dover, New York (1966).

[4] Underwood Dudley, Elementary Number Theory, 2nd ed. W.H.Freeman and Company (1978).

[5] Alan Baker, A concise introduction to the theory of numbers, Cambridge University Press (1984).

[6] Tom M. Apostol, Introduction to Analytic Number Theory, Springer-Verlag, New York (1976).

[7] John H. Conway and Richard K. Guy, The Book of Numbers, Copernicus, Springer-Verlag, New York (1996).

[8] Peter D. Schumer, Mathematical Journeys, Wiley-Interscience (2004).

[9] Mathematics of Computation, vol 22(1968년)～27(1973년), AMS.

[10] Victor Klee and Stan Wagon, Old and New Unsolved Problems in Plane Geometry and Number Theory, MAA (1991).

[11] Joe Roberts, Lure of the Integers, MAA (1992).

[12] Andrew M Rockett and Peter Szüsz, Continued Fractions, Word Scientific (1992).

[13] David Wells, Prime Numbers, John Wiley & Sons., Inc. (2005).

[14] Georges Ifrah, The Universal History of Numbers, John Wiley & Sons., Inc. (2000).

[15] Henry Ibstedt, Mainly Natural Numbers, American Research Press (2003).

[16] Song Y. Yan, Perfect, Amicable and Sociable Numbers - A Computational Approach, World Scientific (1996).

[17] James E. Pommersheim, Tim K. Marks and Erica L Flapan, Number Theory - A Lively Introduction with Proofs, Applications, and Stories, John Wiley (2010).

[18] Elisha Scott Loomis, The Pythagorean Proposition (1968).
한국어 번역 - 이만근 외 1인 엮음, 올 댓 피타고라스 정리, 경문사 (2007).

[19] Helen A. Merrill, Mathematical Excursions, Dover (1957).

[20] Hua Loo Keng. Introduction to Number Theory, Springer-Verlag (1982).

찾아보기

찾아보기